高等职业技术院校园林工程技术专业任务驱动型教材

园林建筑技术

（第2版）

人力资源社会保障部教材办公室　组织编写

孙薇 / 主编

中国劳动社会保障出版社

简介

本教材采用模块化教学体系，按照认知、造型设计、施工图识读、施工图设计的顺序介绍了座凳、景墙景门景窗、展览栏及标牌、园林栏杆、园灯、园林雕塑六种建筑小品的设计与施工，亭、廊、花架、园桥、园林大门、售货亭六种单体建筑的设计与施工，以及园林建筑整体设计等。教材可作为高等职业院校园林及相关专业教材，也可作为从事园林工作人员的参考书、自学用书。

本教材由孙薇任主编，俞槐宁任副主编，高慧、孟芳、阎珂参加编写。

图书在版编目（CIP）数据

园林建筑技术 / 孙薇主编. -- 2版. -- 北京：中国劳动社会保障出版社，2017
高等职业技术院校园林工程技术专业任务驱动型教材
ISBN 978-7-5167-3226-7

Ⅰ.①园…　Ⅱ.①孙…　Ⅲ.①园林建筑-工程施工-高等职业教育-教材
Ⅳ.①TU986.4

中国版本图书馆CIP数据核字（2017）第309568号

中国劳动社会保障出版社出版发行
（北京市惠新东街1号　邮政编码：100029）
*
北京市艺辉印刷有限公司印刷装订　新华书店经销
787毫米 ×1092毫米　16开本　22.75印张　428千字
2017年12月第2版　2024年8月第4次印刷
定价：53.00元

营销中心电话：400-606-6496
出版社网址：http://www.class.com.cn
http://jg.class.com.cn

前言

高等职业技术院校园林工程技术专业任务驱动型教材自出版以来，在学校的教学中发挥了重要作用。近年来，园林行业发展迅速，企业对从业人员的知识水平和职业能力也提出了更高的要求。为了适应这一变化，满足学校培养人才的需求，我们组织了一批教学经验丰富、实践能力强的教师与行业、企业专家，在充分调研的基础上，对现有教材进行了修订。

在内容上，新版教材仍然坚持以培养学生的四大能力，即园林工程施工技术能力、园林工程施工组织管理能力、园林测绘与设计能力、园林植物栽培养护及应用能力为目标，根据园林行业的现状和发展趋势以及企业的岗位需求，调整、更新了相关教材的结构和内容，体现行业新理念、新标准、新技术和新方法；根据教学需要增加了大量来源于园林工程实际的案例、实训和例题，以引导学生运用所学知识分析和解决实际问题。另外，为了更方便教学，此次修订将《园林花卉栽培与养护》分为《园林花卉》和《园林花卉识别》,《园林花卉》侧重于园林花卉的分类、习性、栽培养护及繁殖方法等,《园林花卉识别》侧重于园林花卉的形态特征与园林用途。

在表现形式上，新版教材充分考虑到学生的认知规律，通过设置“小知识”“技能提示”“知识链接”等不同栏目，增加教材的亲和力，激发学生的学习兴趣。同时，尽可能多地以图表代替冗长的文字叙述，使教材更加生动直观，易于学习。

本套教材的编写得到了有关省市人力资源和社会保障部门及一批高等职业技术院校的大力支持，教材的编审人员做了大量的工作，在此，我们表示诚挚的谢意！同时，恳切希望广大读者对教材提出宝贵的意见和建议。

人力资源社会保障部教材办公室

目　录

模块一

园林建筑概述

园林景观的美，离不开四大要素——山、水、植物和建筑，人们通过筑山、理水、植物配置、建筑营造等造园手法，将自然与人工巧妙结合，“虽由人作，宛自天开”，使造园四要素组合成有机的园林整体，从而创造出丰富多彩、各具特色的园林景观。作为造园必不可少的要素之一的园林建筑，无疑是园林中形式最丰富、功能最多样、出现最频繁的重要组成部分，它可以小到被人忽视，大到成为园林空间的焦点，它的普遍性与多样性使其具有独特的意义与作用。

课题

园林建筑的类型、特点及功能

园林建筑的范围十分广泛，大体包括传统意义上的园林建筑及建筑装饰小品两大类，是园林环境中人工成分最多，受自然条件制约较少，具有较高观赏价值和艺术个性的景观。园林建筑具有体量小巧、造型多样、内容丰富的特点，既能满足园林的使用功能，又能满足造景的需要。

任务　认识园林建筑类型和特点，掌握园林建筑功能

任务目标

◇掌握园林建筑的类型

◇了解园林建筑的特点

◇掌握园林建筑的功能

任务提出

大到郊外的风景区，小到日常接触的小区花园、街道旁的小型休息绿地，人们总能在园林绿地中接触到各种园林建筑。那么，如何认识这些园林建筑？试对过去所看到的园林建筑进行回忆、归纳和总结。

任务分析

园林建筑种类繁多，造型各异，功能多样。那么，它们是如何与环境相结合的？有什么样的特点？可以满足怎样的使用需求及造景功能？

相关知识

园林建筑是指在园林绿地中既有造景、点景功能，又能供人游览、观赏、休息的各类建筑物。随着园林现代化设施水平的不断提高，园林建筑的内容及功能也越来越复杂多样，园林建筑在园林中的地位也越来越受到重视。

一、园林建筑的类型

园林建筑按不同的分类方法可分为不同的类型。

1. 按园林建筑的使用功能分类

（1）游憩型建筑　供游人休息、游览、观赏的建筑，既要有简单的使用功能，又要有优美的建筑造型，还要与周围环境有机地结合，通常为局部环境空间的主景。如亭、廊、水榭、舫、花架等（见图 1—1 至图 1—5）。

（2）文娱型建筑　供游人在园林中开展各种文化娱乐性活动用的建筑。通常体量较大，可以满足使用功能的需要，同时也是园林的重要景观。如展览场馆、露天剧场、演出

图 1—1　江苏扬州何园中的亭

图 1—2　江苏扬州个园中的廊

厅、游艺厅、俱乐部、阅览室、体育场馆、游船码头、游泳馆、旱冰场等（见图 1—6 至图 1—8）。

图 1—3　江苏南京梅花山水榭

图 1—4　江苏南京总统府中的舫

图 1—5　云南昆明世博园中的花架

图 1—6　辽宁沈阳世博园室内展览场馆

图 1—7　云南丽江玉龙雪山大型露天剧场

图 1—8　云南大理景区演出厅

（3）服务型建筑　为游人在游园过程中提供生活服务的建筑，具有使用价值，同时兼顾景观需求。如游客服务中心、餐厅、茶室、小吃部、冷饮部、售货亭、摄影亭、接待室、小型旅馆、园林厕所等（见图 1—9 至图 1—12）。

图 1—9　辽宁大连海之韵公园茶室

图 1—10　辽宁大连海之韵公园售货亭

图 1—11　福建厦门陈嘉庚纪念胜地游客服务中心

图 1—12　辽宁沈阳世博园游客服务中心及园林厕所

（4）管理型建筑　供园林工作人员从事园务管理的建筑。如公园大门（见图 1—13、图 1—14）、办公室、实验室、栽培温室、职工食堂、杂物院、仓库等。公园大门作为城市与园林空间的过渡，是游人对园林的第一印象，对园林风格也是一种暗示，因而在造型上要进行重点强调，其余管理型建筑应适当做隐蔽处理，避免与游客相互干扰。

图 1—13　江苏苏州拙政园大门

图 1—14　江苏扬州个园大门

（5）园林建筑装饰小品　以装点园林环境为主，一般具有简单的使用功能，并具有装饰品的造型艺术特点。如座凳、园灯、景墙、景门、景窗、展览栏、标牌、园林栏杆、雕塑小品、儿童娱乐设施、果皮箱等（见图 1—15 至图 1—22）。

图 1—15　江苏苏州虎丘景区景窗

图 1—16　江苏徐州楚王陵景区特色园灯

图 1—17　江苏苏州园林景门

图 1—18　江苏苏州狮子林景墙及景窗

图 1—19　辽宁大连老虎滩海洋公园景墙

图 1—20　云南昆明世博园壁泉景墙

图 1—21　辽宁大连星海广场上的雕塑

图 1—22　辽宁沈阳世博园中的雕塑

2. 按园林建筑的传统建筑形式分类

我国传统园林建筑具有丰富多变的建筑造型和灵活多样的空间组合，在世界建筑史上独树一帜。

（1）厅、堂　厅、堂是园林中的主体建筑，体量较大，造型精美，建筑风格端正、稳重，是主人会客、议事的场所。江南私家园林一般将厅、堂建在中心水池的岸边，面向开阔的水景空间，使其成为园林景致开展之处，也是园林主景所在。厅、堂的区别在于其内四界构造用料不同，俗称“扁厅圆堂”，即使用长方形木料作梁架的称为厅，使用圆形木料作梁架的称为堂。因厅与堂没有本质的区别，所以人们通称二者为厅堂（见图 1—23、图 1—24）。

图 1—23　江苏苏州拙政园鸳鸯厅

图 1—24　江苏苏州拙政园远香堂

（2）楼、阁　楼、阁同属于高层建筑，往往作为园林画面主题或构图中心设置，在园林中占有重要的地位。楼指重屋式建筑，平面一般呈狭长形，体量较大，形象突出，既可以丰富建筑群的立体轮廓，也能扩大人们的观赏视野，成为重要的观景点（见图 1—25）。阁的造型较楼更为轻盈、高耸，平面常做方形或正多边形，通常底层空着或做次要用途，而上层做主要用途（见图 1—26）。后世楼阁二字互通，无严格区别。

图 1—25　江苏苏州拙政园见山楼

图 1—26　江西南昌滕王阁

（3）亭　亭特指有顶无墙的小型建筑物，是供行人停留休息之所。汉代许慎《说文解字》释名：“亭，停也，人所停集也。”亭体量小巧、结构简单、造型别致、选址灵活，是园林中运用最为广泛的建筑形式。我国现存的园林，大到皇家苑囿，小到私家宅园，园内均可见各式亭子，且造型灵活多变，尤其是亭子的屋顶形式，多到令人眼花缭乱的地步。图 1—27 所示为浙江杭州三潭印月亭亭亭，是典型的江南攒尖顶四角亭样式。

（4）廊　廊是上有屋顶、周无围蔽、下不居处、供人漫步行走的立体的路，是一种“虚”的建筑形式（见图 1—28）。廊的形体大都狭长而曲折，空间轻盈而通透，是中国古典园林中不可或缺的建筑之一，也是园林中极富特色和极具功能的建筑形式之一。园林中的廊是亭的延伸，不但具有遮风挡雨和交通的实用功能，而且是联系风景点建筑的纽带，是划分组织园林空间的重要手段，并对游览路线起着规定性的引导作用。

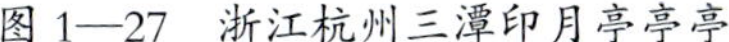

图 1—27　浙江杭州三潭印月亭亭亭

图 1—28　江苏南京总统府东花园中的廊

（5）榭　榭是园林中建于花丛中、水边或水上供人游赏观景、凭依休憩的建筑物，依花者称花榭，傍池沼借水景者称水榭。因其主要用于赏景、休憩，所以榭类建筑多体态轻盈，造型通透（见图 1—29）。水榭的形式，常在临水一侧筑一平台，平台一半伸入水中，一半架立于岸上，平台四周以低平的栏杆围绕，平台上筑一平面为长方形的单体建筑，临水一侧特别开敞。

（6）舫　舫是依照船的造型在园林湖泊中建造起来的一种船形建筑物，又叫“不系舟”（见图 1—30）。舫可供人们在内游玩饮宴、观赏水景，身临其中有乘船荡漾于水中的感觉。舫一般由前舱、中舱和尾舱三部分组成，通常下部船体用石结构，上部船舱用木结构。

图 1—29　江苏南京总统府中的水榭

图 1—30　江苏苏州拙政园中的舫

（7）轩　轩一般指造型轻巧、轻盈如飞、地处高旷、轩昂高举的建筑物（见图 1—31），其本意有虚敞而高举之意。园林中的轩有两种形式，一种是园林中的一种小型、精巧的单体建筑，另一种是园林中厅堂建筑前部飞举的顶棚。前者在各类园林中都可以见到，后者为江南园林所特有。

（8）馆　馆原为客人游览休息或客舍之用，具有暂时寄居的功能特征。江南园林中的“馆”，一般是休息会客的场所，也有的称书屋一类的建筑为馆，通常建筑尺度不大，布置灵活，多建在园子的一隅，环境幽僻（见图 1—32）。北方皇家园林中，“馆”常作为一组建筑群的称呼，多为帝王看戏听曲、宴饮休息之所。

图 1—31　江苏苏州留园闻木樨香轩

图 1—32　江苏南京总统府桐音馆

（9）斋　斋有斋戒之意，园林中的斋一般指书屋性质的建筑物（见图 1—33）。斋是修身养性的地方，常处于静谧、封闭的小庭园中，与外界隔离，相对独立，往往藏而不露，形式不拘。

（10）室　室多为辅助性用房，配置于厅堂的边沿，体量较小，是主人读书、习琴、吟诗之地。室有时也做一些趣味性处理，常和庭园相连，形成幽静舒适、富有诗意的小院落（见图 1—34）。

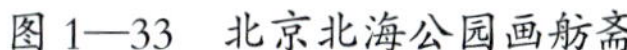
图 1—33　北京北海公园画舫斋

图 1—34　江苏苏州网师园琴室

（11）塔　塔是印度佛教建筑，东汉时随佛教传入中国，是佛教徒顶礼膜拜的对象，属于寺庙建筑类型（见图 1—35）。传统园林中常借园外佛塔之景丰富园景，控制视线。现代园林中常将塔引入作为园林的构图中心。有时，塔还是一个城市或地区的标志，成为人们记忆中故土的象征。

（12）台　台是高大平整的平台或一组建筑物的基座（见图 1—36）。台是中国园林建筑类型中出现最早的一种，是古代帝王将相显示尊贵、登高瞭望、祭祀礼拜的场所。

图 1—35　江苏苏州虎丘塔

图 1—36　江苏扬州成象苑的高台

二、园林建筑的特点

1. 与环境的协调性

园林建筑总是处于特定的园林环境之中，人们所看到的园林建筑并不是建筑本身，而是其与周围环境所共同形成的整体艺术效果。因此，在设计与配置园林建筑时，要整体考虑其所处的环境与空间形式，善于利用地形，结合自然环境，使其与其他造园要素（如山石、水体、植物）巧妙结合、相互渗透、和谐统一，避免在形式、风格、色彩上出现冲突和对立。也就是说，园林建筑作为环境中的一部分，需要服从环境整体的和谐，需要明确各方面的主从和先后顺序，要有助于增添环境景色，而不能孤立地考虑自身个性的张扬（见图 1—37）。

2. 造型的可赏性

园林建筑的造型风格、体量大小、比例尺度、色彩质地应具有较高的观赏价值，以展示其形象特征和表达特定的情感。一般园林建筑，体量宜小不宜大，造型宜轻巧不宜笨拙，形式宜活泼、简洁、通透，以增添园林画面的美感（见图 1—38）。同时，园林建筑的设计与建造还应充分利用新技术、新工艺、新材料，以使其体现鲜明的时代特征。

图 1—37　云南昆明大观园中的水榭建筑与环境景观建筑总体风格相协调

图 1—38　浙江杭州三潭印月中亭的造型、风格、体量、尺度、色彩具有可赏性

3. 设置的科学性

园林建筑建成后具有相对的固定性，因而其设置必须结合周围特定环境、位置、人流方向、观赏角度、视距、光线等因素进行科学的安排，在确定其体量、形式、色彩和质感、建筑位置和朝向时与周围景物构成巧妙的借景、对景关系，并避免设置得过于突出或隐蔽（见图 1—39）。

4. 内容的人文性

园林建筑应体现社会、地域、民俗的本土文化特征。园林建筑的形象应与本地区的文化背景相结合，并对其文化内涵进行提炼和升华，以反映该地区特定的自然环境、社会生活和历史文化。同时，诗文、书法、绘画等艺术形式可以以题名、对联、匾额、石刻、浮雕、彩绘等形式与园林建筑巧妙结合，加强园林建筑的艺术感染力，并赋予其浓厚的人文意境，达到情景交融、触景生情的境界（见图 1—40）。

图 1—39　辽宁沈阳世博园中的亭位于道路末端，成为引导人流的标志

图 1—40　江苏扬州瘦西湖园门匾额及对联赋予园林浓厚的人文意境

5. 空间的多变性

园林建筑的空间处理，应避免规则、整形的布局，而要力求曲折变化、参差错落、虚实穿插、相互渗透，并通过空间的组合与分隔，创造出小中见大、曲径通幽、步移景异、灵活多变的环境空间，务求景色富于变化，增加空间层次，以满足游人动态和静态观景的多种需要，激发人们探索前进的游园兴致（见图 1—41、图 1—42）。

图 1—41　江苏苏州留园利用墙面空窗形成两个空间的分隔与渗透

图 1—42　江苏苏州留园入口通过空间的组合与分隔形成灵活多变的空间层次

三、园林建筑的功能

1. 造景功能

园林建筑具有较强的艺术性和观赏性，与自然风景相互配合、相映成趣，常成为园林景致的构图中心，在环境景色中发挥着重要的艺术造景功能（见图 1—43）。在园林绿地整体环境中，园林建筑虽然体量不大、造型小巧，但往往可以起到画龙点睛的作用。作为烘托环境的建筑小品时，可成为宜于近观的局部小景；作为环境空间的主景时，可成为控制全园视线的焦点，控制全园景物的布局，以其优美的建筑形象为园林景观增色生辉。

2. 使用功能

园林建筑可直接满足人们的使用需求。如亭、廊、花架、水榭、座凳等园林建筑，可供人们休息、乘凉和赏景；游廊、景墙等，可成为动态观赏园景的游览导引；餐厅、茶室、售货亭等，可为游人提供生活服务；演出厅、体育场、游艺室等，可为游人提供文化娱乐服务；园灯可供夜间照明，方便夜间休闲活动；游乐设施可为游人提供游戏、玩耍的条件（见图 1—44）；公园大门可满足园务管理的需要；园林栏杆、围墙、挡土墙等有围护和安全防护的功能等。

图 1—43　造景功能

图 1—44　使用功能

3. 组织、划分空间功能

园林建筑具有组织空间和划分空间的功能。中国园林常利用长线形的游廊、景墙等，与各单体建筑、山石、花木等相结合，把局部景区围合起来，或把全园的空间划分成大小、主次、明暗等有对比、有变化、有节奏的空间体系，创造出一系列起、结、开、合的巧妙的空间变化，形成各具特色的景区空间，以满足不同的功能要求和创造出丰富多彩的景观层次（见图 1—45）。

4. 信息传达功能

园林建筑有引导游览路线的作用。当人们的视线触及某处优美的建筑形象时，游览路线自然地顺着人们的视线而延伸，这时园林建筑就代替了园路的引导作用，而成为视线引导的主要目标。园林入口处的导游图、各路口的指示牌还可提供游览方位的信息。此外，园林中的各式宣传廊、宣传牌、展示栏等还具有文化宣传、教育的作用，可以向人们介绍文化科普知识，以及进行法律法规的宣传教育等（见图 1—46）。

图 1—45　组织、划分空间功能

图 1—46　信息传达功能

任务实施

收集以往所拍摄的园林建筑照片，或在校园中及周边园林绿地中进行拍摄，也可在网上查找相关园林建筑形式的图片资料。试结合收集的材料对园林建筑的类型、特点、功能及其与环境的协调性进行分析，以图文并茂的形式写一份调查报告，要求字数在 1 000 字以上，图片在 20 幅以上。

评分标准

序号	项目与技术要求	配分	检测标准	实训记录	得分
1	图片资料	50	图片是否美观、实用，并与环境相协调		
2	文字表述	50	文字表述是否完整、准确、清晰		

知识链接

园林建筑形式欣赏

常见的园林建筑形式如图 1—47 所示。

图 1—47　常见的园林建筑形式

思考与练习

1. 园林建筑如何按照不同的分类方法进行划分?

2. 园林建筑有哪些特点?

3. 园林建筑有哪些功能?

模块二

园林建筑小品设计与施工

构成园林建筑空间的景物，除亭、廊、花架等建筑形式以外，还有大量的园林建筑装饰小品，如供人休息的座椅，分隔空间的景墙、景门、景窗、栏杆，起导游指示作用的展览栏、标牌等。这些小品或依附于其他景物或建筑之中，或相对独立，一般体量小巧，造型新颖，既具有使用功能，又对景观起着美化装点的作用，是园林环境中不可缺少的重要组成要素。

课题一
座凳的设计与施工

座凳是园林中常见的服务小品设施，多变的造型、材料和风格给游人以多样的享受。座凳的设计要力求造型美观、坐靠舒适，符合美学和人们的心理需求。设计人员应根据环境的总体要求选择座凳的相应材料、色彩及制作工艺，使其与环境相协调，并确保施工质量，才能真正成为方便群众、美化环境的园林小品设施。

任务一　座凳造型设计

◇了解座凳的功能
◇熟悉常见座凳的形式
◇掌握座凳的设计要点
◇掌握座凳方案设计的表现技法

任务提出

图 2—1—1 所示为某校园教学楼内天井的绿化设计方案平面图，请为该区域设计一休息座凳，要求造型简洁、就座舒适，适用于校园环境。

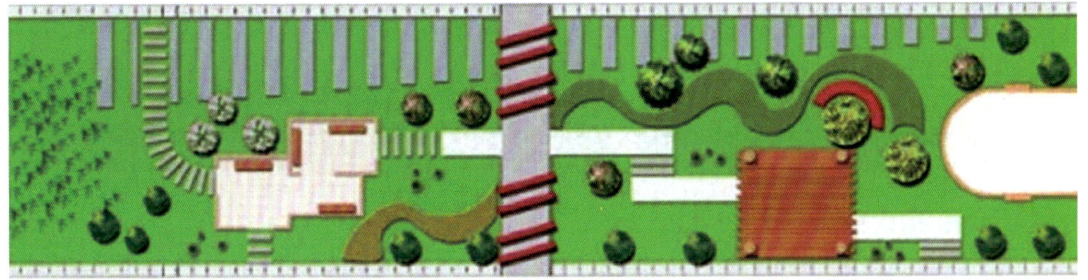

图 2—1—1　某校园教学楼内天井的绿化设计方案平面图

任务分析

设计座凳，是在了解座凳的功能、形式的基础上，充分考虑环境空间、景物观赏视点、太阳和树荫的位置、气候等因素而进行的方案设计。那么，针对校园特定的环境，座凳采用什么形式？座凳的布置方式如何？如何进行方案设计的表现呢？

相关知识

一、座凳的功能

园林的一个重要功能就是要为游人提供就座休息的场所，因此，座凳成为满足游人休息等候（见图 2—1—2）、促膝交谈、观赏风景（见图 2—1—3）、聚会野餐的重要小品设施，直接影响着室外空间给人们带来的舒适感和愉悦感。如在景色秀丽的湖滨、高山之巅、花间林下，设置座凳可供游人欣赏湖光山色，品赏奇花异卉。尤其在街头绿地、小型游园，座凳更是满足人们长时间休息的不可缺少的设施。

图 2—1—2　座凳提供就座休息

图 2—1—3　座凳提供赏景条件

同时，座凳还以其优美精巧的造型点缀着园林环境，成为园林景物之一。在园林中恰当地设置座凳，有利于烘托园林气氛，加深园林意境的表现。如在岸边柳林下，将水体的驳岸布置成自然山石座凳，使环境更为宁静自然（见图 2—1—4）；在自然式绿地中，设置自然山石的座凳，使环境更为古朴自然；在园林广场一侧、花坛四周、园路旁设数个条形长椅，众人聚会，欢乐气氛油然而生（见图 2—1—5）；在园林大片自然林地的林荫下设置适当的座凳，则给人亲切之感（见图 2—1—6）。

图 2—1—4　水边驳岸与栏杆兼作座凳

图 2—1—5　成组的座凳倍添欢乐气氛

图 2—1—6　树荫下座凳给人亲切之感

二、座凳的形式

座凳丰富多彩的样式，满足了不同环境、不同功能的需求。

1. 按外观形式分类

座凳按外观形式可分为直线形座凳、曲线形座凳、直线与曲线结合形座凳、多边形座凳和仿生模拟形座凳。

（1）**直线形座凳**　制作简单、造型简洁，给人稳定的平衡感（见图 2—1—7）。

图 2—1—7　直线形座凳

（2）**曲线形座凳**　柔和丰满、流畅自然、婉转曲折、和谐生动，有变化多样的艺术效果（见图 2—1—8）。

图 2—1—8　曲线形座凳

（3）直线与曲线结合形座凳　刚柔并济、静中有动，富有对比与变化（见图 2—1—9）。如传统式亭廊的美人靠，别有风韵。

图 2—1—9　直线与曲线结合形座凳

（4）多边形座凳　即连续折线形座凳和多角形座凳（见图 2—1—10），可供多人同时多角度、多方位就座休息，也可供游人自由选择视线方向。

图 2—1—10　多边形座凳

（5）仿生模拟形座凳　模拟生活中的某种生物形体，运用力学原理，以“拟”“化”出最合理的设计（见图 2—1—11）。

图 2—1—11　仿生模拟形座凳

2. 按组合形式分类

（1）单纯座凳（见图 2—1—12）。

图 2—1—12　单纯座凳

（2）组合座凳（见图 2—1—13）。

图 2—1—13　组合座凳

（3）桌椅组合座凳（见图 2—1—14）。

（4）结合绿化布置的座凳（见图 2—1—15）。

（5）兼有其他功能的座凳（见图 2—1—16）。

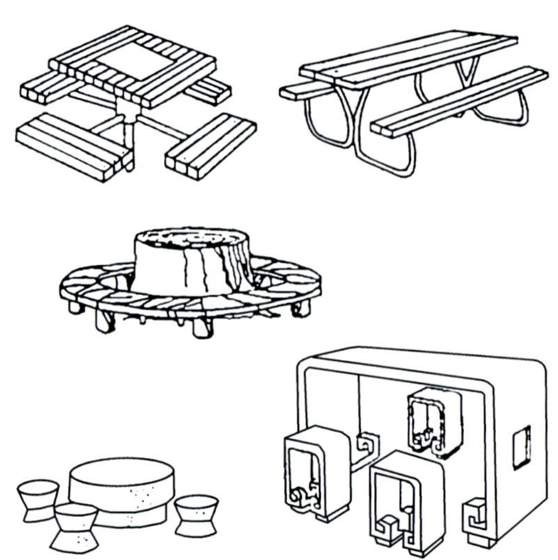

图 2—1—14　桌椅组合座凳

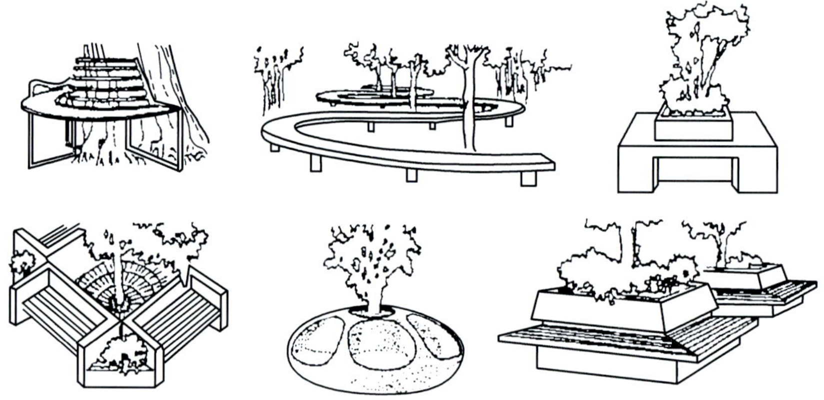

图 2—1—15　结合绿化布置的座凳

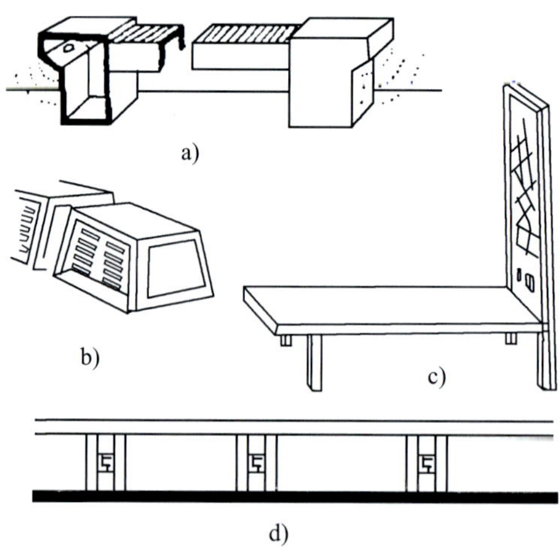

图 2—1—16　兼有其他功能的座凳

a）带庭园灯的座凳　b）变电箱座凳　c）带景标座凳　d）围栏座凳

座凳的形式应与不同的环境和要求相协调，采用不同的形式以产生不同的情趣。例如，曲线形座凳应布置于曲线形场地中，有折角的座凳应布置于转角处。一般直线形座凳或组合座凳多为标准的座凳，这些座凳能有机地组合布局在同一区域内。组合式标准座凳合理布局，可供使用者单独就座、群体就座、相互交谈以及任意选择方向。常用的长凳不足之处在于，使用者只能面向规定的方向就座，而组合座凳则可提供多种方向的选择。

三、座凳的设计要点

1. 位置选择

（1）需要休息的地段　结合游人体力，按一定行程距离或一定高程的升高设置休息座凳。游人游园一定时间、一定距离后，必然会有疲劳感，尤其在大型园林和山地风景区中，更应充分考虑在合适的地点设置供休息的座凳。

（2）风景优美的地段　按照景观需要设置座凳，以点缀园林环境、增加情趣。园林主景区，景色优美的地段，园林建筑周围，花间林下、水边、崖旁、山脚下、山腰台地、山顶等，都是座凳必设的地点。此处既要做到环境优美，又要有景可赏，有景可借，以吸引游人坐下来细细品味。另外，在景色相对单调、空间相对空旷的地段，也可以布置造型别致的座凳，以丰富环境景色。

（3）活动场地的周边　结合各种活动的需要设置座凳。园林中有大量游人活动的地段，都有设置休息座凳的必要。如在健身娱乐场地周围、游船码头附近，在等候排队的空间应布置座凳；在儿童游戏场地周围，儿童会长时间停留玩耍，因而会有大量看护、等候儿童的家长，所以应在场地周边的等候区域布置足够的座凳；另外，在各种演出场地观看区域、出入口周边、小广场周围、园路旁、聚会野餐区域等，均需布置座凳。

（4）考虑地区气候及季节的需要　考虑不同地区气候特点，在合适的位置布置座凳。如在气候潮湿闷热的地区，宜在通风良好处布置座凳；在干燥闷热地区，则宜将座凳布置在阴凉之处；而在经常有雾的地区，宜将座凳设置在阳光充足的场地，以满足人们晒太阳的需求。

考虑不同季节的需要，保证游人在各个季节都可以有相应的休息座凳。冬季在背风向阳处应有座凳，如设置在建筑物的南侧，铺装广场上，没有树木遮挡的地段等，并注意不要设在寒风劲吹的风口处，以利于享受阳光；夏季在通风阴凉处应有座凳，如亭廊内、树荫下、荫棚内，以利于消暑。

（5）考虑游人的游园心理　考虑不同游人的游园心理，合理安排座凳。不同年龄、性别、职业、经历和有不同兴趣、爱好、习惯的游人，有着不同的选择座凳的偏好。如有的需要单人安静就座休息或在水边静静垂钓，有的需要多人聚会或集体游园活动；有的希望

尽量接近人群，追求热闹的气氛，有的则需要回避人群，需要私密的环境。因此，应对不同的游人心理给予充分的考虑，满足其对不同座凳的需求。

2. 布置方式

（1）路旁座凳　园路旁设置座凳宜交错布置，忌视线正面相对，如图 2—1—17 所示；设在道路旁边的座凳应退出人流路线一定距离，以免妨碍交通，如图 2—1—18 所示；宜构成袋形地段，并以植物种植作适当隔离，形成较安静的环境，如图 2—1—19 所示；宜背向园路或辟出小段支路，避免人流及视线干扰，如图 2—1—20 所示。园路转弯处，可辟出小空间设置座凳，以缓冲人流，如图 2—1—21 所示。园路尽端设置座凳，可形成各种活动聚会空间，或构成安静休息空间，不受游人干扰，如图 2—1—22 所示。在其他地段设置座凳也需遵循这些原则。

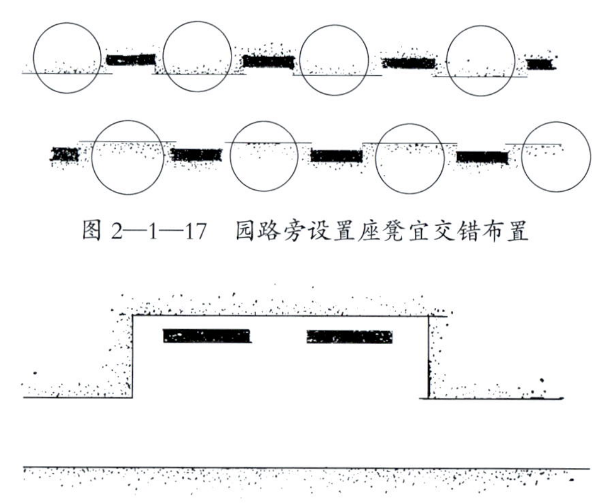

图 2—1—17　园路旁设置座凳宜交错布置

图 2—1—18　园路旁设置座凳应退出人流路线一定距离

图 2—1—19　园路旁设置座凳宜构成袋形地段

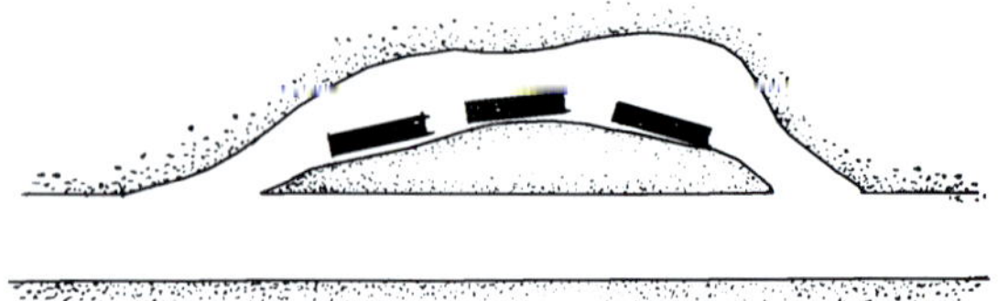

图 2—1—20　园路旁设置座凳宜背向园路或辟出小段支路

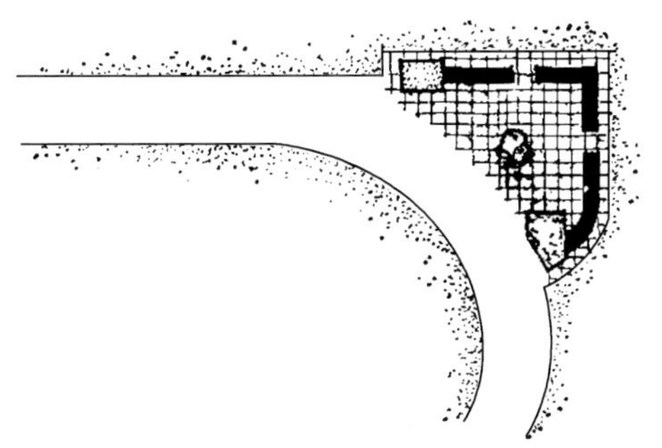

图 2—1—21　园路转弯处可辟出小空间设置座凳

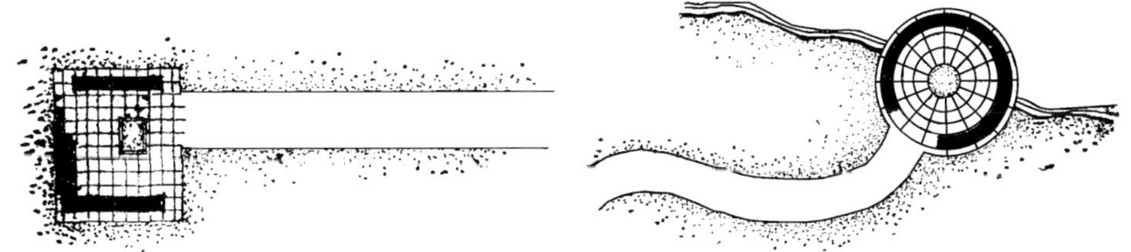

图 2—1—22　园路尽端设置座凳可形成各种活动聚会空间或构成安静的休息空间

（2）广场座凳　对称规则式小广场，一般宜周边式布置座凳，有利于形成中心景物，保证人流通畅，如图 2—1—23 所示。不规则式小广场，座凳设置时应考虑广场形状，因地制宜，如图 2—1—24 所示。另外，座凳背靠广场周边的墙或树木，会给人安全感和踏实感。

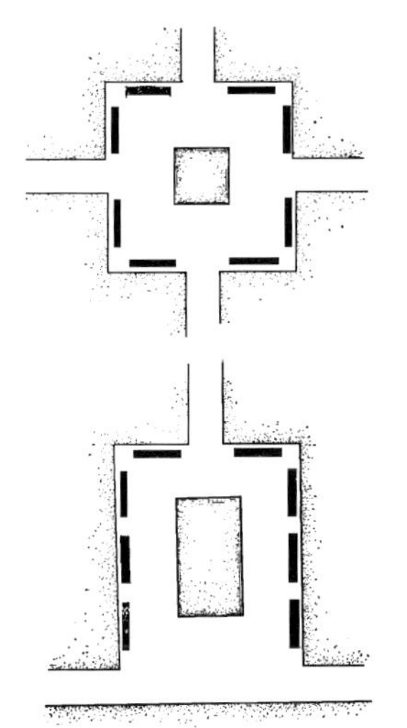

图 2—1—23　对称规则式小广场宜周边式布置座凳

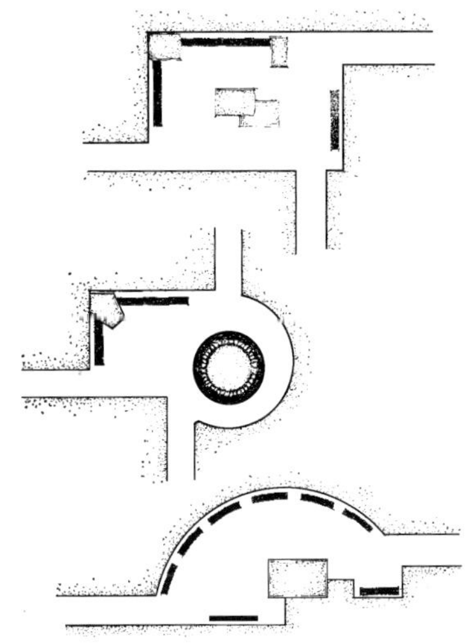

图 2—1—24　不规则小广场座凳设置应考虑广场形状

（3）建筑物座凳　结合建筑物设置座凳时，其布置方式应与建筑物的使用功能相协调，并有利于衬托和点缀室内外建筑空间。亭、廊、花架等休憩性建筑，常在两柱间设靠背椅，充分结合发挥休憩建筑的使用功能。而服务型小型建筑，如售货亭、冷饮店、照相部等，其使用特点为室内与室外空间相融，座凳设置应尽量有利于扩大室内、室外的使用空间，并取得良好的休息环境。因此，座凳设置方式经常成为建筑室内空间的延伸，或室内外空间的连接，或成为围合室外空间的设施，如图 2—1—25、图 2—1—26 所示。

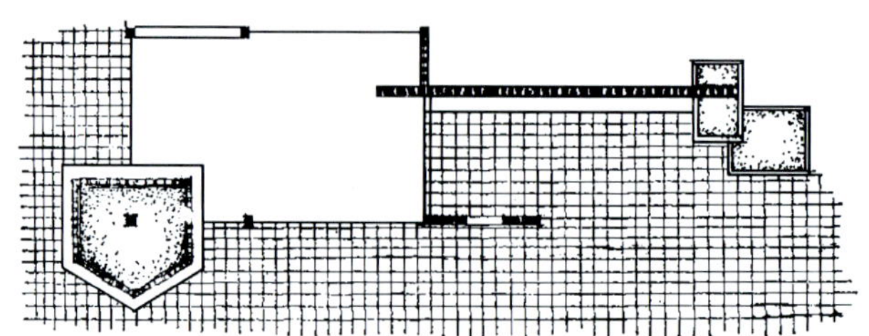

图 2—1—25 座凳与建筑结合，并通过墙面将建筑空间向外延伸

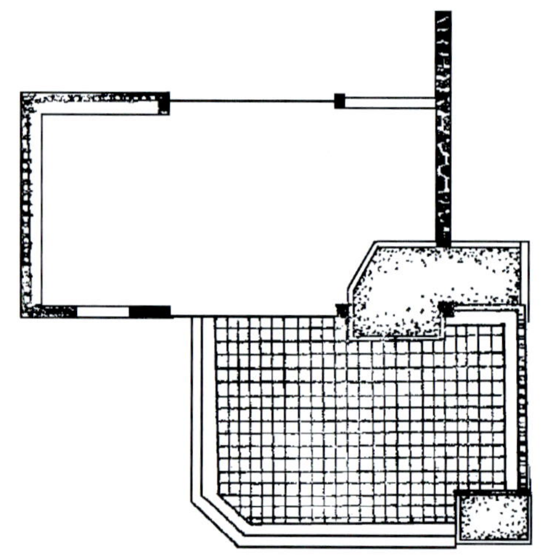

图 2—1—26 座凳与室内外空间的结合，可设于两柱之间，也可通过花池将座凳向室外延伸
（引自卢仁、金承藻《园林建筑设计》）

（4）结合环境要素设置的座凳 应充分利用环境特点，结合草坪、山石、树木、花坛等布置座凳，以取得具有园林特色的效果，如图 2—1—27 所示。

图 2—1—27 座凳与其他环境要素相结合

3. 与环境的关系

座凳是环境总体设计中不可分割的要素，座凳设计的好与坏会直接影响造景的效果。因此，座凳必须与其他环境因素及造园要素相互协调，在满足使用功能的基础上，对景色起到画龙点睛的作用（见图 2—1—28）。

图 2—1—28　座凳具有画龙点睛的作用

座凳的合理造型与布置，可以营造出不同的环境氛围与情趣。如在一片天然树林中设置一组蘑菇形的休息座凳，把树林的环境衬托得野趣盎然；在古亭内设置一组陶瓷座凳，显得古色古香；在临水平台上设置鹅形座凳，亲切、可爱、别有风味。一般说来，城市公园、公共绿地中的座凳宜亲切、典雅；儿童活动场所内的座凳宜色彩丰富，美丽可爱；几何状草坪旁边的座凳宜精巧规整；而森林公园、自然风景区中的座凳则以就地取材、富有自然气息为宜。

任务实施

一、确定校园中需要设置座凳的场所

座凳的设置要考虑其使用功能、赏景功能与造景功能。校园中首先可考虑在需要休息的地段布置座凳，如宿舍区附近的绿地中、食堂外围、教学楼附近、学校图书馆、礼堂外围、体育场周边等；其次可考虑结合座凳的赏景功能，在校园中有景可赏处设置座凳，如校园中的湖边绿地、草坪周边、疏林地林下、林荫路两旁、小广场周边等；然后可考虑结合座凳的造景功能，在校园中相对景色单调的地方布置造型别致的座凳来丰富景色；最后可考虑结合季节的需要，在通风阴凉处或背风向阳处设置座凳，以满足师生夏季乘凉或冬季晒太阳的需要。本任务中的座凳位于校园教学楼的天井中，应力求造型简洁、色彩淡雅

且周边式布置。

二、绘制座凳方案效果图

在绘制效果图时，应注意座凳几何形状的体量感表现，特别是透视不能出现差错。对于座凳的线条处理，可以借助尺规等绘图工具来表现，尽可能体现座凳挺拔感，同时，地面投影也应该着重处理。

绘制时，通常以钢笔勾画出大的形态，大的结构线可以借助于工具，小的结构线尽量直接勾画，线的交接要整体考虑，尽量使画面美观协调。对于座凳的质感则可使用马克笔、彩铅等进行表现。用马克笔绘图是清洁且快速有效的表现手段，颜色多样且纯和不油腻。马克笔绘图的特点在于笔触的表现明确，笔的力度、方向、重叠等都会对马克笔的表现有显著影响，且不易修改，因此在使用马克笔之前要做到心中有数，或者先在一张纸上做小稿后再绘制正稿。彩铅操作方便，易于修改，具有比较强的表现力，是比较基础的绘画方法，其用笔的轻重缓急、纵横交错能使画面达到层次丰富与明暗和谐的效果。通常在一些色彩变化处或细节处理处用彩铅来进行细部刻画，熟练者也可全部采用彩铅绘制。

座凳方案手绘效果图如图 2—1—29 所示。

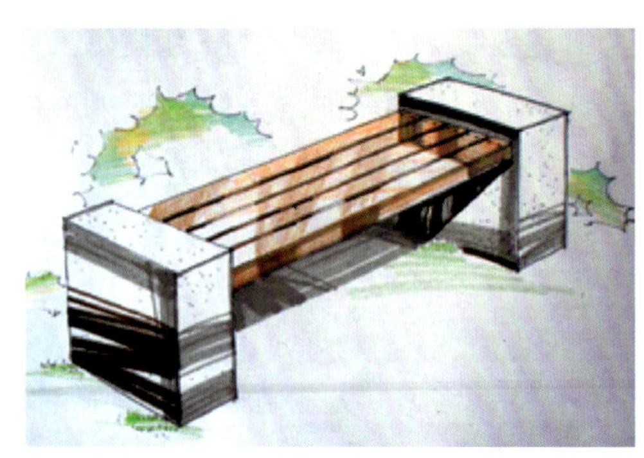

图 2—1—29　座凳方案手绘效果图

评分标准

序号	项目与技术要求	配分	检测标准	实训记录	得分
1	造型设计	50	造型是否简洁、美观、实用、舒适		
2	座凳效果图表现	50	座凳表达是否美观、明确，色彩是否协调统一		

知识链接

常见座凳形式欣赏

常见座凳的形式如图 2—1—30、图 2—1—31 所示。

图 2—1—30　座凳形式（一）

图 2—1—31　座凳形式（二）

思考与练习

1. 座凳有哪些功能?

2. 如何按不同的分类方法对座凳进行分类?试分析你所在校园中的座凳分别属于哪种类型。

3. 座凳的位置选择应考虑哪些因素?

4. 座凳的布置方式有哪些具体要求?

5. 搜集座凳图片20幅,并简要说明其造型与色彩是如何与周围环境相协调的。

任务二　座凳施工图绘制

任务目标

◇掌握座凳的尺寸要求

◇掌握常见座凳的材料

◇掌握座凳施工图绘制的方法

任务提出

绘制座凳施工图(包括平面图、立面图和剖面图)。

任务分析

绘制座凳施工图时,要掌握座凳的尺寸要求及常见的座凳材料,通过对完整座凳施工图的识读与绘制,掌握座凳施工图的绘制方法。

相关知识

一、座凳尺寸要求

座凳的尺寸设计是否恰当,直接影响其就座的舒适程度。座凳的主要用途是供游人休息,因而要求其剖面形状符合人体就座姿势,符合人体尺度,使人就座时舒适、自然、不紧张(见图2—1—32)。

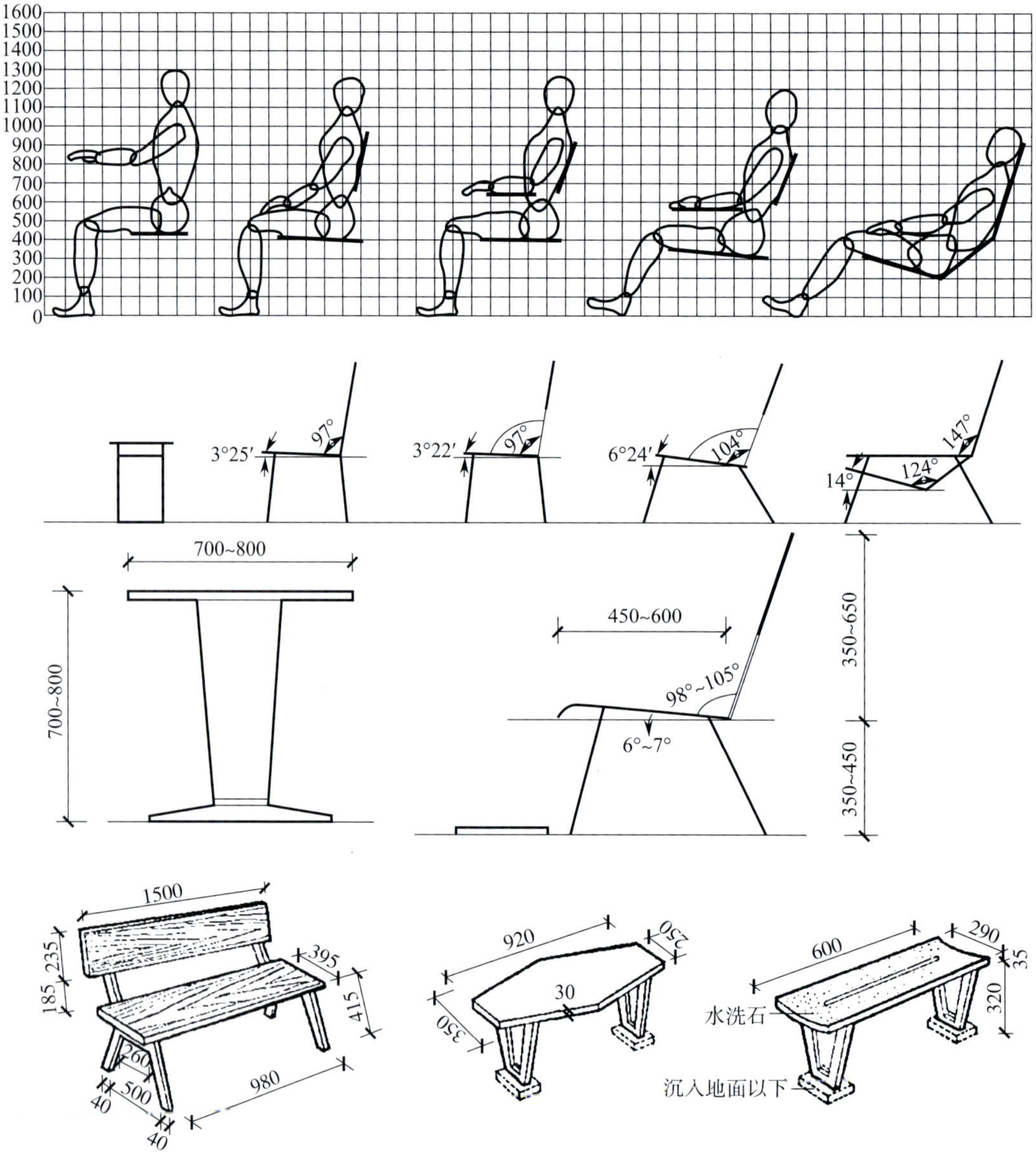

图 2—1—32　座凳及桌子尺寸图

1. 座凳尺寸要求

座板高度 350～450 mm；座板宽度 450～600 mm；座板长度 600～700 mm/ 人，即单人座凳长度 600～700 mm，双人座凳长度 1 200～1 400 mm，三人座凳长度 1 800～2 100 mm。

2. 座椅尺寸要求

座板水平倾角 6°～7°，靠背与座板夹角 98°～105°，靠背高度 350～650 mm，扶手高度高于座板 150～230 mm。

3. 儿童座凳尺寸要求

座板高度 300～350 mm，座板宽度 350～400 mm，座板长度 600～900 mm。

4. 园桌尺寸要求

桌面高度 700～800 mm，桌面宽度 700～800 mm（四人方桌）或直径 750～800 mm（四人圆桌）。

二、座凳材料

座凳的制作材料多种多样，如木、竹、砖、石、混凝土、各类仿石、钢、铸铁、陶瓷、塑胶、铝合金、玻璃纤维等，此外，还有木与混凝土、木与铸铁、不锈钢与混凝土等组合材料。另外，很多座凳还采用一些表面装饰材料，如彩色油漆、彩色水泥、树脂、瓷砖、马赛克、天然石板等进行装饰美化。

1. 木座凳

木材触感、质感好，热传导性差，基本上不受夏季高温和冬季低温的影响，易于加工，因而是座凳的常用材料（见图 2—1—33）。一般来说，硬木取自落叶阔叶树类，如橡树、榆树等；软木取自针叶树类，如松杉等。木座凳通常要进行表面防腐处理，或选用材

图 2—1—33　木座凳

质好、耐久性好的木材。木座凳多为长条形，通常采用方料与方料榫卯装搭，座凳面板以螺丝钉固定于方料上的安装方式，也可以用板与板加螺栓固定而成，还可以用方料成排与非木质材料构件装搭而成。

2. 石座凳

石材质地硬、触感好，且耐久性非常好，又可美化景观，因此石座凳经常应用于城市广场、居住区绿地、城市公园等，作为城市景观的装点（见图 2—1—34）。其缺点是受季节温度影响较大，冬凉夏热，且不易加工。

图 2—1—34　*石座凳*

3. 混凝土座凳

混凝土耐久性强，价格便宜，可根据需要进行现浇或预制，常用来制作兼作花坛挡土墙的座凳，一般都作花砖饰面或石塑铺面（见图 2—1—35）。

4. 金属座凳

金属材料的热传导性强，易受四季气温变化的影响。近年来，常用质感好、抗击打性强的金属来制作座凳，其造型新颖、色彩明快、富有现代气息（见图 2—1—36）。

图 2—1—35　混凝土座凳

图 2—1—36　金属座凳

5. 陶瓷座凳

陶瓷与石材一样，易受气温影响，但质感好，具有天然土质的温热感，故常用来作古典园林的座凳，显得古朴而典雅（见图 2—1—37）。

图 2—1—37　陶瓷座凳

6. 玻璃钢座凳

玻璃钢别名玻璃纤维增强塑料，质轻而硬，机械强度高，耐腐蚀，可以根据需要灵活地设计出各种造型、色彩的座凳以满足使用要求。玻璃钢座凳具有很好的整体性，可批量生产，价格适宜（见图 2—1—38）；不足之处是其不能在高温下长期使用，容易老化导致性能下降。

图 2—1—38　玻璃钢座凳

景观中的座凳，虽然可以应用的材料较多，但一定要根据环境的总体要求选择材料、色彩、造型及配置方式，并且一定要保证施工质量。只有这样，座凳才能真正成为方便群众、美化环境的园林小品设施。

三、座凳安装

座凳安装时要注意以下内容：

1. 定位要准确，注意周围地面标高。
2. 注意基础埋置深度。
3. 油漆未干时注意保护。
4. 对于有一定重量的座凳，安装时要注意安全。

四、座凳施工图

参见图 2—1—39 至图 2—1—41。

任务实施

绘制座凳施工图

采用 CAD 软件绘制座凳的平面图、立面图及剖面图，要求图面内容完整，构图合理，清洁美观，图例、文字标注和图幅符合制图规范。

任何方案设计最终都是以一个完整的立体形象出现的，这在设计中表现为立面、剖面和平面的互动关系。在图纸表面上看起来是独立的立面图和剖面图，但实际上是以剖面所反映的空间构成为里、立面所表现的造型构成为皮的互相紧密联系的整体，而平面又是这两方面的中介。同时，平面中反映的功能布局，立面中反映的虚实关系，剖面中反映的结构体系和门窗、屋面构造等，都会错综复杂地出现在这一阶段中，这就要求学生应理解平面、立面、剖面的互动关系并具有同步调整的能力。

下面按照平面图—立面图—剖面图顺序绘制施工图。图纸平面尺寸用毫米（mm）表示。

一、绘制平面图

平面图反映了座凳的平面形状、大小、平面尺寸关系等。先绘制出座凳的外边缘线和构造线，再进行尺寸标注与材料标注，并将外边缘线加粗。

二、绘制立面图

立面图表达座凳立面效果。先绘制地面线，确定座凳高度，然后根据平面图及相关尺寸确定座凳立面的相应尺寸，并进行材料标注。

60 × 40 × 1200木条（表面浸桐油）
└50 × 50 × 5焊接钢框
木螺栓铆固
钢筋混凝土墩
表面贴青石板
400
60 60 60 60 60
25 25 25 25
400
200
1200
200
平面图
60 × 40 × 1200木条（表面浸桐油）
└50 × 50 × 5焊接钢框
钢筋混凝土墩
表面贴青石板
30
40
50
330
450
200
1200
200
立面图
木螺栓铆固
└50×50×5焊接钢框
60×40×1200木条（表面浸桐油）
膨胀螺栓固定
10厚青石板面层
10厚1：3水泥砂浆结合层
钢筋混凝土柱墩
剖面图
6φ6
8φ4
柱墩配筋图

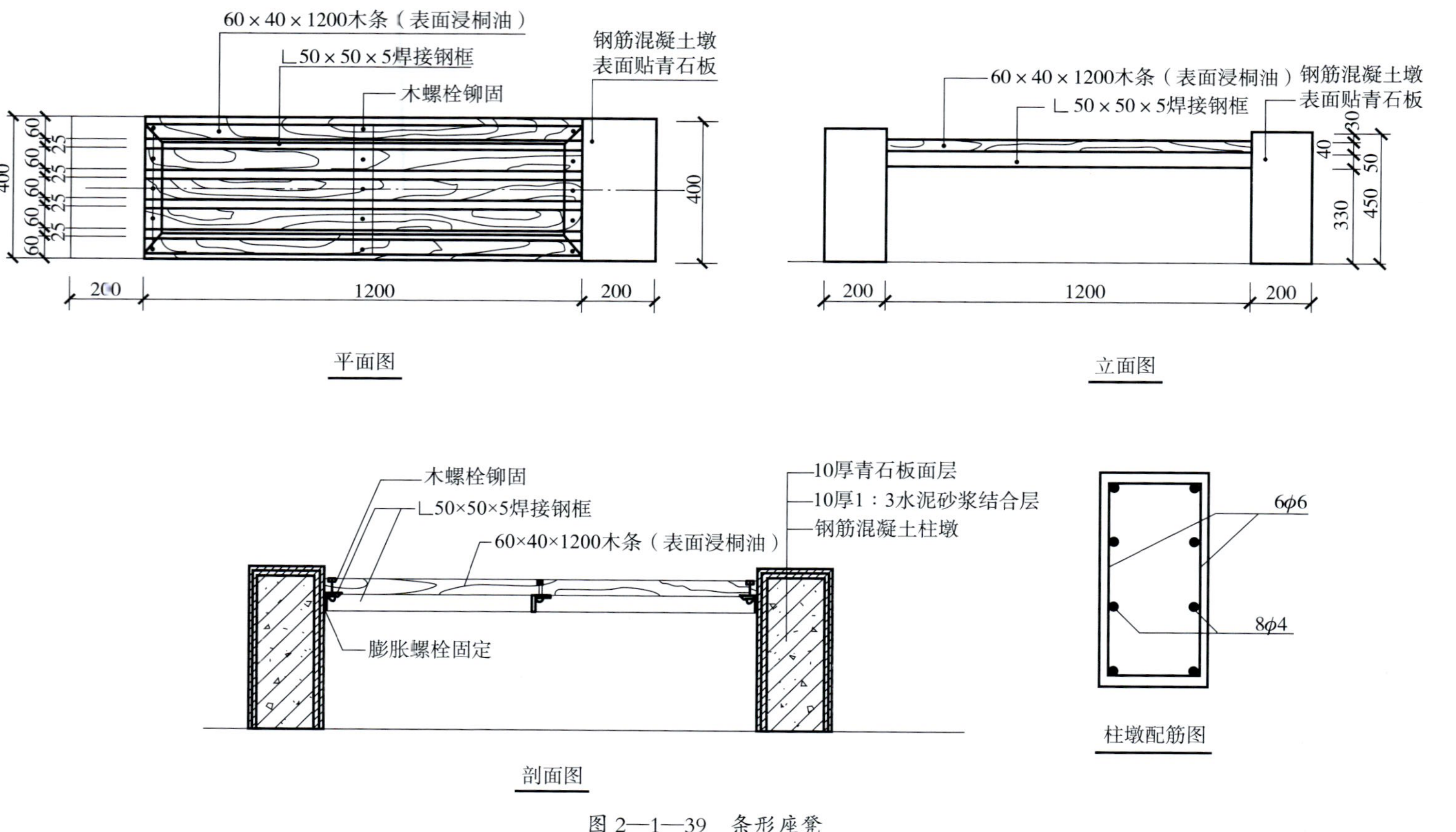

图 2—1—39 条形座凳

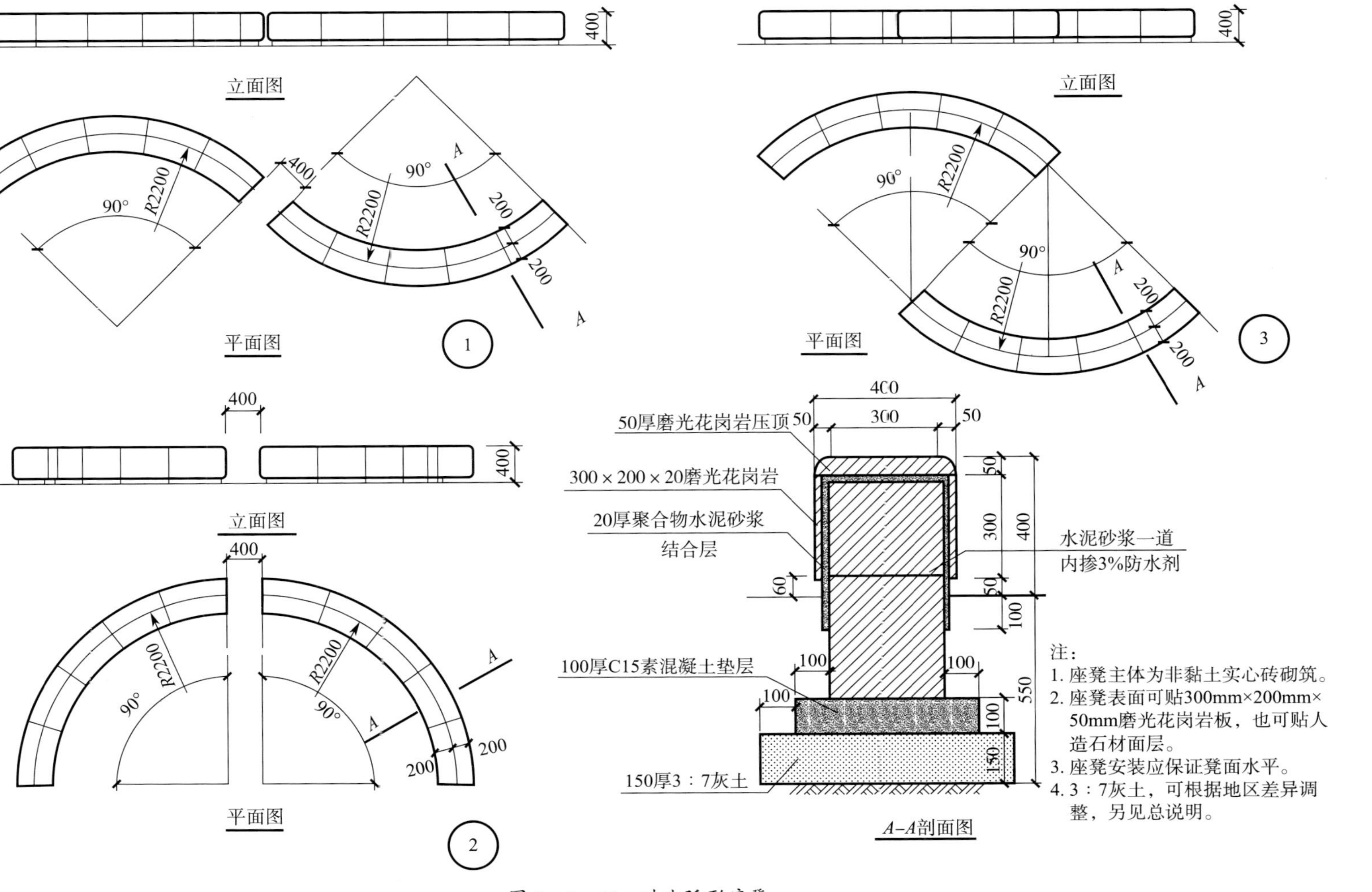

图 2—1—40 *砖砌弧形座凳*

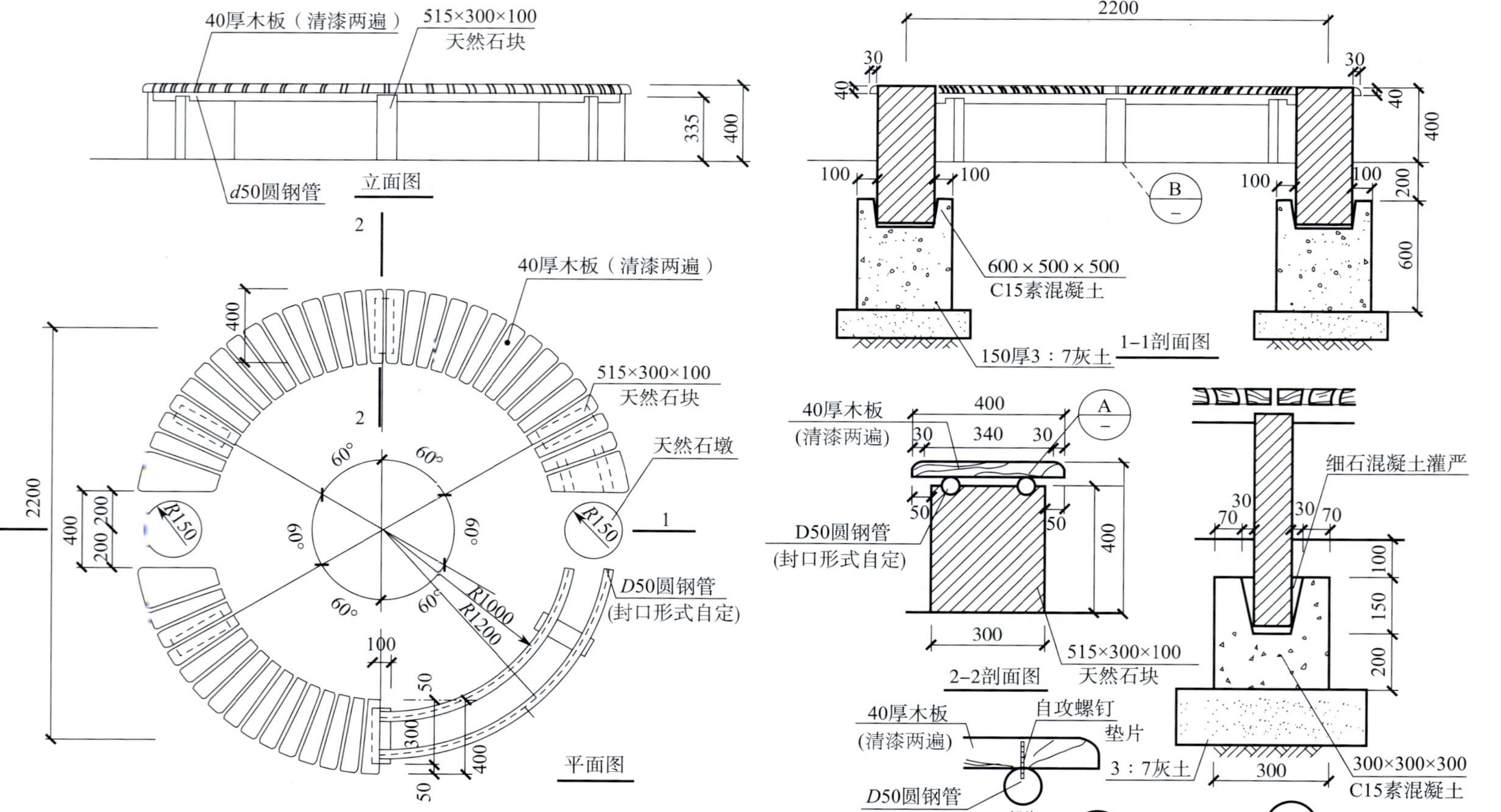

注：1. 座凳为木面凳，由自攻螺钉固定于圆形钢管上，钢管再由膨胀螺栓固定于花岗岩基座上，或用金属结构胶粘牢。
2. 沉头螺栓露明的头部必须窝入木材2 mm，用腻子找平。
3. 基础埋深可参考各地冻土深度。
4. 3：7灰土，可根据地区差异调整，另见总说明。

图 2—1—41　木制围树座凳

三、绘制剖面图

剖面图按座凳正投影绘制，表示出座凳的构造、尺寸及材料。剖面图以地面线为基准向上绘制，绘制投影方向可见的构造及构配件等，最后加粗地坪线和座凳剖切线，标注各部分的构造尺寸及材料。

评分标准

序号	项目与技术要求	配分	检测标准	实训记录	得分
1	图纸完整	50	平面图、立面图、剖面图是否完整、正确		
2	制图规范	50	文字标注是否准确，是否符合制图规范		

思考与练习

1. 座凳的尺寸要求是什么？
2. 常见的座凳材料有哪些？各有什么特点？

课题二

景墙、景门、景窗的设计与施工

在《现代汉语词典》中墙的定义为“用砖、石或土等筑成的屏障”。因此从广义来说，园林中只要具有遮挡、隔断作用的室外构筑物都可以称为墙。为与园林景观协调，减少人工堆砌的痕迹，设计师要对墙的造型进行设计，使之独立成景或与花木、山石、水体组合成景，此时墙可称为景墙。为了出入方便或采光需要，景墙多设置景门或景窗，使得墙体立面生动优美，园林空间更加通透。

任务一　景墙、景门、景窗造型设计

任务目标

◇了解景墙、景门、景窗的功能

◇熟悉景墙、景门、景窗的形式

◇掌握景墙、景门、景窗的设计要求

◇能够利用景墙、景门、景窗进行园林空间和建筑空间的组合、分隔、过渡、渗透与装饰

◇掌握景墙、景门、景窗方案设计的基本内容和表达方法

任务提出

如图 2—2—1 所示，某中学校园入口广场西侧（边长约 45 m）需设置景墙，要求位置适当、主题鲜明、形式新颖、尺度合理，并绘制总平面图及方案效果图。

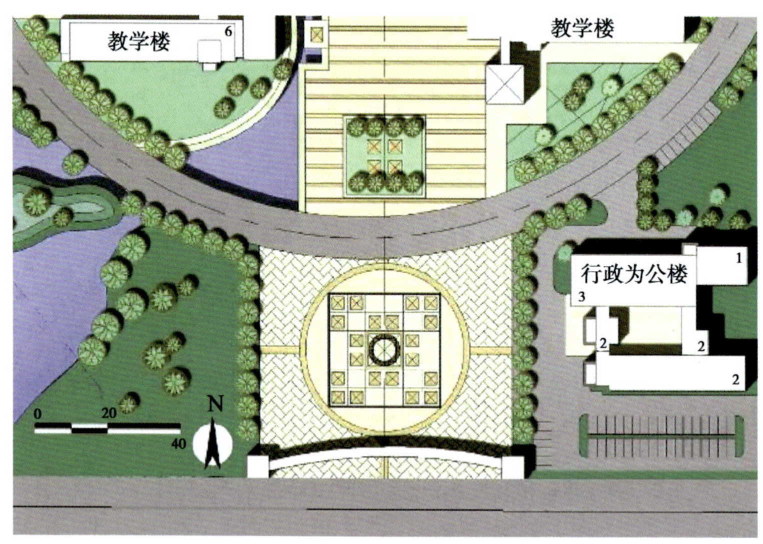

图 2—2—1　某中学校园入口区平面图

任务分析

设计景墙、景门、景窗，须在了解景墙、景门、景窗的功能、形式的基础上，充分考虑园林特点、设置目的、表现主题、观赏要求等因素进行设计。那么，景墙采用何种形式？景墙的尺度如何确定？景墙是否需要设置景门、景窗？景门和景窗的位置、尺寸和形式如何确定？景墙采用什么色彩、材料？如何表现景墙的效果？

相关知识

一、景墙、景门、景窗的功能

1. 景墙的功能

景墙具有防护、划分内外空间、分隔空间、引导观览的作用。同时，墙垣构筑是一门艺术，如果构筑得当则墙垣本身也能成为景观。

（1）围护　设在园林外围的景墙一般称为围墙，主要是为了阻止人或动物进入，也能遮挡视线，防止被窥视，这是围墙最基本的功能。空间私密性要求较高时多使用封闭的围墙与外界隔绝。例如北京的故宫（见图 2—2—2）、天坛（见图 2—2—3）作为皇家专属空间，为保证皇族安全，避免窥探，均设置了高大的围墙以分隔内外空间。江南古典园林大都属于私家宅院，花园建在宅院后部，也多用围墙保证私密性。而现代园林对群众开放，属于公共空间，强调空间和景观的共享，因此多采用通透式的围墙界定空间。如北京国际雕塑公园围墙（见图 2—2—4）颇为通透，使人们从外部就能欣赏公园内的景色。

图 2—2—2　北京故宫内宫墙

图 2—2—3　北京天坛公园围墙

图 2—2—4　北京国际雕塑公园围墙

（2）分隔、限定空间，引导游人　中国传统园林空间变化丰富，层次分明，景墙在其中功不可没。景墙可分隔大空间，化大为小，园中有园；景墙又可将小空间串通迂回，小中见大，咫尺山林，曲径通幽；景墙的景门、景窗使空间似隔非隔，通过景窗看到景物若隐若现，隔而不断，虚中有实，实中有虚，在有限的空间内获得丰富景色（见图 2—2—5）。江南私家园林尤为擅长在方寸天地中利用景墙划分景区与空间，使园景幽深曲折，迂回不尽，达到小中见大、以少胜多的效果。

景墙是限定园林空间的重要手段。空间的限定性是指利用实体元素或人的心理因素限

图 2—2—5　景墙有分隔空间的作用

制视线的观察方向或行动范围，从而产生空间感和心理上的场所感。形态各异的景墙作为限定空间的界面，使人产生不同的心理和空间感受。例如，陕西西安大唐芙蓉园儿童活动区错落设置四段弧形景墙（见图 2—2—6、图 2—2—7），其上或设置墙洞供孩子们穿越嬉戏，或设置横杆、格网供孩子们攀爬。景墙在此既形成了对弧形阶梯场地的限定，强化了空间的曲线特征和向心集中的动势，又具有实际使用功能，景墙上的人形及圆形孔洞、错列排布的横杆也满足了观景的需要。

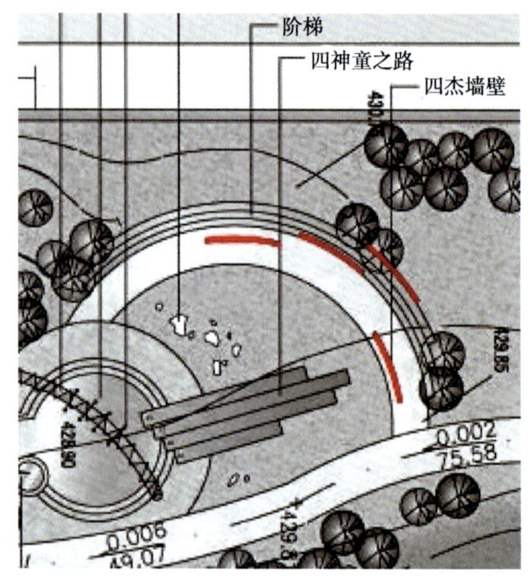

图 2—2—6　陕西西安大唐芙蓉园景墙平面图和效果

图 2—2—7　陕西西安大唐芙蓉园景墙

景墙还可以引导游人观览。景墙与游廊相似，都是线性建筑，具有极强的导向性，向人们暗示沿墙延伸方向行进，隐性引导游览方向。如上海徐家汇公园利用地形设置景墙引导游人，使人在欣赏景墙浮雕时不知不觉进入下沉广场（见图 2—2—8）。

（3）**造景**　景墙造景方式包括两种：一种是景墙自身独立成为景观，另一种是景墙衬托植物、置石等景物组成景观。

独立成景的墙常用来点景，墙体本身就是艺术品。它是整个景观的中心，周围的花木山水都围绕突出景墙而设计。设计师通过巧妙的构思，赋予景墙丰富的历史、文化、哲学内涵，景墙所承载的精神意义远远大于外形的观赏意义。例如，浮雕墙是常用的点景墙形式之一，通过截取某一历史片段来展现主题。作为历史事件载体的景墙可以加强人们对场所或者历史的记忆。

景墙还可以与植物、置石、雕塑映衬、组合成景。中国古典园林皆有园墙，庭园如画，景墙犹如画框，精致地衬映出园林的空间与画面。白粉墙常常作为花木、竹石的背景，犹如在白纸上绘制山水花卉，所谓“粉墙为纸”正是这个意思。现代园林景墙组景的手法更是灵活多变，如上海某公园景墙（见图 2—2—9），采用玻璃、镜面花岗岩等材质，截取传统园林的花窗作为装饰元素，配以历史典故的主题雕塑，形成了一组观赏景点。

图 2—2—8　上海徐家汇公园景墙

图 2—2—9　上海某公园景墙

2. 景门、景窗的功能

景墙在园林中运用普遍，但直、长的实墙易显得呆板、封闭，为了改善造景效果，常在墙上设置景门、景窗。

园林景门可以泛指所有有景观观赏价值的门，本书所述景门特指景墙上所设的有交通和景观作用的门。景门分为有门扇景门和无门扇景门两种，通常把无门扇景门称为洞门。

景窗又名花窗、漏窗，多为满格的镂空花纹装饰，也有窗洞内无任何装饰的空窗。本书仅对设在景墙上的景窗加以阐述，建筑物的内窗、外窗不在论述范围之中。

景门、景窗的功能包括通风采光、交通、装饰墙面、实现园林空间的渗透流转、造景等功能。

（1）通风采光　通风采光是景门、景窗的重要功能，特别是景墙与相对狭窄、封闭的空间相连时，实体的景墙会使空间更加幽暗，而景门、景窗有助于削弱空间的狭窄闭塞感，使墙面明快、灵巧。

（2）交通功能　景门可供游人进出，具有交通功能。景门也是组织游览路线的手段，可以提示游人前进的方向。如北京陶然亭公园利用景墙将华夏名亭园与其他空间分隔开，设方形景门（见图 2—2—10）引导游人进入华夏名亭园内。

（3）装饰墙面　实墙立面较为单调，可通过形式各异的景门、景窗产生虚实变化和韵律感。尤其是景窗在光线照射下富有变化的阴影，使平直呆板的墙面显得生动丰富。如北京街头绿地的景墙（见图 2—2—11）虽是实墙，但连续布置不同式样的什锦假窗，使得墙面也颇具观赏性。

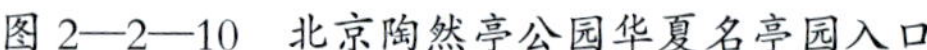

图 2—2—10　北京陶然亭公园华夏名亭园入口

图 2—2—11　北京街头绿地景墙

（4）空间渗透　空间的渗透和层次变化主要通过空间的分隔与联系形成。有限的空间如不加以分隔，就不会有层次的变化，但是完全隔断也不会有渗透现象发生。景门、景窗是空间联系的介质，被墙分隔的空间本来是静止状态，但是经过景门、景窗层层相套或富有节奏的排列，空间似隔非隔，人的视线从一个空间延转至另一空间，实现了空间的渗透和层次变化。

如江苏苏州沧浪亭以景窗闻名，入口的游廊布置一排景窗，各个景窗的窗框外形、窗芯图案虽不相同，但间距、大小和通透程度接近，形成以重复性、连续性为特征的韵律变化。沿游廊前行，所有的景物都处于相对位移的变化之中，景观的渗透和空间的层次变化给人以美感。

空间的流通由景门完成，景墙所隔开的空间在景门处重新连通，景门提示着空间的转换，引导游客由此空间进入彼空间。

（5）造景功能　景门、景窗的造景方式可以概括为漏景、借景、成景、框景等。景墙门、窗内外可以景致互漏互借。形式优美的景门或镂空的景窗本身就是优美的景观，即使是无装饰花纹的空窗，上方也可悬挂匾额，两侧配置对联，以窗中之景映衬，形成一幅立体山水小品画。又如洞门上方题字若干，或拟景或抒情，将人引入某种自然或精神境界中。

构设得当，空窗门洞能成为很好的取景画框，有计划地组织蕉叶、山石、修竹形成对景，让人目不暇接却又不至于一览无遗。若移步观景，画面则更加变化多样。例如山东泰安岱庙盆景园入口的椭圆形景门，正对园中湖石，形成良好对景。有时可在一条轴线上连续设置两个或两个以上的洞门或空窗，门内有门，窗内有窗，景中有景。如广东广州陈家祠（见图 2—2—12），在建筑前廊设置若干门洞，由门洞望去，院落层层叠叠，层次丰富。

图 2—2—12　广东广州陈家祠

二、景墙、景门、景窗的分类及形式

1. 景墙的分类及形式

（1）按照风格分类　景墙按照风格分为古典式景墙和现代式景墙。古典式景墙以江南私家园林为代表，景门、景窗装饰墙体，立面丰富，小巧精致，适用于具有传统韵味的园林。现代式景墙包括水景墙、浮雕墙、铁艺墙等，形式或简洁或复杂，色彩丰富，时代感较强。也有将传统景墙设计手法抽象提炼，变换形式和材料而成的现代景墙。如贝聿铭设计的江苏苏州博物馆山水园北墙（见图 2—2—13），采用传统的粉墙黛瓦形式，墙体尺度较传统景墙有所放大，墙下为其独创的片石假山，白色的墙面与深灰色的片石形成鲜明的色彩对比，传统园林的“以壁为纸，以石为绘”的造园手法在此表达得淋漓尽致，堪称现代景墙的代表作。而山东济南园博园中平顶山园的景墙（见图 2—2—14）则匠心独运地使用金属材料模仿冰裂纹图案，其间点缀若干花瓶喷水，设计手法大胆开放，使人耳目一新。

图 2—2—13　江苏苏州博物馆山水园北墙

图 2—2—14　山东济南园博园中平顶山园景墙

（2）按照造型特征分类　依据墙顶和墙身的造型特征，景墙可以分为五类。

1）平直顶墙。平直顶墙是最常见的形式，顶部平直，墙体可以为实墙，也可以结合景门、景窗设置。地形平坦时墙体顶部多为水平直线，有时为打破单调感，墙体顶部也可做出一定的高低起伏。例如上海豫园的景墙（见图 2—2—15），为突出强调景门，其上部墙体明显高出其他位置的园墙。坡地和山地的景墙多顺应地势建成阶梯状，从而形成高度阶梯变化的墙顶（见图 2—2—16）。

图 2—2—15　上海豫园景墙

图 2—2—16　山东青岛阶梯状景墙

2）云墙。云墙（见图 2—2—17）与平直顶墙的区别在于墙的顶部轮廓砌成高低起伏的波浪形，顶端饰以龙形装饰时又可称为龙墙。上海豫园的龙墙游龙蜿蜒起伏，龙头（见图 2—2—18）造型生动细致，是中国园林龙墙的典范。云墙和平直顶墙是园林景墙应用最多的形式。

图 2—2—17　云墙

图 2—2—18　上海豫园龙墙的龙头装饰

3）花格墙。花格墙多指利用砖瓦等材料垒砌的较为通透、纹样规则的格网状景墙（见图 2—2—19、图 2—2—20）。花格多砌在墙头，也可居于砖柱之间作为墙面，打破墙体厚重感。受砖瓦的模数制约，露孔面积不能过大，否则影响砌体的坚固性。现代园林也常采用整体预制的或预制块拼砌的混凝土花格。

图 2—2—19　山东济南园博园花格墙

图 2—2—20　花格墙

4）影壁。影壁指大门内或屏门内起屏蔽作用的墙壁，属于较为短小的特殊景墙。传统影壁可设在门外、门内或门的两侧。门外的影壁只有皇宫、王府和等级高的庭园才可使用。皇家使用的影壁最为豪华、壮丽，典型代表是琉璃九龙壁（见图 2—2—21），雕塑精致，色彩华美。位于大门内侧呈“一”字形的影壁叫作一字影壁，可独立于厢房山墙或隔墙之间，也可在厢房的山墙上直接砌筑。门两侧的影壁与大门檐口成 120° 或 135° 夹角，大门向内退进 2～4 m，门前形成的小空间可作为进出大门的缓冲之地。传统影壁在现代园林中多经过提炼变形后使用。

图 2—2—21　琉璃九龙壁

5）浮雕、彩绘景墙。浮雕、彩绘景墙是新型的现代园林景墙，是烘托园林氛围的有力手段。墙身的图案内容与园林、广场的特点、主题相契合，植物、动物、人物、历史、传说、戏曲、故事、书法、诗词等都可以作为景墙的表达主题（见图 2—2—22、图 2—2—23）。此类景墙形式灵活，可长可短，可直可曲；位置多变，有的位于园林入口处，有的利用地形变化设置景墙引导游人，也有的位于园林相对开阔之处，作为重要景点和空间标志吸引游人。

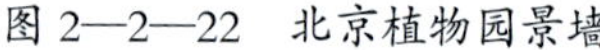
图 2—2—22 北京植物园景墙

图 2—2—23 陕西西安环城西苑公园浮雕景墙

现代景墙也常结合花台（见图 2—2—24）、喷泉涌泉（见图 2—2—25）、水池设计，加上灯光甚至优美动听的音乐，使景墙更具有观赏性。

图 2—2—24 结合花台的景墙

图 2—2—25 广东广州东站结合喷泉涌泉的景墙

2. 景门的分类及形式

景门由门洞、门扇以及其他装饰部分组成。根据其形式的不同可分为洞门、随墙门、门楼三种。不设门扇的洞门轻巧玲珑、丰富多彩，各式各样的洞门形式本身就有较高的欣赏价值。随墙门是指在墙面上开门，再随着墙面做各种建筑处理而成的门，一般设有门扇。最简单的随墙门，可以理解为在洞门的基础上加装门扇而成，在有限制进入要求时使用。景门当然也有更为正式的做法，即立砖墩，再在其上做屋顶的门楼形式，包括垂花门、屋宇式门、券洞门等，形式繁多，构造复杂。门楼形式的景门高于景墙，相对独立，本书对此不做详述。

景门可按照门洞的形式分为几何形景门和仿生形景门。

（1）几何形景门　几何形景门包括圆形、长方形、方形、圭形、多边形、复合形景门等。最常见的是圆洞门（见图 2—2—26），又称月亮门、月洞门、地圆门。

（2）仿生形景门　仿生形景门多模拟自然界中蕴含吉祥寓意的各种事物形象，例如海棠、桃、李、石榴、葫芦、宝瓶、如意、莲瓣、秋叶、贝壳、剑环等（见图 2—2—27）。其中葫芦图案象征子孙万代；宝瓶取“平”谐音，象征平安；海棠象征高贵和风雅。景门的形状随着环境性质和所处位置的不同而千变万化，形式丰富的景门能给人带来强烈的美感。

图 2—2—26　圆洞门

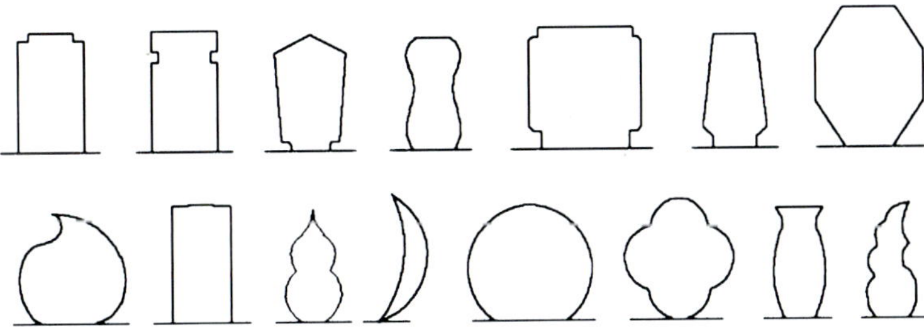

图 2—2—27　常见的仿生形景门形式

3. 景窗的分类及形式

景窗由窗框和窗芯两部分组成，窗芯即窗洞中装饰的各种镂空花纹。空窗以框景为主，仅使用窗框，不设窗芯（见图 2—2—28）。

图 2—2—28　空窗

（1）窗框　景窗窗框形式与景门形状相似，但花样更多（见图 2—2—29、图 2—2—30）。数量上以较为规整的方形、长方形、圆形、椭圆形、多边形为多，也有梅花形、扇形、“十”字形、双斧形、菱角形、花瓶形、三叶形、葫芦形、秋叶形、石榴形、海棠形等异型窗框，还有将两个形状拼合在一起的形式，如双葫芦形、双菱形等。

（2）窗芯　景窗窗芯图案变化繁多，取材广泛，形式灵活，仅江苏苏州园林就有数百种之多（见图 2—2—31、图 2—2—32）。窗芯以其表现内容可分为几何形窗芯、仿生形窗芯和混合形窗芯三类。

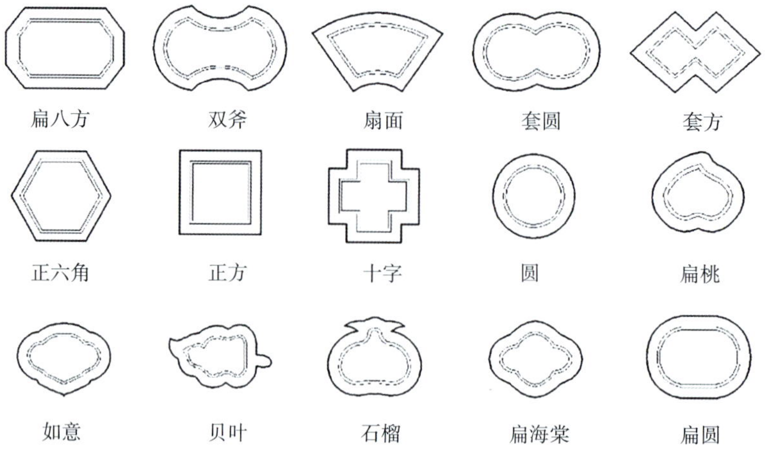

扁八方　双斧　扇面　套圆　套方

正六角　正方　十字　圆　扁桃

如意　贝叶　石榴　扁海棠　扁圆

图 2—2—29　景窗窗框形式

a)　b)　c)　d)

图 2—2—30　各式窗框

a）贝叶形景窗　b）扇形景窗　c）宝瓶形景窗　d）长方形景窗

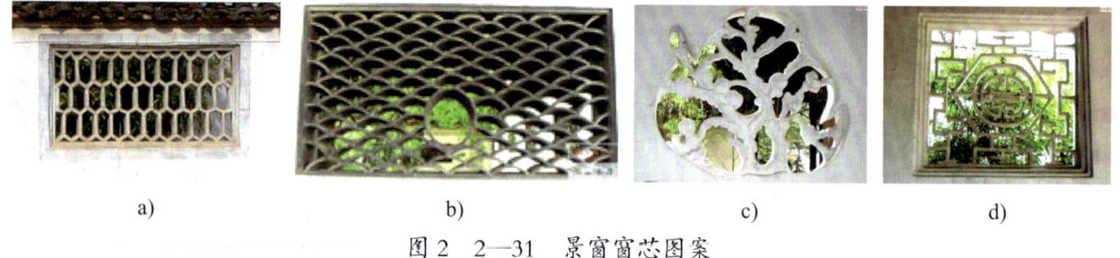

a)　b)　c)　d)

图 2　2—31　景窗窗芯图案

a）安徽黟县宏村橄榄景窗芯　b）鱼鳞纹窗芯　c）花草纹窗芯　d）文字窗芯

1）几何形窗芯。几何形窗芯多用直线、弧线组成，有使用一种线形的，也有两种线形混合使用的。例如万字、菱花、冰裂纹、橄榄景等全用直线构成，鱼鳞、竹节、波纹、菱花、球纹等则使用曲线构成。直线图案简洁大方，曲线图案生动活泼。

2）仿生形窗芯。仿生形窗芯图案多选用人们喜闻乐见、寓意吉祥的树木花卉、鸟兽鱼虫为题材。例如选用梅兰竹菊表现高风亮节，鹿鹤松桃象征长寿，凤凰、蝙蝠、石榴代表高贵吉祥，鲤鱼跳龙门寓意仕途通畅。除以上类型外，也有以物品为题材的，比如花瓶、聚宝盆、文房四宝等。传奇小说、佛道故事和戏剧、福禄寿喜等文字也是景窗窗芯的常用题材。更有甚者，直接在花窗上雕刻诗句，如江苏苏州退思园花窗上刻“清风明月不须一钱买”的诗句，借以寄托对大自然的感激之情。这些富有文化特色的图案为园林增添了不少的文雅之气。

图 2—2—32　多样的景窗窗框及窗芯形式

3）混合形窗芯。有一类景窗窗芯将几何图形和仿生图案组合在一起，称之为混合形窗芯。如万字海棠窗芯，万字为边，中部为海棠图案；还有六角穿梅花、梅花套菱景、海棠莲芝花、花篮心莲一根藤等形式。江苏苏州狮子林的“四雅——琴、棋、书、画”景窗（见图 2—2—33）是此类景窗的代表，窗芯中部使用古琴、围棋棋盘、函装线书、画卷代表文人所喜爱的琴、棋、书、画四桩雅事，四边围以几何图形或仿生形窗芯图案。

图 2—2—33　江苏苏州狮子林“四雅——琴、棋、书、画”景窗

三、景墙、景门、景窗的位置及设计要求

1. 景墙的位置及设计要求

现代园林景墙的位置、造型、尺度、组合方式等较为自由、灵活。园林或商业街入口、广场中心、绿地边缘等都可以放置景墙。景墙可“爬山”，可“涉水”，可独置、群置、分段、连续，可长可短，可高可低，也可以与树木、水、光、声等搭配使用，增加观

赏性和文化内涵。

（1）**景墙的位置** 园林外部的围墙要做到能不设的地方尽量不设，能利用空间的办法、自然的材料达到隔离目的的尽量不使用围墙。例如利用地面的高差、水体、绿篱树丛达到隔而不分的目的，从而代替围墙。必须设置围墙的地方，能低则低，能透则透，少量须掩饰私密处才用封闭的围墙，但也需注意围墙的美观，使其成为园景的一部分。

园林内部的景墙位置首先考虑园林的规划布局和分区。各类空间的边界，如功能分区边界、景物或建筑物发生变化的交界处、地形地貌变化的交界处、空间形状变化的交界处，可以设置分隔与过渡空间的景墙。园中园的边界也可设置景墙，设置原则同园林外部的围墙。例如陕西西安兴庆宫公园属于免费开放的公园，但其中的鸟语林对游人收费，因此须设园墙及单独入口，将鸟语林与园内其他空间分开（见图 2—2—34）。

景墙应与景点布局、游览路线、观赏视点结合，考虑框景、对景、障景、点景等造景效果。水景墙因更强调景观功能，故多选择在空间的中心，形成视觉焦点。而作为观赏背景的景墙多位于场地边缘。园墙与假山之间可即可离，各有其妙。园墙与水面之间宜有道路、峰石、花木点缀，景物映于墙面和水中，增加意趣。

通透的景墙应有景可隔可观，如为遮蔽不良景观则以实墙为主。例如广东广州美术馆内院设置高大的围墙（见图 2—2—35），遮挡临近建筑的杂乱后院，并设攀缘植物缓和墙体的坚硬线条。

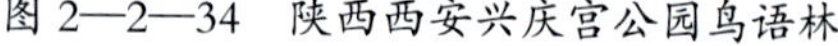

图 2—2—34 陕西西安兴庆宫公园鸟语林

图 2—2—35 广东广州美术馆景墙

（2）**景墙的设计要求** 景墙形式多种多样，应根据功能和造景艺术的需要设计。

1）高度。景墙的高度由功能决定，起围护和分隔作用的景墙高度应控制在 1.8～2.5 m 之间。太高的围墙即使通透也易使游人产生压抑感，特别是空间狭小时，高大的景墙会给人带来坐井观天的感觉。以美化装饰作用为主的景墙，其高度由环境和造景需要确定。

2）平面线形。景墙是线状景观，平面线形的走向决定了空间的边界和分隔形态，也影响景物的观赏角度和观赏方式。长直墙垣使人感到单调乏味，可利用建筑、山石和水体中断、错位墙体，缓冲僵硬感。如较长的景墙确实无法利用其他园林要素打断时，可以通过转折、弯曲等方式尽可能地使墙体线形丰富（见图 2—2—36），从而达到逶迤衡直的效果。曲面的景墙柔和、活泼，适合于强调自然的场所，折线景墙可使观景角度多变。但景墙的弯曲、转折不能过于随意，要注意对景、框景等造景需要。

3）立面装饰。立面是景墙的主要观赏面。立面设计的重点包括三部分，即墙顶、墙身和勒脚。墙顶的处理方式包括平直、波浪、高低错落和镂空四种，追求一定的平伏起落变化。墙身通常通过设置镂空的景门、景窗取得虚实相间的效果。现代景墙饰面的材质和装饰方法更为丰富，可以重点表现材质肌理，也可结合浮雕、彩绘、花台、水体等方式美化墙体。墙的下部常做勒脚保护墙基，使用与墙体不同的材质或色彩制作的勒脚具有一定的装饰作用。无论采用何种方式，墙体装饰应同所处环境的风格与意境相协调，色调或淡雅或端庄，质感或细腻或粗犷。

除了墙体本身的装饰外，也可以利用植物、山石及光影的变化减弱墙体立面的单调感。对于一些不宜开窗而又的确需要在近距离出现的墙体，可在墙前 3m 以内构置植物、峰石组成景观。例如江苏苏州拙政园海棠春坞（见图 2—2—37），粉墙前置石、竹等，使墙面与之互为衬托形成画面。体量较大的景墙前可植高大乔木缓解视觉冲突，也可以用树丛、山丘相隔，使墙体隐退在视线之外，甚至可以使用攀缘、藤本植物完全遮蔽墙面。

图 2—2—36　上海豫园景墙

图 2—2—37　江苏苏州拙政园海棠春坞

4）色彩。古典园林粉墙黛瓦是主色调，清新淡雅；而皇家园林的红墙，色泽浓重饱满，对比鲜明，两种色彩体系均和园林的氛围意境高度协调。因此，景墙须与整体环境色调统一，根据环境的氛围选择色彩，同时协调色系，合理搭配。景墙的颜色还要考虑使用对象的心理需求，如使用对象多为儿童，则应采用儿童喜欢的色彩（如红、黄、蓝

等纯色）、形状（如圆形、三角形等纯几何形状）、图案（如卡通形象、动物造型等）等作为装饰。

2. 景门的位置及设计要求

景门宜在满足交通功能的前提下结合框景、对景等造景手法，选择有景可观且能与园路连通较好的位置设置。景门之间要有一定的间距，同一面景墙上景门数量不宜过多，避免破坏游览路线的完整性。

景门的形式和宽度首先要满足通行要求，其次再考虑造型与环境的协调。传统私家园林因使用人数较少，交通要求不强，所以考虑更多的是景门造型的优美。例如传统的月牙门形式美观，但仅能容一人通行，无法满足游人众多时的通行要求。现代园林常用简洁且宽阔的圆洞门和八角洞门等形式，便于人流通行，仅在廊和小庭园等小空间采用尺寸较小的秋叶形、瓶形等轻巧玲珑的景门形式。

园林的艺术风格对景门的选型也有一定的支配作用，可适当运用联想、象征的手法表现景门的性格特征，营造气氛。宽阔的景门视野开阔，显露景色较多，适于营造“别有洞天”的景观效果。狭长的景门寓意“曲径通幽”，景物藏多露少，使庭园空间与景色显得更为幽深莫测。

景门的净高度一般在 2.1 m 以上，以免让游客产生容易撞到头部的错觉。

3. 景窗的位置及设计要求

景窗位置灵活多变，但也有一定的章法可循。强调保护私密性的外围墙多用实墙，如为增强观赏性，可在墙上作实际并不透空的假漏窗。长廊墙面和半通透的庭园围墙多设置漏窗。成排布置的漏窗，其形状、尺度、间隔、纹样相同或相近，可以产生韵律感和节奏感。廊道的转折处或视线易于集中的地方，常设体形优美、形状较为独特的扇形、花瓶形、如意形漏窗。空窗需注意所框景物的最佳观赏角度，有时为了防风避雨安装双面透明玻璃。例如北京颐和园景墙的什锦窗（见图 2—2—38）排布均衡，形式各异，形成了一幅独特的长轴画卷。

图 2—2—38　北京颐和园什锦窗

观景的漏窗大小应根据位置、形式而定，高度一般为 1.3～1.5 m，与人的视线高度相平。也有专为采光、通风和装饰用的景窗，离地面较高（见图 2—2—39）。

景窗色调应尽可能明快。白粉墙上的景窗可同墙面色彩一致。有时为了满足远看时空间渗透深邃，近看时又有景可赏的要求，窗芯可做成深色调。

图 2—2—39　景窗

任务实施

一、分析和熟悉设计条件，确定景墙设计立意和风格

本次设计任务为校园广场的景墙。首先要熟悉广场中景墙的位置、用地及道路、绿地等周边环境，确定景墙立意。校园景观不同于一般的园林景观，它是一所学校品格的外在形象，应该与学校的精神和谐统一。入口广场是校园景观线的起点，作为展现校园文化的第一窗口，对学校精神和校园景观特色都应有所体现。广场边侧的景墙是广场的视觉和审美焦点，应与校园的整体环境和氛围呼应协调，包含丰富的教育意义与教育价值。本次设计运用中国传统的文化形式及典故表达景墙的文化及教育内涵，突出“育人”要求。

二、确定景墙平面线型及立面装饰

校园入口广场形态规整，近于方形，西侧边缘为一直线，长度约 45 m。顺应广场的规整形态，景墙线形设计为直线。为打破“一”字形景墙的单调感，设计时将景墙分为 4 部分，各部分前后错动一定距离。受到传统家具——屏风的启发而设计的 8 扇屏风式景墙是此次设计和观赏的重点，也是精华所在，其立面模仿中国卷轴书画形式，设计以教育典故为主题的浮雕，包括孟母三迁、悬梁刺股、闻鸡起舞、孔融让梨等，着重体现景墙的育人要求和文化气息。考虑到景墙西侧是校园绿地，紧邻屏风式景墙以北设置景门进入绿地，景门设计为方形，与广场形态相呼应。景墙的南北两端为观赏的起点和终点，处理相对简化，避免喧宾夺主，以突出墙体肌理和色调为主，北端设 3 个方形景窗，以满足观景需求，同时减弱景墙厚重封闭之感。墙前设低矮的花池，配以花草绿篱，形成良好的景观层次。景墙在平面错动的同时，注重高低错落，增强观赏性。景墙整体造型简洁大方，端庄稳重。

三、绘制总平面图、方案效果图

总平面图主要表达景墙的平面形状、大小、位置等，尽量按照上北下南方向绘制，也可根据场地形状或布局偏转方向。采用尺规绘图，准确表达景墙位置，按比例绘制墙体长度、厚度，花池的长度、宽度等，景门、景窗可不标识或以虚线注出洞口位置。适当表达周边的地形及环境，如铺地、道路、树木等，配景色彩和布局需以烘托景墙为主，避免主次不分。图上标明作为定点放线依据的可靠地上物（如建筑等），若没有可靠的地上物作为定点放线的依据时，尽量将附近的道路等画在图上。景墙总平面图如图 2—2—40 所示。

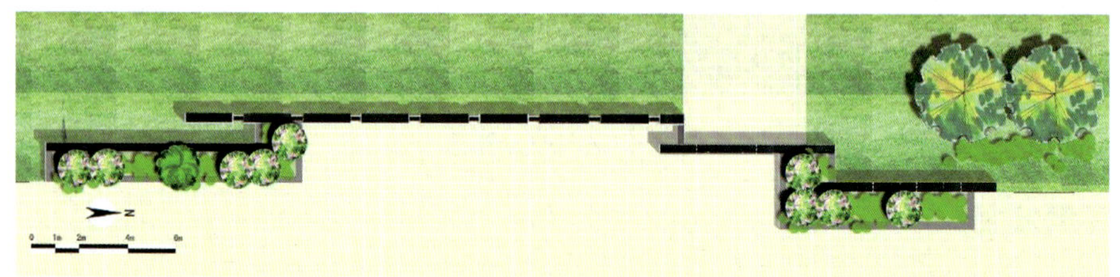

图 2—2—40　景墙总平面图

绘制方案效果图时，注意景墙的透视表现，一般使用平视高度。尽量选择能够表现景墙全貌的角度，尤其是景墙长度较长时，角度选择更应慎重。可增加效果图数量以便多角度全方位地表现景墙各组成部分，或选择景墙精华部分重点表达。效果图表现内容包括景墙形式、色彩、主要材质，景门及景窗的位置、形式等，周边环境可适当简化。景墙正立面效果图、透视效果图如图 2—2—41、图 2—2—42 所示。

图 2—2—41　景墙正立面效果图

图 2—2—42　景墙透视效果图

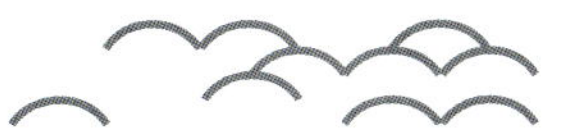

总平面图、方案效果图可使用马克笔、彩铅等绘制，或者借助计算机进行表现。

评分标准

序号	项目与技术要求	配分	检测标准	实训记录	得分
1	景墙立意	15	与校园风格协调，构思新颖，特点突出		
2	景墙平面布局	25	空间分隔合理，有利于围合和造景需要，与周边环境结合良好		
3	景墙立面设计	30	墙体高度合理，景门、景窗比例协调、位置恰当，立面简洁、美观		
4	总平面图、方案效果图	30	形式正确，尺度恰当，层次清楚，质感表现到位，配景比例协调，版式美观，色彩协调		

知识链接

景窗、景门、景墙形式欣赏

景窗、景门、景墙形式如图 2—2—43 至图 2—2—46 所示。

图 2—2—43　景窗形式欣赏

图 2—2—44　景门形式欣赏

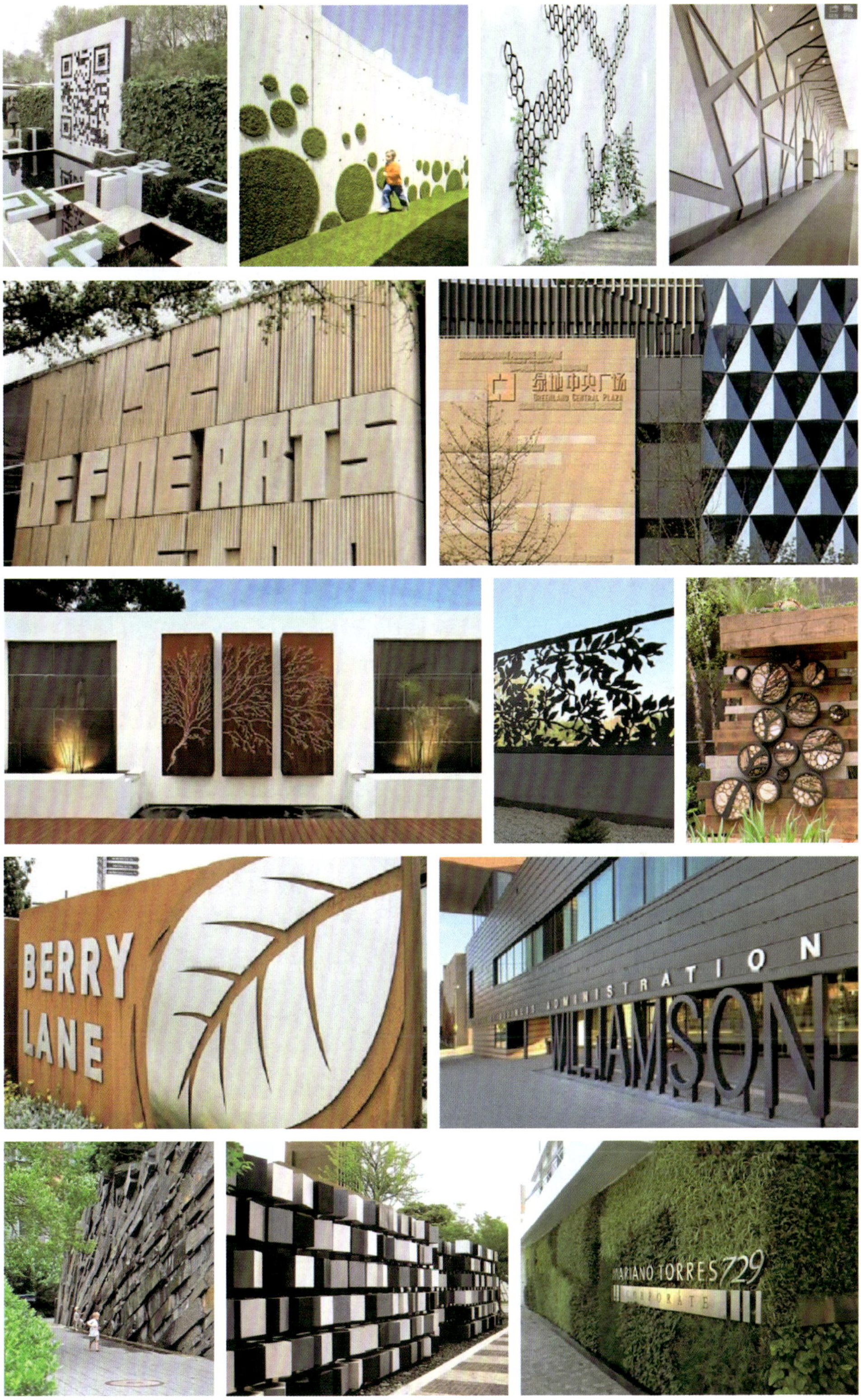

图 2—2—45　景墙形式欣赏（一）

图 2—2—46　景墙形式欣赏（二）

思考与练习

1. 景墙、景门、景窗的功能各是什么?
2. 景墙如何分类?景门、景窗的分类及形式有哪些?
3. 景墙的位置选择需考虑哪些因素?
4. 景门、景窗的设计要求是什么?

任务二　景墙、景门、景窗施工图绘制

任务目标

◇掌握景墙、景门、景窗的常用材料及特点
◇掌握景墙、景门、景窗的构造设计
◇掌握景墙、景门、景窗施工图绘制的方法

任务提出

绘制任务一中设计的景墙、景门、景窗的施工图。

任务分析

在掌握景墙、景门、景窗的常用材料、构造方法的基础上，采用什么材料建造任务一中的景墙、景门、景窗呢?其构造及尺寸如何设计?如何将景墙、景门、景窗的构造和尺寸反映在平面、立面、剖面施工图中?

相关知识

一、景墙、景门、景窗的常用材料及特点

现代景墙、景门、景窗在传统做法的基础上，广泛使用新材料、新技术，不断推陈出新，创造出新的形式和做法。

1. 景墙的常用材料及特点

现代景墙设计灵活，材料丰富。除竹、木、砖、石等传统材料外，混凝土、玻璃、金属等材料都可以建造景墙。各类材料在景观效果、建造成本、后期养护等方面各有所长，

可多种材料组合，取长补短。

竹墙用竹篱、竹笆或竹片做成，雅致亲切、自然质朴，是常见的传统景墙形式。竹墙分为墁灰竹墙和清水竹墙两种。北京紫竹院公园的围墙（见图 2—2—47）以展现竹材本色为主，属于清水竹墙的一种。竹墙现因耐久性差、成本高等因素已很少使用。产竹地区可适当就地取材，既经济又富有地方色彩。选材以竹竿匀称、质地坚硬、竹身光洁、直径在 10～50 mm 的竹材为宜，如广东及四川地区的茶秆竹就是较好的竹材。

木墙有全木的，也有仿木的。全封闭的木围墙应用较少，多以低矮、通透的木篱形式出现。也有为追求清新素雅风格，使用现代防腐木作为立面装饰的景墙，如山东济南园博园的长春园采用防腐木与石材贴面相结合建造景墙（见图 2—2—48），密闭与通透皆宜。

图 2—2—47 北京紫竹院公园竹围墙

图 2—2—48 山东济南园博园的长春园木墙

石墙容易与自然形成和谐的氛围，但造价相对昂贵，施工麻烦，可局部采用。根据材料的不同，石墙分为乱石墙（见图 2—2—49）、毛石墙、片石墙、卵石墙、块石墙等。不同类型的石墙风格各异，乱石墙自然、灵活，毛石墙花纹多变（虎皮纹就是常见纹饰之一），片石墙强调水平肌理、平静舒展，卵石墙玲珑、别致，块石墙严整、稳重。为降低成本，现代园林多以石材贴面代替石墙。

砖墙造价低、易施工，混凝土墙保养容易，二者的缺点都是较为闭塞、不够通透。

金属景墙造型简洁、通透，能做成各种纹样和图案，施工简便。金属景墙以型钢（如圆钢、角钢、槽钢、扁钢）和铸铁成品材料为主。铸铁成品材料比型钢材料耐锈，但性脆易折，故宜以型钢作为受力构件，而以铸铁作面材。

混凝土、砖和金属可混合使用，根据需要制作成各式各样的景墙，满足园林装饰和造景的需求。如某小区围墙是由混凝土和铁栅结合而成的灵活、轻巧的墙垣形式（见图 2—2—50）。又如山东济南园博园深圳园采用颜色绚丽的金属花墙（见图 2—2—51），与石材贴面景墙组合布置。

图 2—2—49　山东济南园博园北川园乱石墙

图 2—2—50　混凝土、铁栅围墙

图 2—2—51　山东济南园博园深圳园金属花墙

玻璃砖墙造价昂贵，在局部外环境极须透视而内部不容许的情况下使用，似透非透，也有以镜面代替的。

不同材料的景墙风格各异，各具特色，应根据园林性质、地形地貌等因素确定，尽量就地取材，体现地方特色，降低造价。

2. 景门的常用材料及特点

传统景门门洞内壁多为满磨青砖（见图 2—2—52），边缘只留 1 寸多厚的条边，做工精细，线条流畅，优美秀雅。现代园林门洞边框多用水泥粉刷，条边装饰则用白水泥，门洞边框与墙边相平或凸出墙面少许，显得清晰、明快，也有用金属材料（如型钢）作为门洞内壁的（见图 2—2—53）。

3. 景窗的常用材料及特点

景窗的制作材料极为丰富。传统景窗材料以砖石、木材、琉璃、筒瓦、灰浆为主，现代景窗增加了金属、混凝土、有机玻璃、水泥等材料。

景窗窗框做法与门洞相似，窗芯的纹样应注意材料对构图的影响。砖瓦窗芯朴实雅致，形式灵活，以几何图案为主。竹木窗芯线条较粗糙，与清水砖墙相配，朴实大方，但受到日晒雨淋后易变形，不宜用于室外。堆塑景窗一般以吉祥物品为主题，富丽华贵，适

用于传统园林。现代金属材料的景窗发展很快，主要用扁钢、方钢或圆钢构成主题性图案，窈窕清新（见图 2—2—54）。预制钢筋混凝土窗芯浑厚含蓄，能做出层次较多、疏密相间、虚实有致的纹样，并可借助光影的变化获得强烈的立体效果，但要注重尺度的协调，避免尺度过大。

图 2—2—52　青砖门洞内壁

图 2—2—53　型钢门洞内壁

图 2—2—54　金属景窗

二、景墙、景门、景窗的构造

景墙主要由勒脚、墙身和压顶三部分组成，而墙身部分还设有门窗洞口及其过梁、构造柱等构件，同时墙下需设置基础作为支撑。

1. 景墙基础和地基

为支撑上部的墙体，景墙下部埋入土中的部分需扩大截面形成基础（见图 2—2—55）。承受由基础传来的荷载而产生应力和应变的土层称为地基。基础起着传递荷载的作用。

景墙基础常用砖、石、混凝土等材料。砖是较为普遍且价格低廉的材料，但耐久性、抗冻性有限，常砌成踏步形。产石地区常用毛石砌筑基础，一般选用未风化的硬质岩石，如石灰石、片麻岩等。混凝土基础具有坚固、耐久、不怕水的特点，其断面可做成矩形、踏步形或锥形。

常用的基础形式有条形基础和独立基础两类。景墙基础的埋深应考虑水文条件的影响，宜在地下常年水位和最高水位以上。

2. 墙身

（1）墙体构筑　常用的景墙构筑材料主要有砌筑块材、混凝土、石材等。

砌筑块材包括黏土砖、多孔砖、水泥砌块等，墙厚 200～400 mm。常用墙体砌筑块材见表 2—2—1。砌筑块材须用砂浆黏结。砂浆根据材料和功能的不同分为水泥砂浆和混合砂浆。水泥砂浆是由水泥和沙子按一定重量比例配制搅拌而成的，主要用在受湿

度大的墙体、基础等部位。混合砂浆是由水泥、石灰膏和沙子按一定重量比例配制、搅拌而成的，主要用于地面以上墙体的砌筑，可根据需要添加掺和料和外加剂。砖墙的砌筑方式因叠砌方式不同分为全顺式、每皮丁顺相间式、一丁一顺式、两平一侧式等（见图 2—2—56）。

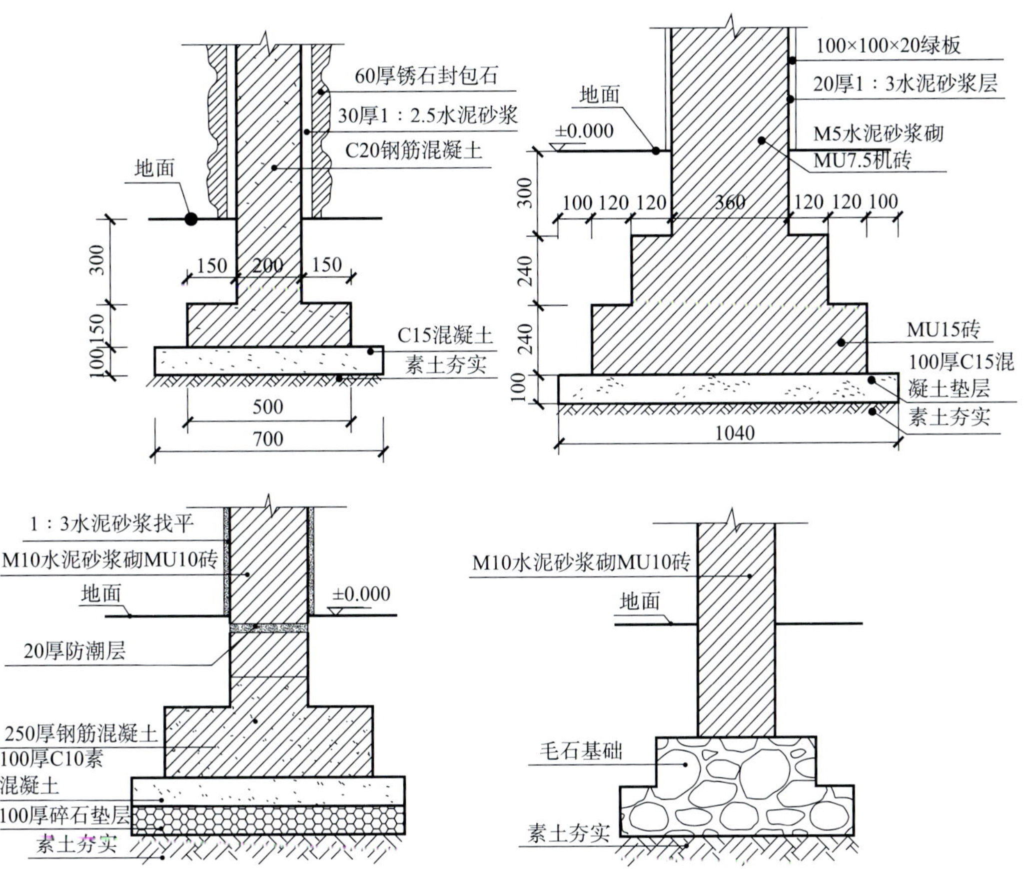

图 2—2—55　景墙基础示意图

表 2—2—1　常用墙体砌筑块材

名称	规格	强度等级
黏土砖	240 mm（长）×115 mm（宽）×53 mm（厚）	MU30、MU25、MU20、MU15、MU10、MU7.5
多孔砖	主规格尺寸为 240 mm×115 mm×90 mm，其他规格尺寸（长度、宽度、高度）应符合下列要求：240 mm、190 mm、180 mm、240 mm、115 mm、90 mm、115 mm、90 mm、53 mm	MU30、MU25、MU20、MU15、MU10

续表

名称	规格	强度等级
水泥砌块	混凝土小型空心砌块的尺寸为 190 mm × 190 mm × 390 mm，辅助砌块尺寸为 90 mm × 190 mm × 190 mm 和 190 mm × 190 mm × 90 mm 煤灰硅酸盐中型砌块的常见尺寸为 240 mm × 380 mm × 880 mm 和 240 mm × 430 mm × 850 mm 等 蒸压加气混凝土砌块长度多为 600 mm，其中 a 系列宽度为 75 mm、100 mm、125 mm 和 150 mm，厚度为 200 mm、250 mm 和 300 mm；b 系列宽度为 60 mm、120 mm、180 mm 等，厚度为 240 mm 和 300 mm	混凝土小型空心砌块 MU3.5、MU5.0、MU7.5、MU10.0、MU15.0、MU20.0 煤灰硅酸盐中型砌块 MU13、MU10 蒸压加气混凝土砌块 A1.0、A2.0、A2.5、A3.5、A5.0、A7.5、A10

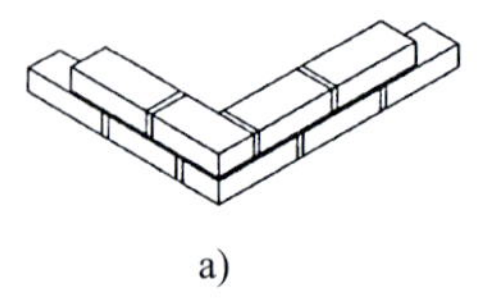
a)

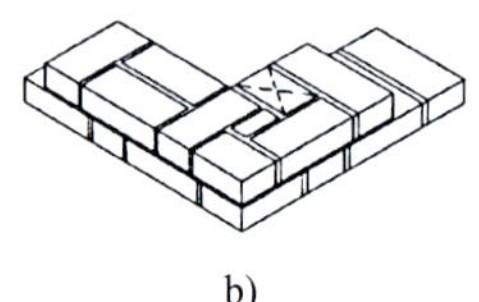
b)

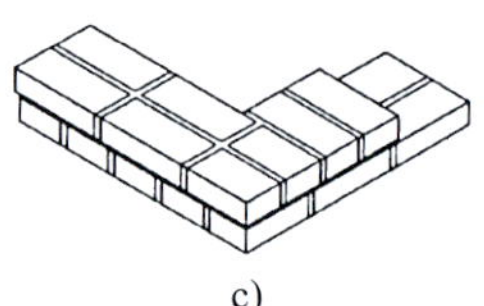
c)

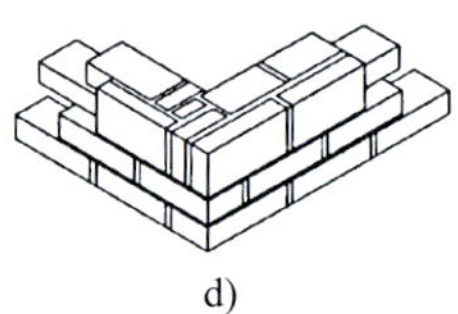
d)

图 2—2—56　砖墙砌筑方式

a）全顺式　b）每皮丁顺相间式　c）一丁一顺式　d）两平一侧式

混凝土墙以水泥、沙、卵石或碎石、水按适当比例配合，经过均匀拌制、浇筑成型及养护而成。

天然石材包括乱石、毛石、片石、卵石、块石等。各种石墙的材料和施工要求略有差别。乱石墙用大小不一、形状不一且未经雕琢的石块砌筑而成，墙厚 200～250 mm，砌筑时石块应大小搭配使用，大面向下，较整齐的面向外，斜口朝内，上下缝交错排列，灰缝为凹缝，用水泥砂浆或混合砂浆灌满。毛石墙石料尺度约 300 mm 或再大些，可利用石材形状、起伏、颜色的变化砌筑不同的花纹，砌筑时应大小搭配，垫塞平稳，以提高稳定性，墙厚一般在 400 mm 以上，通常用凸缝，以石灰或水泥砂浆砌筑，简易的也可干砌或灰泥砌筑。片石墙用石板或大致有两个平行面形状不规整的片石砌筑，片石厚度为 50～150 mm，砌筑时应分层错缝，内外搭接，墙厚 300 mm 以上，常用干砌内部抹灰，也可用灰泥、石灰或水泥砂浆砌筑，外部勾缝，除对缝外其余采用平缝处理。卵石墙选用长度为 150～200 mm 呈条形的卵石，用石灰砂浆（加细炭灰）斜砌，上下两层呈人字纹，墙厚 350 mm，转角处用部分较方整的块石。块石墙石料高、宽各 300～500 mm，长 700～1 200 mm，可以做成自然分格或规则分格，施工做十摆处理，即先摆石料后以砂浆灌心。

为了增加墙体的稳定性，需间隔 3～6 m 加设墙柱，也可以利用墙体自然转折形成隐形柱或夹带砖构造柱。孤立单片的直墙，如有特殊要求不宜加设墙柱，可适当增加厚度使

其稳定。

（2）门窗洞口及过梁

1）门窗洞口过梁。为了承受门窗洞口上部砌体传来的荷载，并将这些荷载传给洞侧墙体，常在门、窗孔洞上部设置过梁或拱券。过梁包括砖过梁、钢筋砖过梁和钢筋混凝土过梁三类。砖过梁施工速度慢，跨度受限，净跨宜小于 1.2 m。钢筋砖过梁在洞口上方先支木模，砖平砌，下设钢筋伸入墙内，外观与墙体砌法相同，施工麻烦，净跨宜为 1.5～2 m。钢筋混凝土过梁坚固耐久，能适应不同宽度的洞口，采用预制装配施工还可减少现场工作量，应用较广，截面通常为矩形和 L 形，高度应与砖的规格协调配合。常用的钢筋和混凝土见表 2—2—2。圆形或椭圆形等上部为曲线的洞口常设拱券承托上部墙体重量。石墙也可用整块长条石料作过梁或用较规则石料砌成拱券。

表 2—2—2　常用的钢筋和混凝土

名称	规格或强度
钢筋	直径 6～40 mm 者称为钢筋，直径 2.5～5 mm 者称为钢丝
混凝土	强度等级为 C7.5、C10、C15、C20、C25、C30、C35、C40、C45、C50 和 C60 等

2）门框及门扇。游人进出门洞频繁，门框易受碰挤磨损，因此需要使用坚硬耐磨的材料。传统门框用青灰色磨细方砖贴面，刨出挺拔的线角，并打磨至表面光滑。现代园林门洞边框多用水泥粉刷，内壁用水磨石、斧凿石（斩假石）、贴面砖或大理石、金属，构造做法与墙面相似。门洞底部可使用坚固的花岗岩作为袱石（见图 2—2—57），保证行人来往踩踏门洞边框不受影响。

图 2—2—57　圆月洞门底部圆弧形花岗岩袱石

门扇常用木材、金属、玻璃等材料。传统木门依据构造的不同，有实榻门与棋盘门之分。实榻门即实心门，是用数块同样厚度的木板相拼，再以数条横向的穿带串接加固而成的。棋盘门的制作方法是先做木框架，再安装门板，背面用穿带固定。门扇的开关多借助金属门环做成的拉手，拉手有一定的装饰作用。门框起固定、启闭门扇的作用，由左右两根立柱与上下两根横梁形成框架，固定在墙洞之间。固定门扇下轴的是门枕，门枕用石料加工而成。现代园林木门多使用平开门，门扇构造可采用镶板门或夹板门做法，用铰链固定于门框之上。金属门可模仿木门形式，也可用钢管、型钢和钢筋制作成一定的纹样和图案，或者使用折叠门等现代形式。

3）窗。景窗边框常用青灰色望砖镶嵌，明式做法起两到三条线脚，形成“子口”，柔和幽雅。现常用混凝土、瓷砖、面砖、金属、竹木等制作边框。

根据材料的不同，窗芯做法可分成砖瓦搭砌类、砖细类、堆塑类、钢网水泥砂浆筑粉类、细石碱浇捣类、烧制类等。砖瓦搭砌窗芯为传统做法，选用板瓦、筒瓦等叠置成鱼鳞、连钱等图案，各构件之间以麻丝、纸筋、灰浆黏结成为一体后涂以色彩、油漆即可。砖细窗芯由砖细构件组成，以油灰为节点黏结材料，局部可使用竹梢、钢丝等。堆塑窗芯以纸筋灰浆为主材，清代典型做法是用铁片、铁丝构成骨架，再以纸筋灰浆逐层裹塑出人物、花鸟、山水等图案。钢网水泥砂浆筑粉窗芯以钢丝网、钢筋、水泥作主要骨架，然后对面层粉刷修饰，其图案变化不受材料制约，制成后比较牢固，是现代园林应用最多的窗芯形式。细石碱浇捣窗芯、烧制窗芯因工艺限制应用较少。

（3）墙体饰面　墙体立面装饰方法主要有清水类、抹灰类、粘贴类、涂料类、铺钉类等。

1）清水饰面。清水墙主要包括清水砖墙、清水混凝土墙、清水石墙等。

清水砖墙是指砌筑完成后不用抹灰，而用高强度等级砂浆进行勾缝的一种施工和饰面方法（见图 2—2—58）。清水砖墙墙面立体感较强，但对砖的选材和砌筑要求较高，须砌工整齐，砖面干净，砖缝线条通直，大小均匀，勾缝整齐密实，以防雨水渗入。勾缝形式主要有平缝、平凹缝、斜缝、弧形缝等（见图 2—2—59），取其施工简便，有利于排水为好。勾缝材料使用 1 : 1 或 1 : 2 水泥细砂砂浆，砂浆中可加颜色，以变化色调，此外也可用砌墙砂浆，随砌随勾。

图 2—2—58　清水砖墙

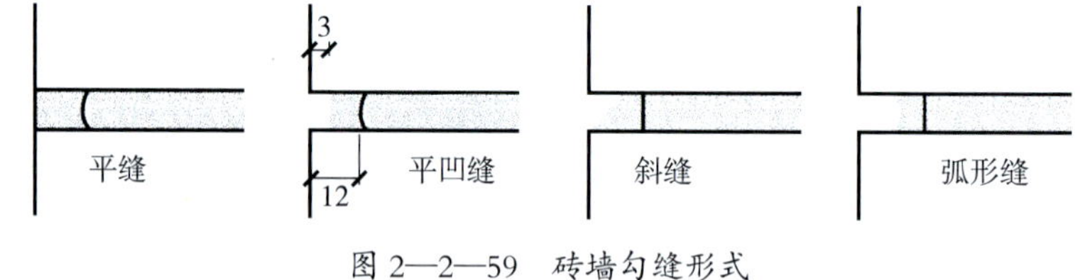

图 2—2—59　砖墙勾缝形式

清水混凝土墙选用专用模板浇筑，拆模后即可在外墙面留下木纹或各种凹凸的几何图案，不需再做外部抹灰等工程（见图 2—2—60）。

清水石墙砌筑要求同清水砖墙相似，勾缝材料使用 1 : 2 水泥砂浆，灰浆白色或彩色均可，白水泥灰浆嵌缝较为明快，彩色水泥灰浆可以配合石墙的图案花色使用。

2）抹灰饰面。抹灰墙面是指用石灰砂浆、混合砂浆、聚合物水泥砂浆等美化墙体外表面的做法（见图 2—2—61）。墙面抹灰材料来源方便、造价低，通过工艺的改变可以获得多种装饰效果，因此应用广泛。根据使用材料、施工方法和装饰效果的不同，墙体抹灰分为水刷石、水磨石、斩假石、干粘石、喷砂、彩色抹灰等。为保证工程质量，施工时应分层涂抹，墙体抹灰分为底层、中层和面层（见图 2—2—62）。底层主要起与墙体黏结和初步找平的作用，中层进一步找平，面层为装饰层，要求表面平整、黏结牢固、色彩均匀、不开裂。抹灰总体厚度为 20～25 mm。

图 2—2—60　清水混凝土墙

图 2—2—61　抹灰墙

抹灰墙面的常见做法分为三类。

①抹平法。面层用铁抹子抹光，也可用木蟹（木制品，一种抹灰工具）打实，使沙砾外露，呈粗糙的表面。

②拉毛法。在砂浆抹灰时，用棕刷、笤帚或滚筒等工具，通过拉、搭、撒、滚等工艺形成拉毛墙面。如使用滚筒工具通过套模的变化可在墙面塑成树皮、波浪、旋涡等花式，还可素色或套色。拉毛墙面富有质感，对声、光有漫反射作用，但易积灰尘。

③集石法。用石屑作骨料，在水泥初凝后用斧子斩剁，即成斩假石墙面；用粗石屑拌和的灰浆罩面，再用水喷淋，冲去表面水泥，露出石屑，即成水刷石墙面；在水泥砂浆罩面后，喷撒石屑，即成干粘石墙面；喷撒陶瓷碎粒，即成彩瓷粒墙面；喷撒人造或天然的彩色粗沙，即成彩沙墙面。集石类墙面质感良好，色泽丰富，耐晒且不易褪色，材料来源充裕，制作方便。

3）粘贴饰面。粘贴饰面是指对基层进行平整处理后，在其表面再粘贴表层块材或卷材的工艺。粘贴饰面具有较好的耐风化、耐污染和抗水冲刷等优点，可广泛用于园林景墙。面砖饰面构造层次为底层（找平层）、粘贴层和面层（见图 2—2—63）。贴面材料种类丰富，常用的有陶瓷、天然石材（见图 2—2—64）、人造石材等。

①陶瓷墙面。陶瓷砖包括釉面砖、无釉面砖、仿花岗岩瓷砖、劈离砖、马赛克等。各种面砖可拼排、镶嵌成几何图案或整幅的壁画，直接用水泥浆或胶粘贴在找平层上。

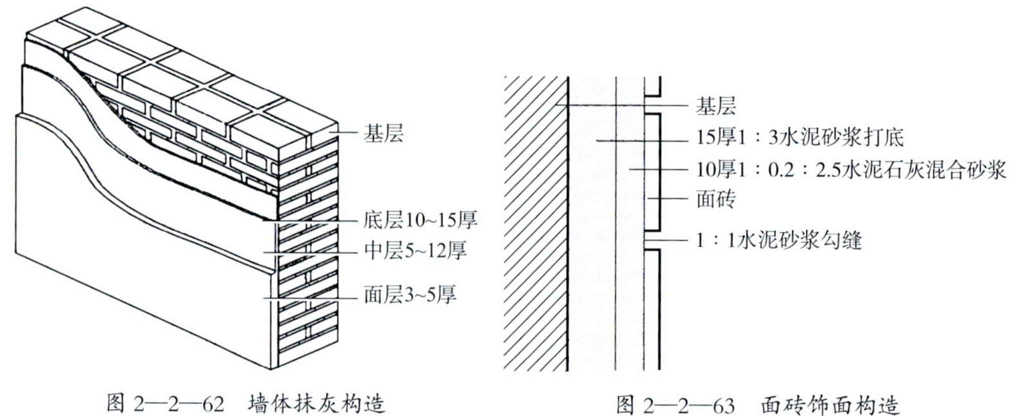

图 2—2—62　墙体抹灰构造

图 2—2—63　面砖饰面构造

②天然石材墙面。天然石材有大理石、花岗岩等。大理石装饰效果好，但在室外易受腐蚀失去光泽。花岗岩性质稳定、不易风化，表面可打磨如镜面，也可凿琢成粒状、条状、凸状或波浪形。天然石材多剖锯成 20～30 mm 厚、边长 300～500 mm 的方形或矩形板材，也可使用大理石碎片装饰墙面，别有一番韵味。

图 2—2—64　石材饰面

石材贴面分为拴挂法（湿法挂贴）和干挂法（连接件挂接）两种。拴挂石材法在砌墙时，需预埋铁件或先依石材规格预埋铁箍，再在铁箍内立主筋，然后绑扎横筋，构成钢筋网。板材背面穿孔，用铜丝或镀锌铁丝绑扎或挂钩挂于墙体的预埋件或附设的钢筋网上，上下两块石板用卡销固定。板材与结构墙间隔 30～50 mm 作为灌浆缝，分层浇灌 1：2.5 水泥砂浆，随装随捣，灌缝后进行勾缝、擦缝。墙面使用厚度超过 35 mm 的重型块材时，必须用搭钩、螺钉或其他连接件挂牢在墙体横筋上，而对于厚度不足 10 mm 的小型板材可直接用胶粘贴在找平层上。干挂石材法是用一组高强耐腐蚀的金属连接件，将饰面石材与结构可靠连接，其间形成空气间层不做灌浆处理。

③人造石材墙面。抹灰饰面中的斩假石、水磨石、水刷石、彩瓷粒等均可预制成板材作贴面，固定方法和天然石材相同。

4）涂料饰面。涂料饰面是指利用各种涂料敷于基层表面，形成完整牢固的膜层，起到保护和美化墙面的饰面做法。涂料饰面抗腐蚀能力差、寿命短，但自重轻、工期短、维修更新方便，应用较为广泛。常用的墙面涂料包括水泥浆、溶剂型涂料、乳液涂料、彩色弹涂、彩色胶砂涂料等。施涂方法有刷涂、滚涂、喷涂和弹涂。主要构造层次为底层、中层和面层。施工时由于砂浆在结硬的过程中易因干缩而导致开裂，因此找平层须分层施工，且后一遍涂料必须在前一遍涂料干燥后进行，否则易发生皱皮、开裂等问题。整个粉刷面层（包括打底和粉面）的总厚度为 20 ~ 25 mm。

5）铺钉饰面。各种金属饰面板、玻璃等可作为墙面铺钉材料，如铝、铝合金、不锈钢等制成的金属薄板，可以是平板，也可以制成凹凸条纹和卷边。铺钉类墙面须先制作骨架而后将面板悬挂或嵌卡于骨架之上，也可以将板材直接用螺钉固定在结构层上。

主要墙体饰面的构造层次见表 2—2—3。

表 2—2—3　　主要墙体饰面构造

类型	构造层次	做法举例
抹灰饰面	①底层：初步找平 ②中层：进一步找平，以减少打底砂浆层干缩后可能出现的裂纹 ③面层：装饰抹灰，要求面层表面平整、无裂痕、颜色均匀	①喷毛饰面：底层 12 mm 厚 1∶1∶6 混合砂浆，面层 1∶1∶6 水泥石灰膏混合砂浆，用喷枪喷两遍 ②扒拉石饰面：底层 12 mm 厚 1∶0.5∶3∶5 混合砂浆或 1∶0.5∶4 水泥白灰砂浆，面层 10 ~ 12 mm 厚 1∶1 水泥石渣浆 ③水刷石饰面：底层 15 mm 厚 1∶3 水泥浆，面层 10 ~ 12 mm 厚 1∶（1 ~ 1.5）水泥石渣浆，厚度为石渣粒径的 2.5 倍 ④斩假石饰面：底层 15 mm 厚 1∶3 水泥砂浆刮素水泥浆一道，面层 10 mm 厚 1∶1.25 水泥石渣浆
粘贴饰面	①底层：初步找平 ②中层：找平和黏结 ③面层：面砖或石材	①陶瓷面砖贴面：10 ~ 15 mm 厚 1∶3 水泥砂浆打底，5 mm 厚 1∶1 水泥砂浆黏结层，外贴瓷砖 ②砖墙挂贴花岗岩：墙内预埋 ϕ8 钢筋，伸出墙面 50，横向中距 700 mm 或按板材尺寸，竖向中距每 10 皮砖，ϕ6 双向钢筋网（中距按板材尺寸）与墙内预埋钢筋电焊，20 ~ 30 mm 厚花岗岩石板，板背面预留穿孔（沟槽）穿 18 号钢丝或 ϕ4 不锈钢挂钩与双向钢筋网固定，花岗岩板与砖墙之间的 20 mm 厚空隙层内用 1∶2.5 水泥砂浆灌实，最后用稀水泥浆擦缝 ③青石板墙面：10 ~ 15 mm 厚 1∶3 水泥砂浆打底，5 mm 厚 1∶1 水泥砂浆黏结层，外贴用水充分浸透过的青石板
涂料饰面	①底层：与基层墙体黏牢和初步找平，为了与其他层次牢固结合，表面用工具扫毛或划出纹道 ②中层：找平 ③面层：依次刷封各层涂料	①仿石涂料（砖墙）：12 mm 厚的 1∶3 水泥砂浆找平扫毛或划出纹道，6 mm 厚 1∶2.5 水泥砂浆找平，依次刷封底涂料、着色剂、仿石底涂料、仿石面涂料 ②丙乙烯酸涂料：12 mm 厚的 1∶3 水泥砂浆找平扫毛或划出纹道，6 mm 厚 1∶2.5 水泥砂浆找平扫毛或划出纹道，依次刷封底涂料一遍、丙乙烯酸中层涂料一遍、罩面涂料一遍

3. 墙体勒脚

勒脚是为了防止外界机械性碰撞对墙体的损坏以及雨雪水、地表水对墙的侵蚀而对接近室外地面的墙体部分进行的特殊处理。勒脚也可以美化墙体。勒脚通常做法有三种：

第一种是外表抹 1∶2.5 水泥砂浆或做水刷石、斩假石；第二种是贴天然石材或人造石材；第三种是用石材代替砖块砌筑。勒脚高度一般为 450～600 mm。勒脚的高低、形式、质地、色彩等需根据景墙整体造型要求而定。

4. 压顶

压顶是防止墙顶砌块（如砖）因砌筑砂浆风化或遭受震动（如风力或地震）、碰撞而松动掉落的墙顶构造（见图 2—2—65）。压顶材料常用砖、瓦、石料、混凝土、钢筋混凝土等，也有使用型钢作压顶的。

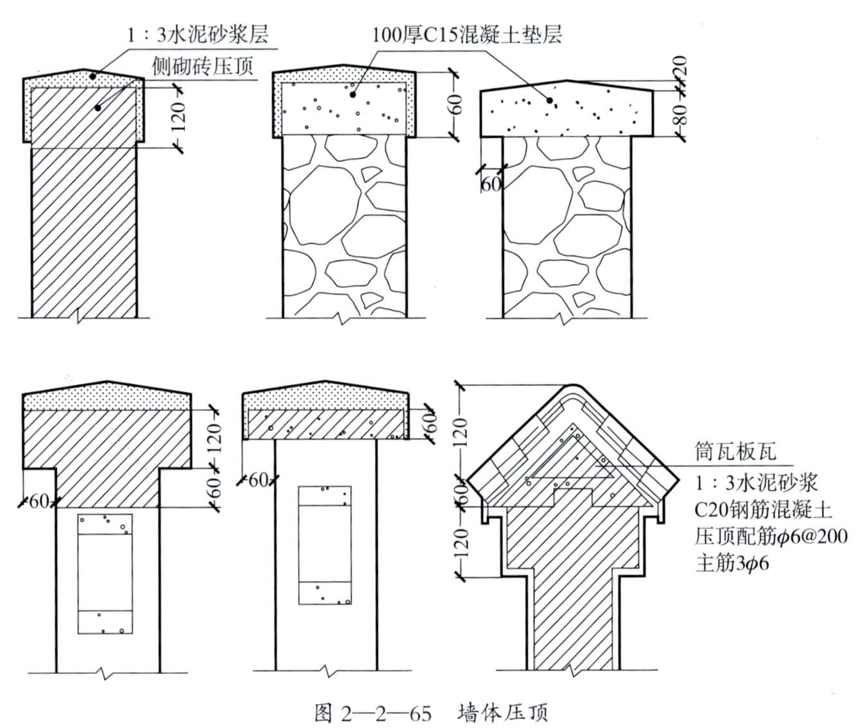

图 2—2—65　墙体压顶

5. 墙身变形缝

为防止墙体因变形不均受到破坏，需将较长的墙用垂直的缝分成几个部分，使之独立变形，互不影响。这种将墙体垂直分开的缝隙称为变形缝。变形缝因其功能不同分为伸缩缝、沉降缝和抗震缝三种，其中伸缩缝和沉降缝是常见的景墙变形缝。

伸缩缝也称温度缝，是防止因外界温度变化而使墙体结构产生裂缝或破坏的变形缝。设置伸缩缝时，为使墙体构件有充足的热胀冷缩空间，须将墙体、压顶全部断开。基础埋于地下，受温度影响较小，不必断开。伸缩缝每隔 30～50 m 设置一个，宽度 20～40 mm。伸缩缝可做成错口缝、平缝等形式（见图 2—2—66）。变形缝内部采用具有自防水功能的柔性材料塞缝，如沥青麻丝、泡沫塑料条、油膏等，缝口较宽时用镀锌铁皮、彩色薄钢板等材料进行盖缝处理。

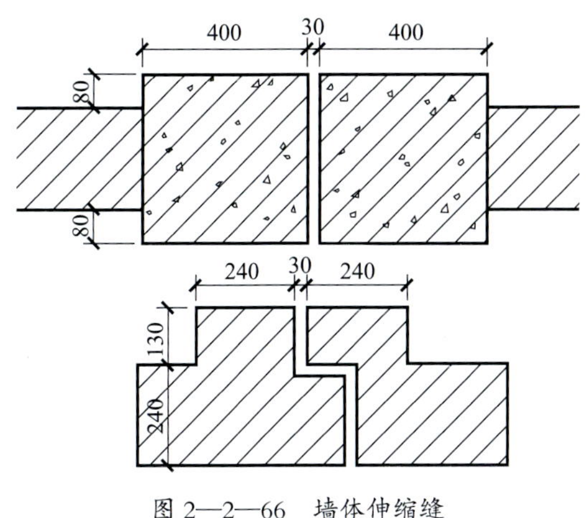

图 2—2—66　墙体伸缩缝

沉降缝的设置是为了防止墙体各部分由于不均匀沉降而引起的破坏。当景墙建造在不同的地基土壤上时，墙体之间常设沉降缝。沉降缝与伸缩缝最显著的区别是不仅将墙体、压顶断开，而且基础部分也必须分离，使沉降缝两侧的墙体成为独立单元，在垂直方向可以自由沉陷以减少对相邻部分的影响。沉降缝可以兼作伸缩缝，宽度为 30～60 mm。基础部分的沉降缝可做成平缝。沉降缝的金属盖缝片需能在垂直方向上下移动。

任务实施

一、设计墙体尺寸，选择材料

景墙设计总长约 39 m，其中中段景墙长约 27 m。为突出重点，墙体高度不同，南北两端墙体设计高 2.5 m，中段墙体高 3.5 m，形成高低错落的立面效果。景门尺寸为 2.5 m × 2.5 m。景窗尺寸为 0.7 m × 0.7 m，景窗下沿标高 1.1 m。花坛宽 0.8 m。

墙体材质以文化石和花岗岩为主。两端墙体使用黄色文化石贴面。中段屏风式景墙墙面采用黑色花岗岩作为边框，中部为浅灰色和淡黄色花岗岩，模仿传统卷轴书画的形式和色调。景门边框使用浅灰色花岗岩，墙面采用黑色花岗岩。

二、绘制施工图

施工图设计是方案设计的细化和具体化，常用平面图、立面图和剖面图表达。绘图前应准备好较详细的现状地形图，图中要能反映出园林道路、建筑、绿化、铺地、高程等内容。如景墙较长且为重复构造，可绘图表示景墙的典型单元。图纸的数量根据景墙的复杂程度以及施工的具体要求确定，做到表达内容既不重复又不遗漏。

绘制施工图一般按平面图→立面图→剖面图→详图的顺序进行。图纸平面尺寸用毫米（mm）表示，标高以米（m）为单位。

1. 确定绘图比例

绘制景墙施工图前应先确定图纸比例。常用的绘图比例为 1：20～1：100。因景墙的尺度非常灵活，可根据实际情况选择比例。节点详图比例为 1：1～1：25。

2. 绘制平面图

平面图反映了墙体的位置、平面形状、大小、相对尺寸关系等。首先绘制景墙的平面轴线，之后画墙体外边缘线和构造柱，以虚线表示门洞及窗洞位置，最后进行标注和线型加粗等工作，标注各部分尺寸及相对距离，剖切的墙体线型加粗，绘制剖切符、剖切方向及向图索引。如有必要可标注大地坐标，确定景墙特征点的位置。

任务一中的景墙平面图如图 2—2—67 所示。

3. 绘制立面图

立面图表达景墙立面的实际效果，标示墙体饰面的主要色彩和材料。内容包括投影方向可见的景墙外轮廓线和墙面线脚、构配件、墙面做法，以及必要的尺寸和标高等。首先绘制地面线，然后根据平面图相关尺寸确定景墙各部分位置，按照设计标高绘制墙体至相应高度并绘制压顶。地面如有起伏，需注意墙体标高的起算点。根据设计尺寸和高度，绘制门窗洞口。画出墙面分格线、窗芯等细节。最后加粗地坪线和墙体外轮廓线等，标示地面、墙体各部分标高，门、窗尺寸、标高，及墙体饰面材料等。对于相同的构造、做法（如门、窗立面和开启形式）可以只详细标示一个，其余的只画外轮廓。

任务一中的景墙立面图如图 2—2—68 所示。

4. 绘制剖面图

剖面图按正投影法绘制，表达景墙的结构与构造，标示材料和尺寸，标明景墙与周围环境的高程关系。剖面图应根据图纸的用途、设计深度，尽可能地选择能反映全貌或典型构造特征、高程变化的代表性部位剖切。景墙较为复杂时可绘制若干剖面图。

剖面图以地面线为基准，向上绘制勒脚、墙体、饰面层、压顶，还应绘制投影方向可见的墙体构造、构配件等；向下绘制基础、垫层、地基等；最后加粗地坪线和墙体剖切线，标示各部分的构造层次、材料、尺寸，注明室外地坪标高及墙体标高、门窗洞口标高等，为施工人员提供施工的依据。

任务一中的景墙剖面图如图 2—2—69 所示。

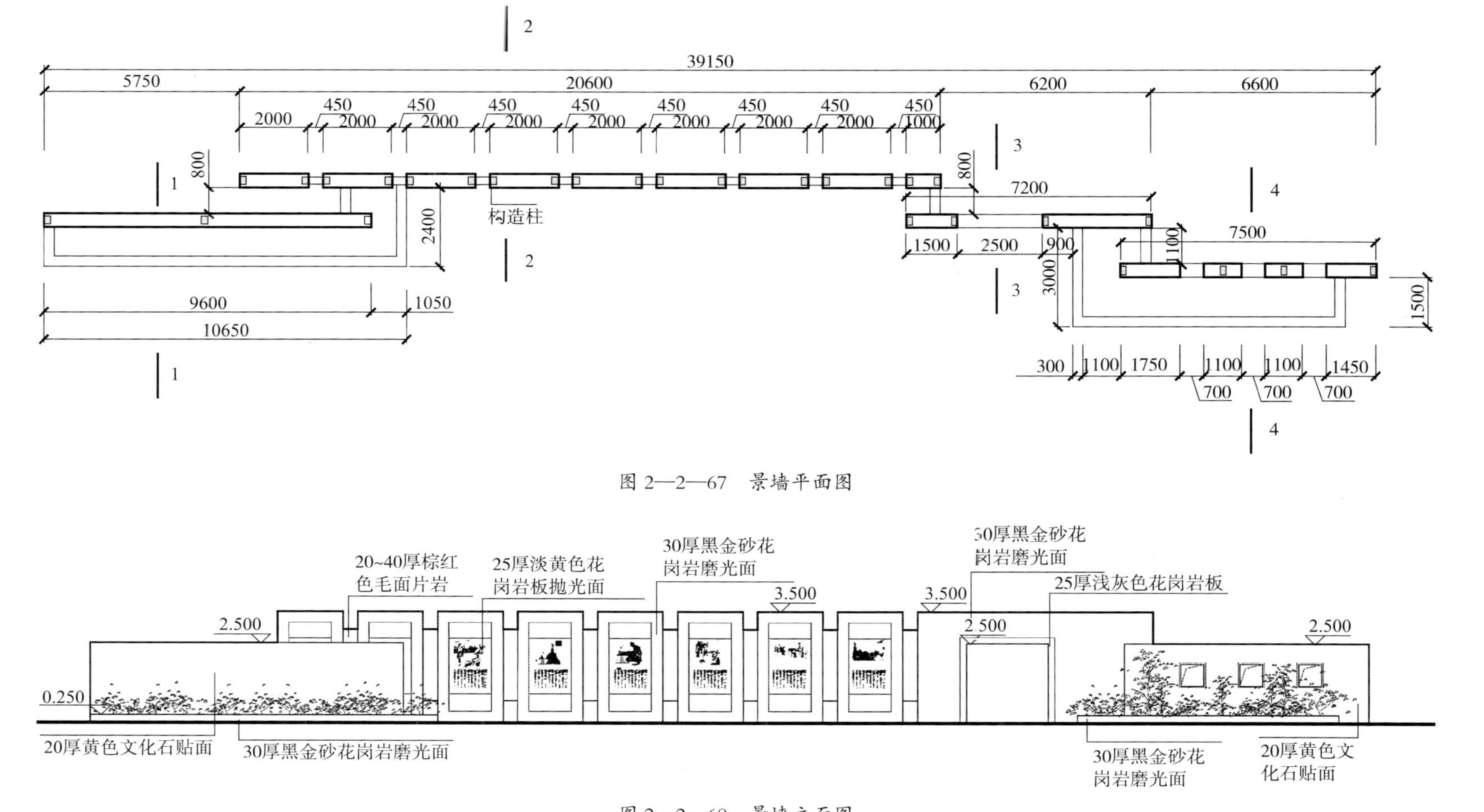

图 2—2—67　景墙平面图

图 2—2—68　景墙立面图

250
C20混凝土
zB@200
1φ16
100
墙体构造柱大样
400
10厚花岗岩板
C20混凝土压顶
黄色文化石贴面
20厚1：3水泥砂浆
360厚MU10砖1：2水泥砂浆砌实
1：2水泥砂浆烟灰色外墙涂料喷涂
2500
300
黑金砂花岗岩磨光面贴面
240厚MU10砖1：2水泥砂浆砌实
100厚组石混凝土垫层
80厚碎石垫层
素土夯实
450
防潮层
地坪
195
750
900
1200
250厚C20钢筋混凝土
100厚C15混凝土垫层
素土夯实
1-1剖面图1：20
420
10厚花岗岩板
C20混凝土压顶
40厚黑金砂花岗岩磨光面
30厚1：3水泥砂浆
25厚浅灰色花岗岩板
30厚1：3水泥砂浆
25厚淡黄色花岗岩板抛光面
30厚1：3水泥砂浆
360厚MU10砖1：2水泥砂浆砌实
1：2水泥砂浆烟灰色外墙涂料喷涂
3500
250厚C20钢筋混凝土
200厚C15混凝土垫层
素土夯实
2-2剖面图1：20

420
10厚花岗岩板
C20混凝土压顶
40厚黑金砂花岗岩磨光面
30厚1：3水泥砂浆
25厚浅灰色花岗岩板
30厚1：3水泥砂浆
C20钢筋混凝土梁
3500
2500
防潮层
地坪
250厚C20钢筋混凝土
200厚C15混凝土垫层
素土夯实
1200
3-3剖面图1：20
400
10厚花岗岩板
C20混凝土压顶
黄色文化石贴面
20厚1：3水泥砂浆
C20钢筋混凝土梁
650
700
1150
360厚MU10砖1：2水泥砂浆砌实
1：2水泥砂浆烟灰色外墙涂料喷涂
300
黑金砂花岗岩磨光面贴面
240厚MU10砖1：2水泥砂浆砌实
100厚细石混凝土垫层
80厚碎石垫层
素土夯实
450
防潮层
地坪
900
250厚C20钢筋混凝土
100厚C15混凝土垫层
素土夯实
1200
4-4剖面图1：20

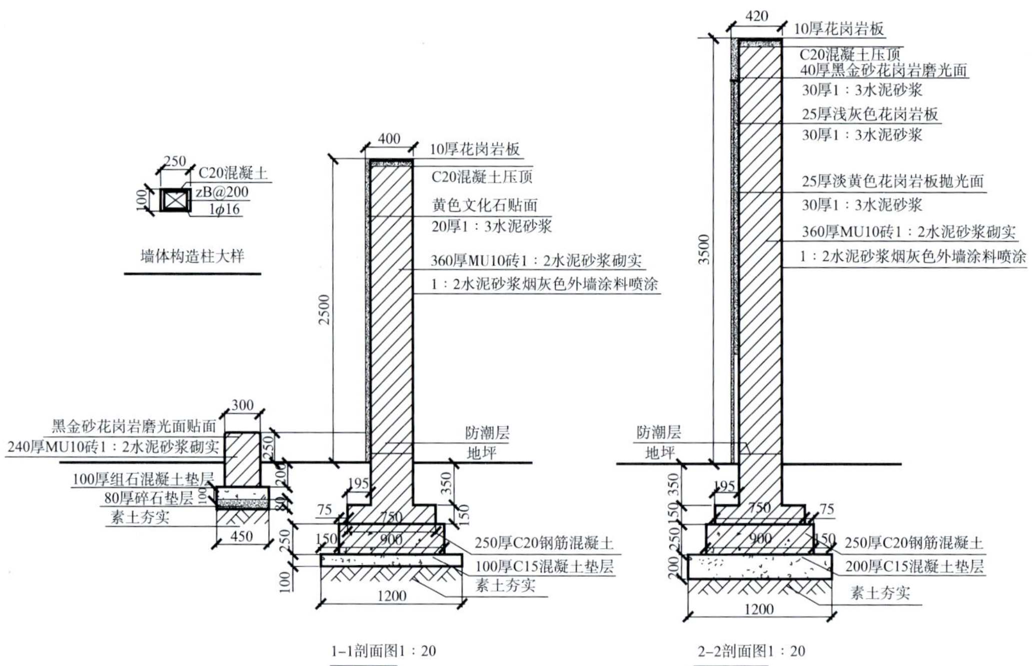

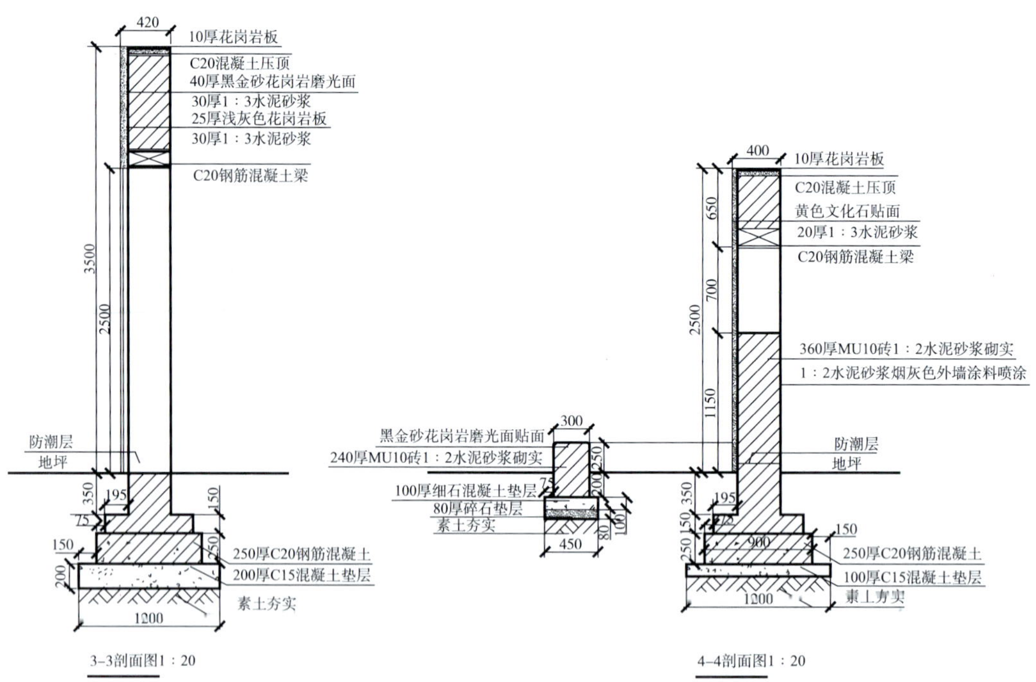

图 2—2—69　景墙剖面图

评分标准

序号	项目与技术要求	配分	检测标准	实训记录	得分
1	尺寸、材料、构造设计	40	材质选择合理，各部分设计比例协调，尺寸恰当，构造合理		
2	平面图	20	绘图比例正确，墙体、门窗洞口、构造柱等位置和尺度标示准确，线型正确，尺寸等标注完整清晰		
3	立面图	20	绘图比例正确，墙体、门窗洞口、压顶、墙面分格线等位置和尺度标示准确，材料标示清晰，线型正确，标高标注完整清晰		
4	剖面图	20	绘图比例正确，墙体、饰面、压顶、基础等构造表达准确，做法、材料、尺寸标示正确，线型正确		

知识链接

景墙施工图样例

景墙施工图样例如图 2—2—70 和图 2—2—71 所示。

思考与练习

1. 景墙、景门、景窗的常用材料及特点是什么？
2. 景墙由哪几部分构造组成？
3. 景墙饰面做法有哪些？
4. 景门、景窗构造要点是什么？
5. 如何绘制景墙施工图？

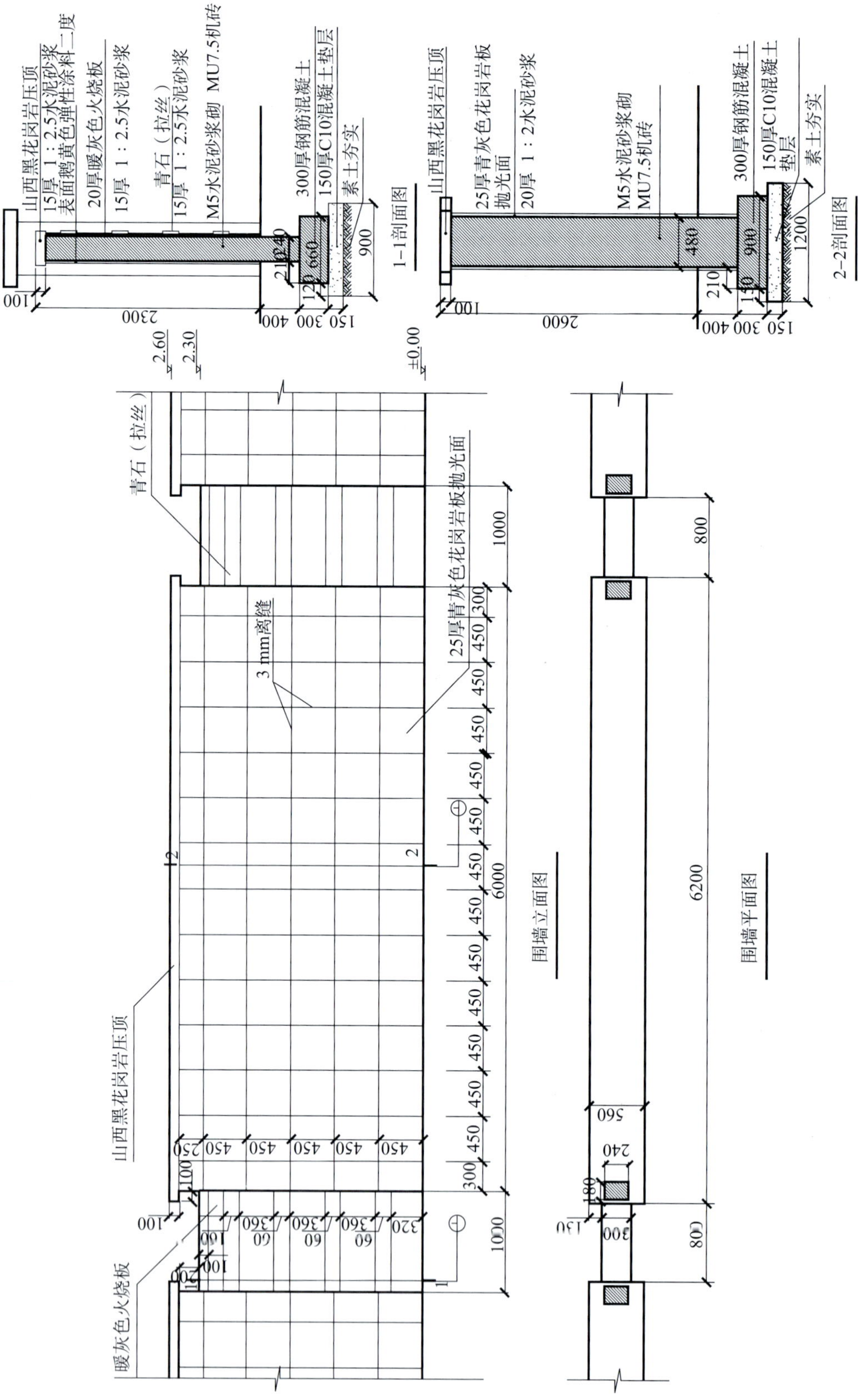

暖灰色火烧板
山西黑花岗岩压顶
青石（拉丝）
3 mm离缝
25厚青灰色花岗岩板抛光面
2.60
2.30
±0.00
1000
6000
1000

围墙立面图

800
6200
800

围墙平面图

山西黑花岗岩压顶
15厚 1：2.5水泥砂浆
表面鹅黄色弹性涂料二度
20厚暖灰色火烧板
15厚 1：2.5水泥砂浆
青石（拉丝）
15厚 1：2.5水泥砂浆
M5水泥砂浆砌 MU7.5机砖
300厚钢筋混凝土
150厚C10混凝土垫层
素土夯实

1-1剖面图

山西黑花岗岩压顶
25厚青灰色花岗岩板抛光面
20厚 1：2水泥砂浆
M5水泥砂浆砌 MU7.5机砖
300厚钢筋混凝土
150厚C10混凝土垫层
素土夯实

2-2剖面图

图 2—2—70 景墙施工图样例一

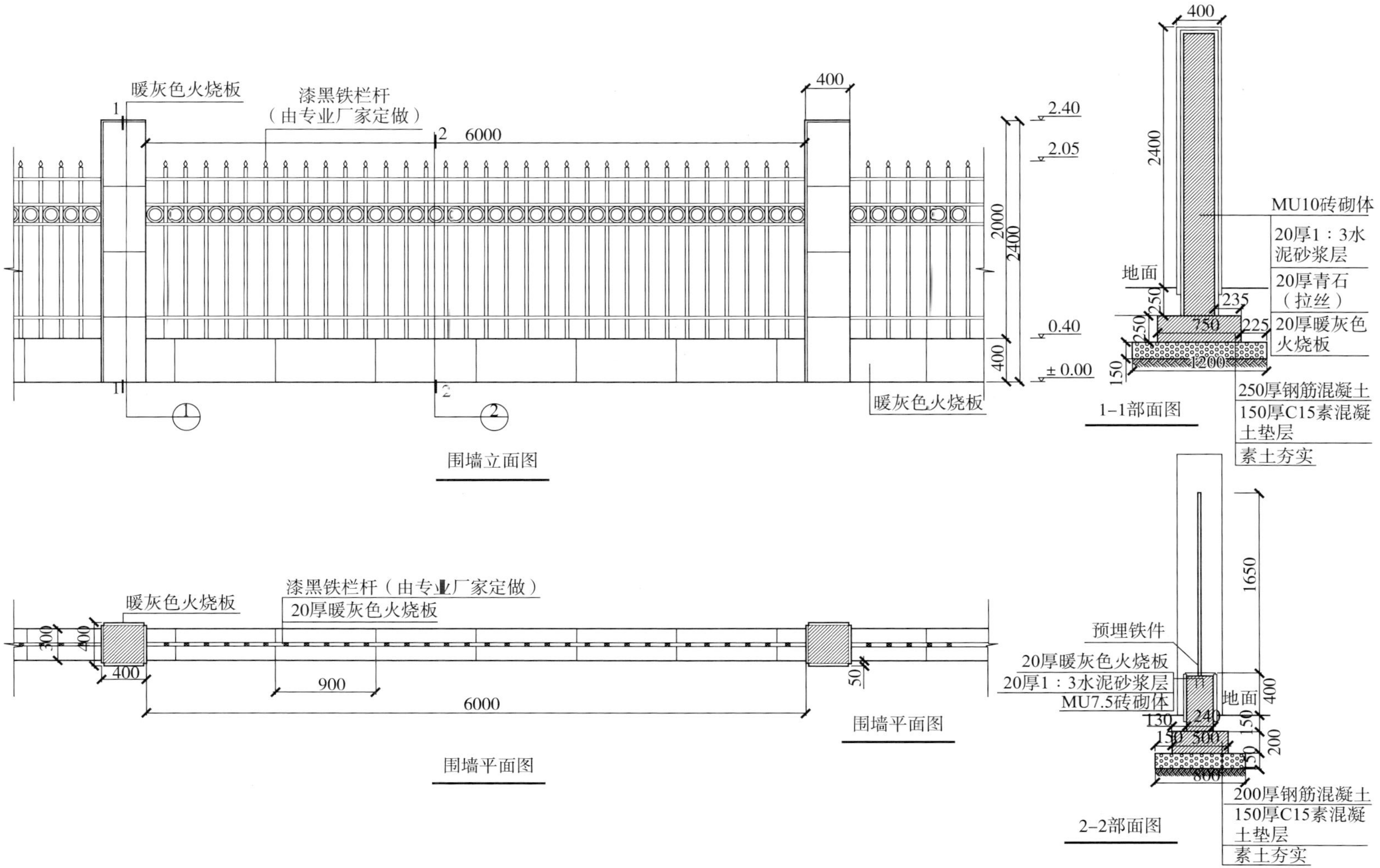

暖灰色火烧板
漆黑铁栏杆（由专业厂家定做）
6000
400
2.40
2.05
0.40
±0.00
2000
2400
400
暖灰色火烧板

围墙立面图

MU10砖砌体
20厚1：3水泥砂浆层
20厚青石（拉丝）
20厚暖灰色火烧板
250厚钢筋混凝土
150厚C15素混凝土垫层
素土夯实
地面
400
2400
250
250
150
235
750
225
1200

1-1部面图

暖灰色火烧板
漆黑铁栏杆（由专业厂家定做）
20厚暖灰色火烧板
300
400
400
900
6000
50

围墙平面图

围墙平面图

预埋铁件
20厚暖灰色火烧板
20厚1：3水泥砂浆层
MU7.5砖砌体
200厚钢筋混凝土
150厚C15素混凝土垫层
素土夯实
地面
1650
400
150
200
150
130
240
150
500
800

2-2部面图

图 2—2—71　景墙施工图样例二

任务三　景墙制作

任务目标

◇掌握定点放线的方法

◇掌握砌筑墙体的方法

◇学会指导施工

任务提出

砌筑出任务二中的景墙。

任务分析

建造景墙是在施工图设计的基础上，通过运用竹木、砌体等材料和装饰材料进行的施工、饰面等一系列的施工过程。景墙施工的程序主要有前期准备、定点放线、构筑基础、墙体建造、墙体压顶及装饰等，砌筑墙体过程中需预留门窗洞口及变形缝。

相关知识

一、前期准备

前期准备主要是指备料、机具进场、场地清理等。备料是指根据施工图将要使用的建筑材料备齐运至施工现场。根据施工图预估要使用的钢筋、砖、水泥、沙等各类建筑材料的型号和数量，考虑施工过程中的损耗，材料的数量应适当多备，并对材料进行取样检测。备齐砂浆搅拌机、大铲、刨锛、托统板、线坠、钢卷尺、灰槽、小水桶、砖夹子、小线、筛子、扫帚、八字靠尺板、钢筋卡子、铁抹子等主要机具。将以上各类材料和机具运至施工场地备用。除此以外，需将施工场地内所有垃圾、杂草杂物等进行全面清理。

二、定点放线

定点放线的实质是把图上特征点的位置通过测量仪器测设到地面上。景墙的定点放线就是将景墙的中心线、边线和起终点、特征点等用测量仪器测设到地面上。放线时可以根据地上的基点、基线或已有的地物作为参照物进行，也可按照平面图上标注的大地坐标确定位置。

三、构筑基础

构筑基础的施工步骤为基坑开挖→素土夯实、垫层→基础→回填土壤。定点放线完成后，开挖墙体基槽，采用机械挖土、人工清槽的方式进行。为便于施工，墙体基槽要比基础设计宽度略大些。基槽完成后进行素土夯实，基槽底面铺厚沙或沙石垫层等。当有基础标高不一致或有局部加深的部位时，应从最低处往上施工。

砖基础施工要求砖块上下错缝，内外搭接，并用砂浆灌缝。施工过程中应经常拉线检查，以保持砌体通顺、平直，防止砌成“螺丝”墙。混凝土基础需先支设模板，各部分尺寸检查合格后，浇筑水泥混凝土，待其完全凝固后拆模。毛石基础选用高小于或等于 150 mm，长、宽为 200～300 mm 的不整齐毛石，施工时取底面较平之毛石铺底，砌筑时应互相错缝搭接，砂浆必须填实灌满，为了防止石块松动，可用石片或小石子加以垫稳。

基础完成后，土壤分层回填并夯实，每层不超过 150 mm，直至规定的标高。

四、墙体建造

墙体按照施工工艺可分为现场装配类和砌筑类。

竹、木、金属、玻璃等材料的景墙属于现场装配类，可以提前将大部分构件预制好，运至现场后焊接、锚固成型，再与地面预留的孔洞或构件连接固定。

竹墙施工时需先将竹片或竹材进行防腐防蛀处理，表面可涂清漆，或烧成斑纹、斑点、刻花、刻字等纹样，加工好后运至现场。安装时先用毛竹（或木材）做成立柱加横筋的构架。墁灰竹墙用竹片在构架上编成竹篱后再墁灰泥。清水竹墙则用竹片或整根淡竹依次编嵌于构架之上。此外，还有在构架上钉竹席成墙的做法。竹材的结合方法以销钉为主，可用销、套、塞、穿等构造。

木墙有原木搭垒墙、木拼板墙和木鱼鳞板墙等。原木经简单加工搭垒成原木搭垒墙；用木板企口垂直钉固于木横筋上的为木拼板墙；用木板水平方向上下层层搭接，钉固于木立筋上的为木鱼鳞板墙。防腐木墙木材多加工为规整的条状，铆固在构架上。

金属景墙由型钢、扁钢、钢管、钢筋等为构件弯曲拼装而成，表面可以进行油漆、烤漆、镀铬、镏金等处理，使其颜色更加鲜艳夺目。大型复杂花纹可直接用铸铁、铜、铝合金等借助于模型浇铸成型。构件之间的拼接与安装多用焊、铆或螺钉等方法。

砖墙属于砌筑类景墙。砌砖前一天，应把砖浇水湿润，严禁干砖上墙。所用砂浆要随用随拌，并要在 3 h 内用完。砌砖前应先立好皮数杆，撂摆底砖，防止游丁走缝。撂底砖经检查合适后，用靠尺、线坠、水平尺找平找垂直，每皮砖的高度对准皮数杆，按盘好的

墙角为准挂线砌砖至墙体预定高度。施工过程中注意砖的排列方式，做到内外搭接、上下错缝，防止通缝。砖墙的水平灰缝厚度和竖向灰缝宽度一般为 10 mm，可在 8～12 mm 之间调整。按照施工图预留构造柱的位置，在墙体砌完后形成“柱腔”。柱腔浇筑混凝土前必须浇水滴湿砖砌体和木模板，并封闭清扫口。浇捣时宜用插入式振捣棒分层振实，振捣棒随振随拔，分层振捣厚度不超过 300 mm 为宜。振捣时严禁振动砖墙、钢筋，以免造成墙体松动等情况。

石墙砌筑过程与砖墙基本相似。以毛石墙为例，墙体分层砌筑，每层高为 300～400 mm，每层中间隔 1 m 左右砌拉结石，上下层间的拉结石错开。每日砌筑高度不超过 1.2 m，注意找平，选用适当的石块结顶。

混凝土墙可现场施工，也可使用预制混凝土板缩短施工周期。现场施工时要注意浇筑速度、厚度。振捣混凝土时应使混凝土表面呈现浮浆且无气泡产生。振捣过程中避免碰撞钢筋、模板等。下雨天浇筑施工时，混凝土浇筑完毕后要有遮盖措施，以防雨水冲走泥浆影响混凝土质量。混凝土浇筑完毕后，应在 12 h 以内对混凝土加以覆盖和浇水。

五、门窗洞口及变形缝

景墙上如有门窗，则需预留门窗洞口。洞口留缝尺寸不小于 10 mm，洞口上部平直时可加设过梁。常见的钢筋混凝土过梁有现浇和预制两种。现浇钢筋混凝土过梁需在现场支模，扎钢筋，浇筑混凝土。为加快施工进度，一般多采用预制钢筋混凝土过梁。

如遇椭圆、圆形的门洞、窗洞时需起拱。以圆洞门施工为例，先按设计要求起拱放样，依内、外径尺寸差别，确定楔形券砖尺寸及数量，并进行砍磨加工。券砖数量宜为单数。砌筑时先稳好过门石，在上面架立木制券胎，券胎一般只支撑上半部，下半部为圆形时用“抡杆”，非圆形时用样板砌筑。操作时从两端开始，最后放合龙砖，待交圈合拢后，背刹灌浆，再砌墙体。如非干摆做法，宜用灰浆满铺满挤砌筑，砌完后在上口用石片背刹，然后灌浆。券胎也可采用搭砖抡圆、抹泥灰的方法现场制作。

变形缝处墙体需断开，根据实际情况和变形缝类型决定基础是否断开，以及预留变形缝宽度。砖墙变形缝的墙角应按直角要求砌筑，先砌的墙要把舌头灰刮尽；后砌的墙可采用缩口灰，掉入缝内的杂物随时清理。

六、墙体压顶

墙体顶端做压顶处理。砖、石材、型钢等压顶块应由砂浆等黏结材料与墙体黏结在一起。混凝土压顶在水泥砂浆抹顶找平后，现场支模浇筑。瓦压顶用各种瓦件叠摞而成。

七、墙体装饰

根据施工图设计的墙体装饰方式，平整墙面，装饰墙面。

清水砖墙、石墙砌筑完成后用高强度等级砂浆进行勾缝即可。清水混凝土墙不需后期装饰处理。

抹灰饰面施工工艺为基层处理→吊垂直、套方、找规矩→贴灰饼→浇水湿润基层→抹底灰、中灰→弹分格线、嵌分格条→抹面灰→起分格条→养护。抹灰应先上部后下部，先檐口再墙面。垂直方向控制用垂线，水平方向拉通线。大面积墙面可分片同时施工，如果一次抹不完，可在阴阳交接处做成分格线，间断施工。压顶应先抹立面，后抹顶面，再抹底面。顶面应抹出流水坡度，底面外沿边应做出滴水线槽，滴水线槽一般深度和宽度大于10 mm。

粘贴饰面施工工艺为基层处理→吊垂直、套方、找规矩→贴灰饼→抹底层砂浆→弹线分格→排砖→浸砖→镶贴面砖→面砖勾缝与擦缝。

涂料饰面施工工艺为基层处理→刷底胶→局部补腻子→满刮腻子→刷底涂料→刷面涂料。

图 2—2—72 所示为景墙施工步骤。

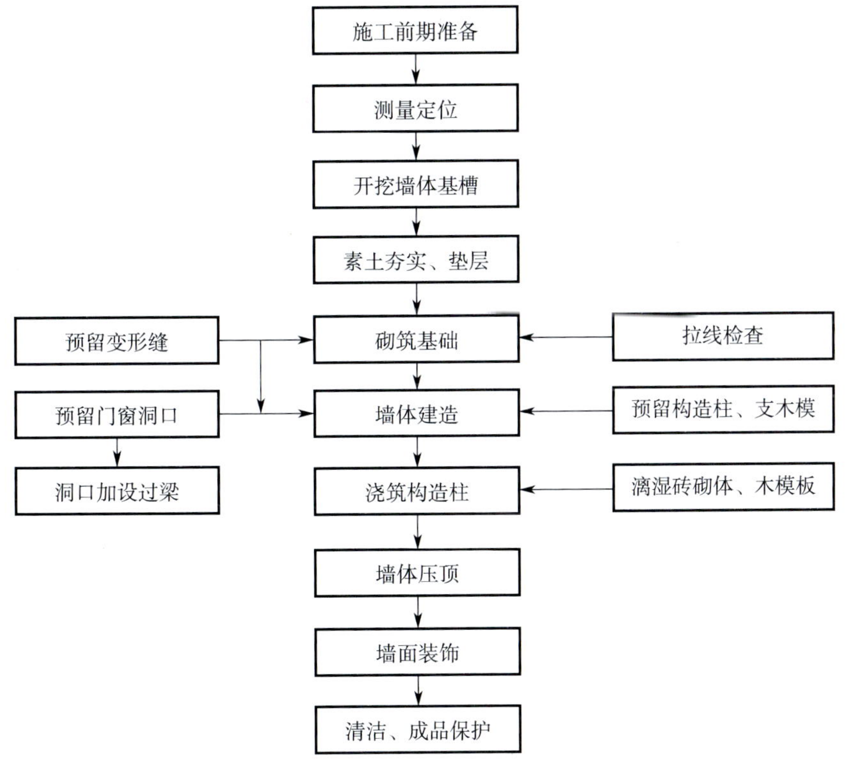

图 2—2—72　景墙施工步骤

任务实施

一、准备工作

根据景墙施工图，需要准备的建筑材料有水泥、沙、石子、掺和料（石灰膏等）、MU10 砌块砖、钢筋、涂料、装饰用花岗岩板、饰面文化石等，考虑到施工损耗，适当多备料。备齐砂浆搅拌机、大铲、线坠、钢卷尺、水桶、筛子、扫帚、手推车、粉线包、小白线、托线板、石材切割机、角磨机、电锤、手电钻等各种工具。

二、定点放线

本次方案中景墙分为四段，因此用经纬仪放线时应测设出各段景墙的中心点和角点。

三、地基与基础

开挖墙体基槽，基槽的开挖宽度比墙体基础设计宽度宽 100 mm 左右，比基础设计深度深 200 mm 左右。槽底土面要平整、夯实，用 C15 混凝土做垫层。垫层施工完毕后拉线检查基础垫层表面标高。垫层表面清扫干净后做 250 mm 厚 C20 钢筋混凝土基础。

四、砌筑墙体

墙体用 MU10 实心黏土砖（标准砖）砌筑。常温施工时，黏土砖必须在砌筑的前一天浇水湿润，一般以水浸入砖四边 1.4 cm 左右为宜。砂浆配合比应采用重量比，宜用机械搅拌，投料顺序为沙→水泥→掺和料→水，搅拌时间不少于 1.4 min。砂浆应随拌随用，一般水泥砂浆和水泥混合砂浆须在拌成后 2 h 和 3 h 内使用完，不允许使用过夜砂浆。在砌好的基础上立好皮数杆（一般间距 10～14 m），确定砌块组砌方法，采用一顺一丁砌法，内外搭接，上下错缝，严禁用水冲砂浆灌缝。砌墙时预留构造柱施工空间，按构造设计配筋后支模，浇筑混凝土前清除模内的木屑、碎砖、落地灰等杂物，浇水滴湿砖砌体和木模板，浇捣时随振随拨，分层振捣，整根柱子一次浇筑完毕。预留门窗洞口，上部加设钢筋混凝土过梁。墙砌筑好之后，回填泥土将基础埋上，并夯实泥土。

五、墙体压顶、装饰

墙体砌筑完毕后，在水泥砂浆抹顶找平后做 C20 混凝土压顶。

压顶施工完毕后，对墙面进行整体装饰。墙体正面采用花岗岩和文化石饰面，首先对墙面基层进行平整处理，之后用 1∶3 水泥砂浆作为结合层粘贴饰面材料。花岗岩饰面施工工艺为施工准备（钻孔、剔槽）→穿铜丝或镀锌丝与块材固定→绑扎、固定钢筋网→吊垂直、找规矩弹线→安装花岗岩→分层灌浆→擦墙体缝。文化石饰面施工工艺为基层处理→吊垂直、套方、找规矩→贴灰饼→抹底层砂浆→弹线分格→排砖→浸砖→镶贴面砖→面砖勾缝与擦缝。具体施工步骤及要求参见《外墙饰面砖工程施工及验收规程》（JGJ 126—2015）。背立面采用涂料装饰。

评分标准

序号	项目与技术要求	配分	检测标准	实训记录	得分
1	定点放线	20	定点放线的方法正确		
2	地基与基础	25	基槽宽度合适，基础厚度及宽度达到要求		
3	砌筑墙体	25	砂浆比例恰当，砖砌筑方式正确，施工高度正确		
4	墙体压顶、装饰	30	压顶符合要求，墙面装饰选材正确，粘贴牢靠，墙体表面平整		

思考与练习

1. 墙体施工程序分为哪几步？
2. 墙体基槽开挖要求有哪些？
3. 墙体砌筑的方式有哪些？
4. 砖墙施工时的主要要求有哪些？

课题三

展览栏及标牌的设计与施工

园林中的展览栏及标牌在表述指示功能的同时，也是园林中的一种装饰元素，其多样化的造型将其功能与形式有机地统一起来，成为园林中不可或缺的组成部分。

任务一　展览栏及标牌造型设计

任务目标

◇掌握展览栏及标牌的功能

◇掌握展览栏及标牌的类型与设计原则

◇掌握展览栏及标牌的设计要求

任务提出

请为名为“锦湖茗苑”的住宅小区入口处设计一标牌，并绘制效果图。

任务分析

设计展览栏或标牌，要了解展览栏及标牌的功能、展览栏及标牌的类型与设计原则及其表现手法，在此基础上进行多方案设计、比较，最终确定最佳方案。

相关知识

一、展览栏及标牌的功能

展览栏及标牌是园林中信息传播与交流的重要指示设施，可迅速、准确地为游人提供各种环境信息。展览栏包括宣传栏、展览牌等，主要用于宣传先进思想、普及文化知识、进行科技教育等。标牌包括公园导游图、导向板、道路标志、交通标志、入口标志、指示牌等，是传递信息的标志物。展览栏及标牌在园林中不仅可以传递信息，还可以起到点景、造景的作用。

1. 宣传教育功能

园林中的展览栏作为宣传教育的设施，形式新颖活泼，展出内容广泛，既涉及科学技术、文化艺术、时事政策的普及，又包括旅游景区景点的宣传介绍、游览须知等（见图2—3—1）。树木名称标牌还可以准确告诉游人树木的名称、形态特征、分布区域、生长习性、年龄等。有些禁止践踏草坪和攀折花木的标牌，用含蓄委婉的话语唤起人们对花草、对大自然的热爱，激发起人们的环保意识。

2. 导游功能

标牌可以简明地提供名称、信息、方位等，如导游图、导向板、路标、指示牌等。在大型园林或道路系统复杂的园林中，标牌是不可缺少的重要组成部分。在路口设立标牌，能协助游人顺利到达各游览景点（见图 2—3—2）。

图 2—3—1　宣传教育功能

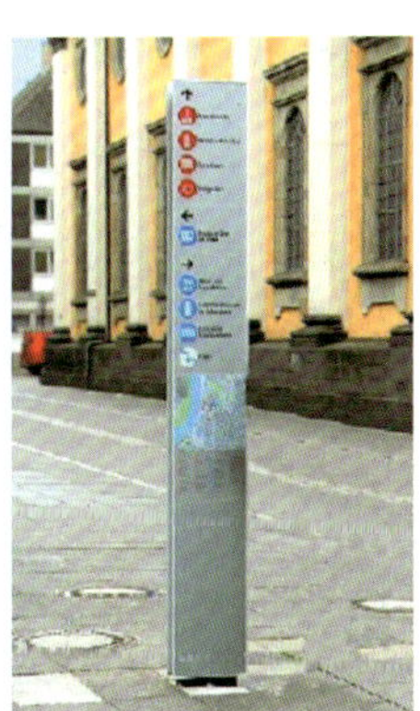

图 2—3—2　导游功能

标牌的信息传达往往借助于文字、绘图记号、图示等形式。文字标志规范、明确；绘图记号直接、形象，易于理解；图示标志如方位导游图，采用平面图、照片加简单文字构成，可使人们对陌生环境有一个整体和初步的认知，并明确目前所在方位及目的地方位。

3. 造景功能

展览栏和标牌的造型必须具有良好的观赏性，不能只注重内容而忽视其外表。在园林中要根据全园的总体规划，结合周围环境，决定展览栏及标牌的形式、色彩和风格，以便与周围景物配合，共同形成优美的景观。经过精心设计的展览栏和标牌不仅可以点缀园景，而且往往能够成为局部构图中心，成为园景中的亮点（见图 2—3—3）。

图 2—3—3　造景功能

二、展览栏及标牌的类型及位置选择

1. 园林布局导游图

这类小品一般布置在公园大门内外集散广场的周边，使游人进入公园时可以看到相关信息，对公园有一个大致的了解，方便游人按照导游图进行游览。布局导游图多采用大幅尺寸，配合公园透视图、平面图及简要的文字说明，既有导游作用，又兼具观赏性和装饰效果（见图 2—3—4）。

图 2—3—4　园林布局导游图

2. 宣传栏

宣传栏在布局上要结合周围景色形成优美的空间环境，使其既便于游人参观欣赏展品，又宜于游人游览休息。这就要求宣传栏有良好的造型，并考虑其自身的尺度及游人停留、人流通行、就座休息等环境因素。因此，宣传栏一般布置在广场、道路的两侧，安排在有遮阴、能纳凉、可停留的地方（见图 2—3—5）。

图 2—3—5　宣传栏

3. 指示牌

园林中的指示牌主要包括景点指示牌、服务性设施指示牌和场所指示牌等（见图 2—3—6）。一般作为景点指示的标牌需设置在道路的交叉口处，指明各分支路线的景点名称、方向和距离等；而作为服务性设施的指示牌除必须放在道路交叉口处之外，在道路中途的适当位置也应安排。

图 2—3—6　指示牌

4. 提示牌

园林中的提示牌主要是位于公园入口等处的“游人须知”提示牌、置于园林绿地中提示游人“请勿践踏”的提示牌及在地形地势险要处的“注意安全”提示牌等（见图 2—3—7）。这类提示牌必须安排在容易引起游人注意的场所，面向游人的来向，使人一目了然，同时应注意其造型要富有装饰性。例如，采用树桩形式的提示牌就比用一个方方正正的木牌要好得多。另外，这类提示牌在语言文字处理上不要过于生硬，尽可能不出现诸如“严禁……”“禁止……”“罚款……”等文字内容，这样容易使人产生逆反心理。

5. 题名牌

园林中有很多景观是以题（咏）名的形式命名的，根据景观的性质、用途，结合环境进行概括，常做出形象化、诗意浓、意境深的园林题咏。其形式有匾额、对联、石碑、石刻等（见图 2—3—8）。它不但丰富了景的欣赏内容，增加了诗情画意，还点染出景的主题，给人以丰富的联想和想象。题名牌具有宣传和装饰的作用，实际就是一种很好的展示小品。由于它与景观密切相关，因此一般安排在景观周围醒目的位置。

图 2—3—7　提示牌

图 2—3—8　题名牌

三、展览栏及标牌的设计原则

1. 多样性

展览栏及标牌的规划设计，应结合不同的园林布局形式、建筑造型、色彩、绿化、地面铺装材料等因素，设计出适宜而多样的造型。图 2—3—9 所示为江苏南京中国绿化博览园中的标牌，因展示的是各省不同特色的景区，因而标牌造型体现了多样性变化。

图 2—3—9　江苏南京中国绿化博览园中的标牌

2. 统一性

展览栏及标牌的造型设计，应充分考虑其所在环境、建筑、景观的特点，选择符合其功能并且具有醒目尺寸、形式、色彩的表达。而色彩的选择，需要确定主题色调，并将其与背景颜色统一，通过主题色和背景色的变化搭配，突出其功能即可，不可过于花哨而喧宾夺主（见图 2—3—10）。

3. 简明性

展览栏及标牌应合理化、艺术化、多样化，标志的造型设计应简洁、明确，色彩要鲜明、醒目，使人一目了然，以创造简明易懂的视觉效果，充分发挥标志的信息传播的媒介作用（见图 2—3—11）。

4. 合理性

展览栏及标牌在室内外环境中的位置十分关键，设计时应在对整个环境调查、分析的基础上，确定其位置，做到位置既要醒目，又不能妨碍交通以及行人的往来（见图 2—3—12）。

a)

b)

图 2—3—10　统一性

a）江苏南京中山植物园标牌体现了统一性的原则，简洁淡雅，与景观相和谐

b）上海浦东世纪公园标牌采用了统一的材质与风格

图 2—3—11　指示与提示要简明、醒目

图 2—3—12　位置选择要合理

5. 协调性

当展览栏及标牌介入环境空间后，就与原有环境产生相互的影响，成为环境空间的一个重要组成部分。所以，展览栏与标牌应与周围环境相互协调，在造型、色彩、材料等方面要注意相互间的关系，不可各行其是（见图 2—3—13）。

图 2—3—13　与环境空间相互协调

6. 安全性

展览栏及标牌所用材料、结构及安装方式都应保证安全，不能对人或其他设施产生危害或有安全隐患（见图 2—3—14）。

图 2—3—14　注意安全

四、展览栏及标牌的设计要求

1. 色彩要求

（1）明视度要高　明视度是指可让人看清楚的程度。明视度越高，看得越清楚。经研究，将“背景色—字色”搭配，按明视度高低排列如下：黄—黑、白—绿、白—红、白—青、青—白、白—黑、黑—黄、红—白、绿—白、黑—白、黄—红、红—绿、绿—红。常见的“背景色—字色”搭配如图 2—3—15 所示。

（2）色彩与环境的配合　可以考虑让字色与环境相同，而背景色则选择能使字明显的颜色。

（3）注意色彩对人的心理影响　一般色彩的视觉功能如下：

红色：热情、积极、活力、警告、危险；

橙色：温暖、欢喜、活跃、喜庆、嫉妒；

黄色：警告、高贵、热烈、愉快、温暖；

绿色：安全、和平、希望、生长、新鲜；

蓝色：理性、缓和、寂静、清凉、深远；

紫色：优雅、高贵、宁静、庄重、神秘；

黑色：严肃、坚固、静默、稳定、死亡；

白色：纯洁、雅致、光明、纯真、卫生；

灰色：朴素、自然、平凡、失意、谦逊；

金色：高贵、富丽、醒目、热烈、积极；

银色：高雅、华贵、纯洁、朴素、宁静。

2. 标牌信息表达方式

标牌可用文字、图表，或者两者一起使用来表达信息。以下是表达信息时所应遵循的

图 2—3—15 常见的"背景色—字色"搭配

一些原则：

（1）尽量采用图示 图示可使人一目了然，且印象深刻，故在能利用图示时应尽量采用，不足处再利用文字补充（见图 2—3—16）。但必须注意的是，图示应使用大家已认定共知的符号，不要使用令人费解或易产生误解的图示，否则就失去了意义。

图 2—3—16 尽量采用图示

（2）字体要求　字体要符合使用目的，要容易阅读，字体、字号应选择恰当并保持统一（见图 2—3—17）。字体大小应配合需要，以希望游客在多远的距离范围内能看到为准。

图 2—3—17　字体适中

（3）用语准确　这在警示牌中尤为重要。是否能充分发挥作用的关键在于标牌上的用语内容是否能深入人心。因此，正确、简明、清楚的用语是标牌的基本要求（见图 2—3—18）。

图 2—3—18　用语准确

3. 朝向要求

标牌的朝向没有特殊规定，一般是沿建筑、道路等方向设置。对于展览栏来说，因常有玻璃窗，需要考虑日光反射的因素，或者增加必要的遮阳设施，宜布置在绿树成荫的环境中。环境的亮度、地面的亮度与展览栏相差不可过大，以免造成玻璃的反光，影响观赏效果，如图 2—3—19 所示。

任务实施

一、绘制设计方案

设计方案要注意透视关系，以彩色铅笔、马克笔或钢笔淡彩表现，配合环境要素，重点表现其造型、质感、各部分比例关系，以及背景与文字的色彩对比和调和等内容，要求

造型简洁、新颖、富有时代气息。为该住宅小区的入口处设计的标牌造型方案草图如图 2—3—20 所示。

图 2—3—19 朝向要求

图 2—3—20 标牌手绘效果图表现

二、多方案比较，确定最终设计方案

最终设计方案如图 2—3—21 所示。

图 2—3—21　最终设计方案

评分标准

序号	项目与技术要求	配分	检测标准	实训记录	得分
1	造型设计	50	造型新颖，特点突出		
2	效果图表现	50	透视准确，色彩协调，明暗关系恰当，质感表现明确，比例协调，尺度恰当		

思考与练习

1. 展览栏及标牌的功能有哪些？
2. 展览栏及标牌的类型有哪些？各有什么特点？
3. 展览栏及标牌的设计原则是什么？
4. 展览栏及标牌的设计要求是什么？

任务二　展览栏及标牌施工图绘制与制作

任务目标

◇掌握展览栏及标牌的材料选择及处理手法

◇掌握展览栏的组成及构造

◇了解标牌的施工图设计

任务提出

为任务一中设计的标志墙绘制施工图（包括平面图、立面图、剖面图等），并砌筑该标志墙。

任务分析

要想绘制标牌的施工图并完成其施工，需要了解标牌的材料选择及构造，并掌握相应的施工步骤。

相关知识

一、展览栏及标牌的材料选择

1. 展览栏及标牌材料选择的原则

出于耐久性的考虑，展览栏及标牌主件的制作材料常常选用花岗岩类天然石，不锈钢、铝、铁，坚固耐用或经过防腐处理的木材，以及瓷砖、有机玻璃等。室内或游人不易触碰的地方，也有用玻璃标牌的。构件的制作材料除选择与主件相同的材料外，一般采用混凝土、钢、砖等。选择材料时，应考虑下列影响因素：

（1）展览栏及标牌设置是永久性的还是临时性的？

（2）当地最常见、最易获得的是哪一种材料？

（3）当地气候及游客的破坏性分析。

（4）安装后管理维护的能力要求。

（5）展览栏及标牌的风格。

2. 不同材料标牌的表面处理手法

（1）石标牌　石材坚固耐用，具有较好的质感，但搬运较困难，且不易取得。石材标牌一般采用雕刻文字、浮雕文字、喷燃文字、粗琢底牌、嵌砌金属等处理方法（见图 2—3—22）。

（2）金属标牌　金属取得、制作皆方便，故常被运用，但若保养不当，则会有生锈及油漆剥落的现象（不锈钢除外）。金属标牌除采用刻字（在金属板上刻文字的方法）、镶块字（弯曲金属板、焊接文字的方法）等比较自然的方法外，还有加工文字及底牌的方法（如抛光底牌或底牌拉道处理等），改变文字或底牌材质的方法，以及借助印刷品的方法等（见图 2—3—23）。

（3）木标牌　木材质感好，但较易腐朽，且易受到破坏。木标牌一般采用雕刻或粘贴印刷品的方法制作（见图 2—3—24）。

（4）有机玻璃标牌　有机玻璃是一种重要的热塑性塑料，具有较好的透明性、耐候性、刚性和抗裂性，比较容易染色和加工，适合加工各种尺寸的标牌（见图 2—3—25）。

（5）玻璃标牌　玻璃标牌具有很好的隔风透光性，耐腐蚀、易清洗、易加工，具有良好的化学稳定性和装饰性，但抗压强度低，是典型的脆性材料，可在室内及游人不易触摸的地方使用（见图 2—3—26）。

图 2—3—22　石材标牌

图 2—3—23　金属标牌

图 2—3—24　木标牌

图 2—3—25　有机玻璃标牌

图 2—3—26　玻璃标牌

随着现代科技手段的进步，新技术、新理念纷纷运用到园林中，展览栏及标牌的处理手法也日趋多样化。如一些现代化景观绿地中设置了电子触摸屏（见图 2—3—27），由于其承载的信息量大、功能强，又可与游人形成互动式交流，因此被越来越多的人所喜爱；一些大型的广场上还设置了巨型电子显示屏（见图 2—3—28），用于播放电视节目和教育宣传片，使得景观效果也变得更加丰富多彩。

图 2—3—27　电子触摸屏

图 2—3—28　巨型电子显示屏

二、展览栏的组成及构造

1. 基座和墙柱

基座和墙柱是展览栏的主体结构，基本上有两种类型．一种是条形基础，在其上建窗间墙（或柱）；另一种是柱墩式基础，形成框架柱的结构系统（见图 2—3—29）。

图 2—3—29　基座和墙柱

2. 展览部分

展览窗（框）做架设图片的展板用，展览窗设置在承重墙或承重的构架上，展览窗正面玻璃可开启，或做固定（见图 2—3—30）。

展览栏和公园导游图等具有展示功能，其尺寸应遵循人体工程学原理，大小、高低既要符合展品的布置，又要满足参观者的视线要求，并要根据其功能要求与周围建筑和环境相协调，切忌过大、过高、过于粗笨。展板的高低应该根据宣传展览内容而定，对于适宜近看、细看的展品，展览栏上下边线间距宜在 1.2 m 左右，中心离地面高度为 1.5 m 左右，展览栏的总高度一般为 2.2～2.4 m。

图 2—3—30　尺寸符合参观者视线要求

3. 檐口部分

展览栏顶部一般有较大的挑檐，可防日晒及雨淋。挑檐顶宜向后倾斜，以利于排水或作集中排水。

4. 灯光设备

灯光设备照明可丰富夜间园林景色，突出表现展览栏的造型，它是夜间参观的必备设施。园林中常见的照明形式有两大类，即内藏式照明和外部集中式照明。内藏式照明是将灯具安装在内部，主要用于展览栏和箱式标志；外部集中式照明比较适用于有绿化树木的地方。某些路标的照明，可结合附近园灯，不必另外设置。展览栏照明应考虑画面的均匀照度，不可有刺目的眩光，一般宜使用间接光源。

5. 通风及防雨设施

由于人工照明及日照会引起展览窗内温度升高，对展品不利，因此一般在展览窗的上部做通光、通风小窗口，以排出热气，降低窗内温度。

此外，要做好防雨措施，以延长展览设施的使用寿命。

三、标牌的施工图设计

1. 标志墙（见图 2—3—31）

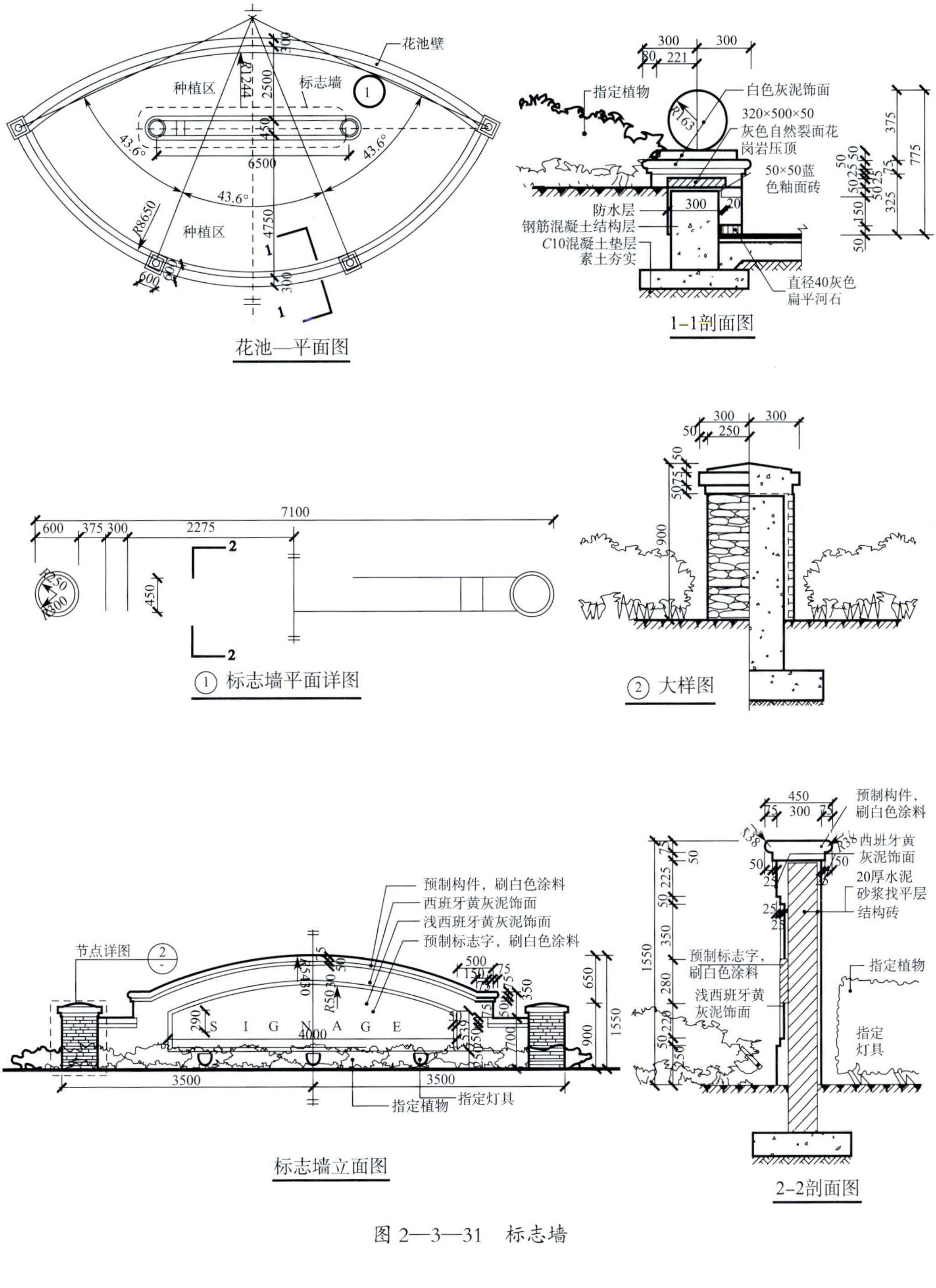

花池—平面图

1–1剖面图

① 标志墙平面详图

② 大样图

标志墙立面图

2–2剖面图

图 2—3—31　标志墙

2. 标牌（见图 2—3—32）

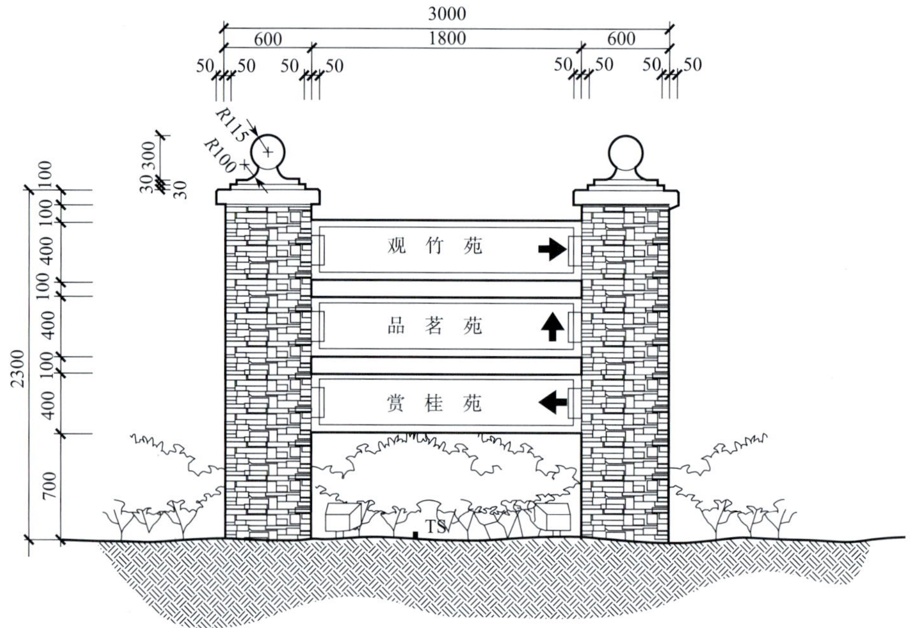

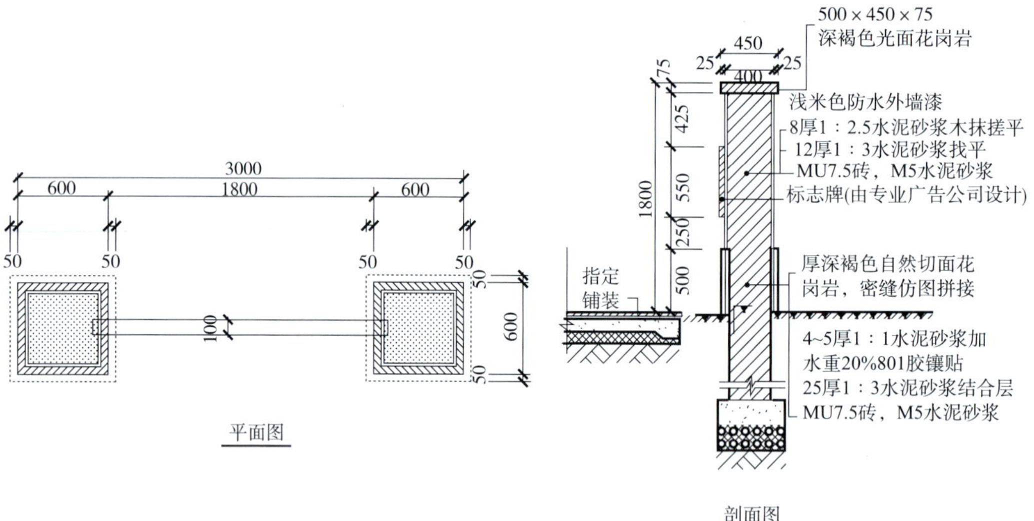

图 2—3—32　标牌

3. 阅报栏（见图 2—3—33）

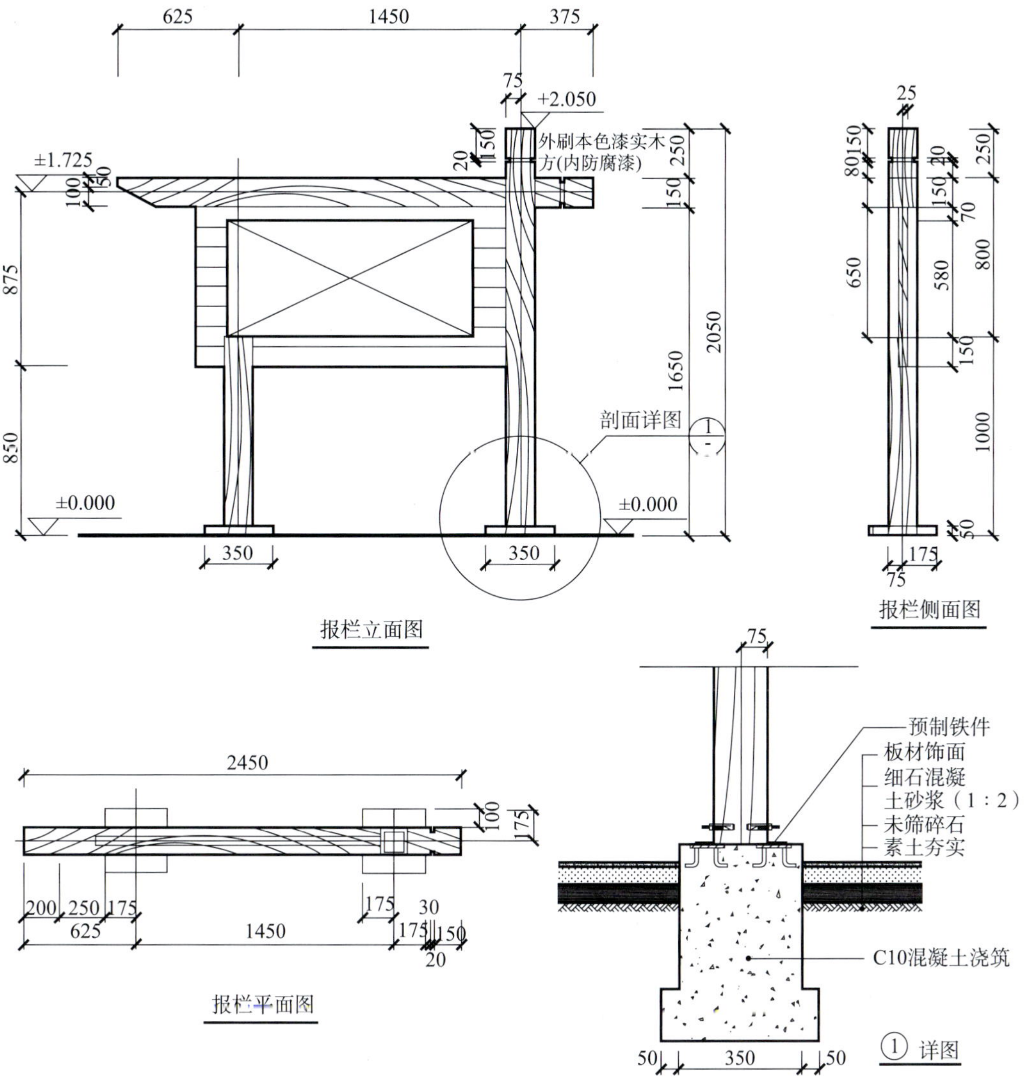

图 2—3—33　阅报栏

任务实施

一、标志墙的施工图绘制

采用 CAD 软件绘制标志墙的平面图、立面图及剖面图。要求图面结构完整，构图合理、清洁美观，图例、文字标注和图幅符合制图规范。

按标志墙正、背立面图→平面图→剖面图顺序绘制标志墙施工图。图纸平面尺寸用毫米（mm）表示，标高以米（m）为单位。

1. 绘制标志墙正、背立面图

立面图表达标志墙立面效果。先绘制地面线，绘制标志墙及标牌、石块及标牌上的文字，注意把握标志墙的尺度及各部分比例关系，确定标志墙高度，然后标注标志墙立面的相应尺寸，并进行材料标注，加粗轮廓外围线。

2. 绘制平面图

平面图反映了标志墙的平面形状、大小、平面尺寸关系等。先绘制出标志墙外围线和构造线，再进行尺寸标注与材料标注，绘制剖切符、剖切方向及向图索引，并将标志墙外围线加粗。

3. 绘制剖面图

剖面图按标志墙正投影绘制，标示出标志墙的构造、尺寸及材料。剖面图的剖切部位，应根据图纸的用途或设计深度，尽可能地选择能反映全貌、典型构造特征、高程变化等有代表性的部位剖切。剖面图以地面线为基准向上绘制墙体及饰面层，并绘制投影方向可见的其他构造及构配件等，最后加粗地坪线和标志墙剖切线，标示各部分的构造尺寸及材料，并注明标志墙标高。

绘制标志墙结构配筋图，标示出剖面各种配筋的种类、型号及排列方式，并注明相应的标高。

标志墙的施工图如图 2—3—34 所示。

二、标志墙的施工步骤

1. 定点放线

定位要准确。根据设计图纸和地面坐标系统的对应关系，用测量仪器把标志墙的位置和边线测放到地面上。

2. 基础处理

注意基础深度要牢固。根据地面放线，向外放宽 200 mm 挖槽，素土夯实。向上做 100 mm 厚 C10 混凝土垫层，长 5 400 mm，宽 1 100 mm；其上为 300 mm 厚钢筋混凝土基础，长 5 400 mm，宽 900 mm，配筋为直径 10 mm 的圆钢，间距 200 mm 双向排列；再向上为 400 mm 厚钢筋混凝土，长 5 400 mm，宽 500 mm，配筋为直径 8 mm 的圆钢，间距 200 mm。

3. 地上部分

地上部分浇筑钢筋混凝土，长 5 400 mm，高 530 mm，底边宽 500 mm，顶边宽 370 mm，配筋为 10 mm 圆钢，间距 300 mm；最上部为 980 mm 钢筋混凝土，底边宽 370 mm，顶边宽 50 mm，底部配筋为 10 mm 圆钢，间距 300 mm，顶部配筋为 8 mm

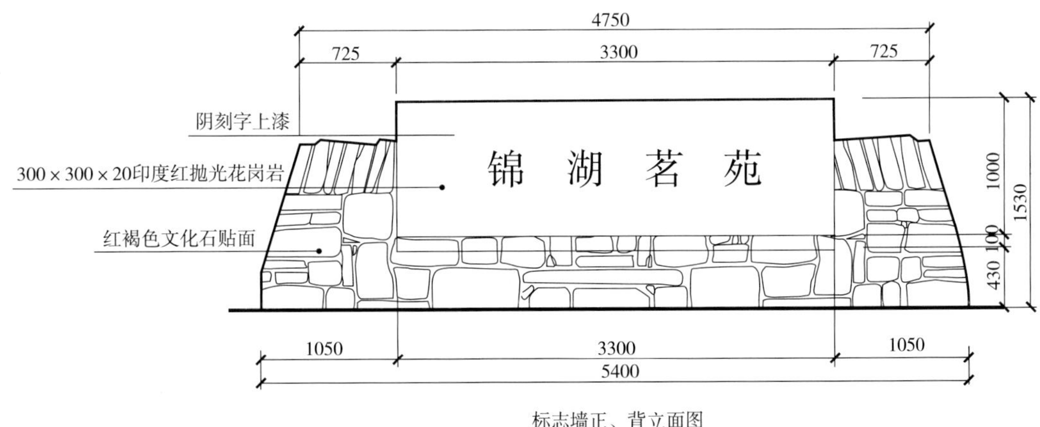

标志墙正、背立面图

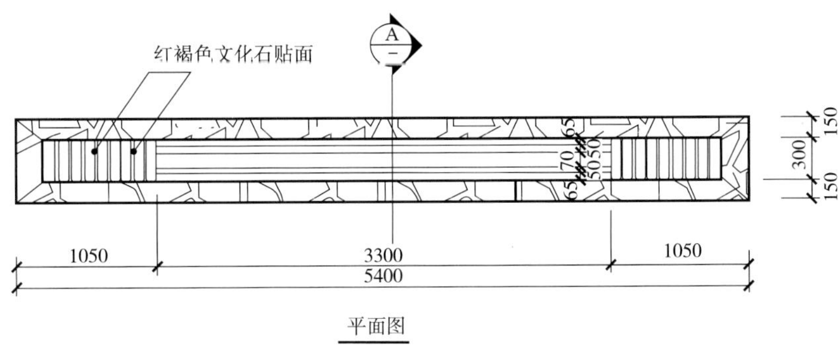

平面图

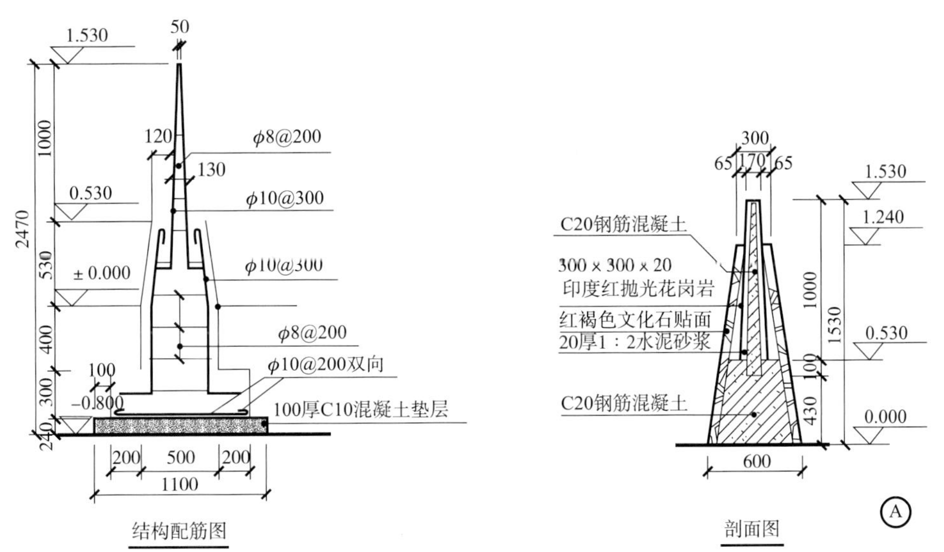

结构配筋图

剖面图

图 2—3—34　标志墙施工图

圆钢，间距 200 mm。

钢筋混凝土层外层为 1：2 水泥砂浆结合层，基座及外围表面贴红褐色文化石贴面；标志部分为 300 mm × 300 mm × 20 mm 的印度红抛光花岗岩。

4. 刻字上漆

采用阴刻，字为金色。

评分标准

序号	项目与技术要求	配分	检测标准	实训记录	得分
1	内容完整	40	平面图、立面图、剖面图是否完整		
2	制图规范	40	是否符合制图规范，尺寸标注是否准确		
3	整洁美观	20	图纸表达是否整洁，美观		

思考与练习

1. 制作标牌常见的材料有哪些？

2. 展览栏的构造包括哪几部分？

3. 为你在任务一中设计的标牌绘制一套完整的施工图，要求平面图、立面图、剖面图完整，制图规范。

课题四
园林栏杆的设计与施工

栏杆常作为主体建筑或构筑物的附属而存在，是桥梁和建筑上的安全设施，在桥两侧或凉台、看台的边侧起拦挡作用。园林中的栏杆则多独立设置，既是保证人身安全的重要设施，又是烘托景观的园林要素，有丰富园景和活跃氛围的作用。

任务一　园林栏杆造型设计

任务目标

◇了解栏杆的功能

◇熟悉栏杆的分类

◇掌握栏杆的设计要点

◇掌握栏杆设计方案的基本内容和表达方法

任务提出

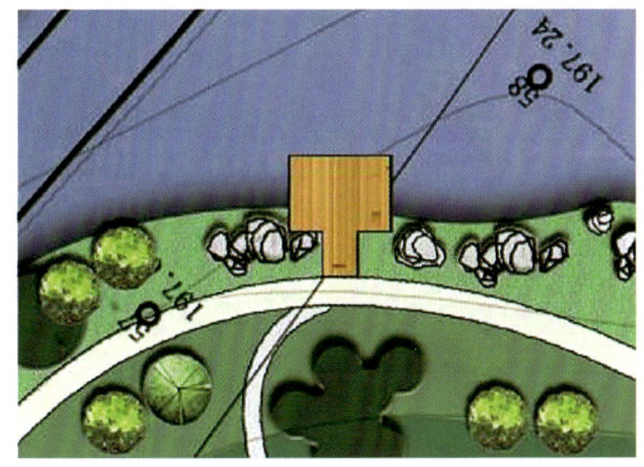

图 2—4—1　某公园亲水平台平面图

如图 2—4—1 所示，某公园亲水平台长 10 m、宽 8 m，平台材料为防腐木。现为该平台设计栏杆，要求高度合理、安全适用、造型美观新颖、施工方便，并绘制方案效果图。

任务分析

在了解栏杆功能、分类的基础上，充分考虑栏杆的使用要求、所处地形、园林特点、园林环境等因素，选择适当的位置设计栏杆。那么，栏杆的高度如何确定？栏杆采用什么形式、色彩、材料？如何绘制栏杆的效果图？

相关知识

一、栏杆的功能

古典园林栏杆功能较为丰富，可扶、可坐、可靠、可观。现代园林栏杆的基本功能是防护和分隔。例如山地、陡坡等地段需加栏杆防护（见图 2—4—2）；花坛、草坪四周使用栏杆避免游人入内践踏；不同性质的活动空间利用栏杆划分边界，引导、组织人流。除此以外，栏杆对美化环境、点缀园林景致有重要作用。

二、栏杆的分类

栏杆按照功能可分为四类：围护栏杆、靠背栏杆、座凳栏杆和镶边栏杆。

1. 围护栏杆

围护栏杆以保护安全为主，高度需超出人的重心。山东济南植物园的架空栈道离地面 4 m 以上，两侧设置高栏杆保护游人（见图 2—4—3）。为防止游人尤其是儿童攀爬或钻栏杆，围护栏杆的垂直杆件间净距不应大于 0.11 m，且下部不能有太多的横向杆件，构造应粗壮、坚实。

2. 靠背栏杆

栏杆与座椅结合在一起的形式古已有之，俗称“美人靠”“鹅颈靠”“吴王靠”（见图 2—4—4、图 2—4—5）。园林靠背栏杆形式活泼，种类多样，是空间中重要的装饰小品。

图 2—4—2 山地栏杆

图 2—4—3 山东济南植物园架空栈道栏杆

图 2—4—4 安徽宏村建筑的“美人靠”

图 2—4—5 靠背栏杆

3. 座凳栏杆

座凳栏杆兼有坐凳和栏杆的双重作用，是将围护和休息功能结合为一体的一种形体简洁、应用广泛的栏杆形式（见图 2—4—6）。其宽度较一般栏杆宽，可满足游人休息就座的要求。

4. 镶边栏杆

为示意空间分隔或提示游人禁止入内，多利用低矮的镶边栏杆标识区域边界（见图 2—4—7）。

图 2—4—6 座凳栏杆

图 2—4—7 镶边栏杆

三、栏杆的设计要点

1. 位置选择

栏杆的位置依据功能而定。围护栏杆常设在有高差、易发生危险的地段，如崖旁、台地、坡地等地貌、地形变化处；或者临近水体易发生淹溺事故的地段，如岸边、桥梁、码头等。例如，北京故宫内建筑的台基高约 2.5 m，周边需设置栏杆防止人坠落摔伤（见图 2—4—8）。镶边栏杆常设在道路、广场、绿地的周边，起到分隔不同区域、引导人流的作用。靠背栏杆、座凳栏杆在传统园林中常用于亭、廊建筑，现代园林则多设在适宜游人休息的广场周边和花坛、树池、水池、草地的边缘，既起倚靠作用，又活跃局部环境气氛，也可与花墙、隔断、台阶结合，形成休息、静赏的空间。

园林栏杆不宜普遍设置，应遵循“宜设则设，尽量少设”的原则，能不设置的地方尽量不设。在游人安全有保障的前提下，水域较浅的岸边、低平短小的桥梁等可不设栏杆。自然水体如岸边坡度较缓或无防洪防汛等特殊要求时，也不宜设置栏杆，以免影响游人亲水嬉戏的乐趣。如果可以使用绿篱（见图 2—4—9）、水面、山石、自然地形变化等方式分隔空间，则少用栏杆。

图 2—4—8　北京故宫高台栏杆

图 2—4—9　使用绿篱作为栏杆

2. 栏杆高度

根据功能的不同，栏杆高度有低、中、高之分。

低栏高 0.2 ~ 0.4 m，主要作为空间限定、引导的手段，不起实质性分隔作用，通常用作镶边栏杆。低栏要防坐防踏，栏杆上段不讲究平直，可以是波浪形等不规则形状，造型应纤细、轻巧、简洁、大方，杆件之间的距离可大些。

中栏高 0.4 ~ 0.8 m，其作用是控制、引导人流或配合较小尺度的景观，如面积较小的庭园、体量较小的桥或平台。建筑的敞开式走廊与室外地坪高差在 150 mm 以内时，对栏杆的安全围护功能要求不高，往往使用中栏中的座凳栏杆，凳面高度 0.4 ~ 0.5 m，既使廊

体显得充实、多姿，又便于游人倚坐小憩。中栏有时也起保护重要物品，以免被践踏、碰损（见图 2—4—10），隔离游人的作用。

高栏更强调保护或隔离作用，通常用作围护栏杆，高度根据地形的危险程度或空间的隔离程度而定，一般高 0.8 ~ 1.2 m。凡游人集中场所中容易发生跌落、淹溺等事故的地段，均应设置安全防护栏杆。坡地、蹬道的防护栏杆高 0.85 ~ 0.95 m。当地段临空较高时，如悬崖、石壁、陡坡、险滩、桥等，需加高栏杆防止人下坠，栏杆高 1.1 ~ 1.2 m。建筑内部和外缘、游人正常活动范围的边缘临空高差大于 1.0 m 处均需设护栏设施，其高度应大于 1.05 m；高差较大处可适当提高栏杆高度，但不宜大于 1.2 m。厅堂类建筑室内外地坪高差约 0.45 m，其外廊也常设栏杆，用来保护行人、标识建筑室内外边界、装饰柱间等，栏杆高 0.9 ~ 1.1 m。使用栏杆作为外围墙（见图 2—4—11）时，其高度多在 1 m 以上，防人攀爬进入，可视空间隔离程度调整栏杆高度。动物笼舍的栏杆高度以防止动物翻越为原则。靠背栏杆凳面高度与座凳栏杆相同，靠背高 0.45 ~ 0.50 m，栏杆总高 0.9 m 左右，可将其归为高栏的一种。

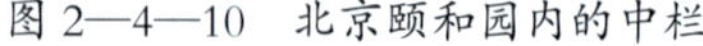

图 2—4—10　北京颐和园内的中栏

图 2—4—11　围墙栏杆

3. 栏杆形式

栏杆虽然不是主要的园林构成要素，但是量大，属于线性建筑小品，影响园林的造价和景观。因此，栏杆设计时要反复推敲体量、造型、色彩、质感，使栏杆的围护、分隔功能与装饰、美化作用有机结合起来，达到最佳艺术效果。

栏杆的设计以安全、实用、美观和施工方便为原则，不同地段的栏杆应体现自身和环境的特点。如水边设置围护栏杆时，可选择通透性较高的空栏，减少视线遮挡，以便欣赏波光倒影、游鱼禽鸟及水生植物。水边建筑物或构筑物，如水榭、水面回廊、临水平台、小桥（见图 2—4—12），设置栏杆时也遵循此原则。而悬崖、石壁、陡坡、险滩边缘以实栏为主，游人登临远眺时，实栏可以给人较大的安全感。此类栏杆近距离观赏的机会较少，外观可尽量简洁。风景区内的栏杆（见图 2—4—13）以不影响自然景色为原则，多设置空栏，务求空透。有时盘山道的栏杆甚至只用简单的扶手连以链条或金属管，避免破坏山势山形及风景层次。若栏杆从属于风景区高处的建筑物或平台，宜根据建筑整体风格、材质考虑栏杆形式。镶边栏杆常作近距离观赏，装饰性要求较高，设计时需要注意细部装饰图案的处理。座凳栏杆、靠背栏杆凳面处理较为简单，宽 300～400 mm、表面平整即可，靠背及凳下花饰是处理的重点，传统园林多使用西洋瓶、步步锦、拐子纹、盘肠纹等图案构成靠背及凳下花饰，现代园林多使用抽象的几何线条或图案装饰。不论何种形式的栏杆，严禁采用利刺、锐角等构件或形式。电力设施、猛兽类动物展区以及其他专用防范性栏杆，应根据实际需要设计制作。

图 2—4—12　桥栏杆

图 2—4—13　风景区内的栏杆

栏杆作为线形连续的园林小品，若干单元在长距离内连续重复，产生韵律变化的美感，因此栏杆的单元形式对栏杆的美观、施工的便利和造价影响非常大。设计时不能拘泥于传统，要巧于构思、突出特色，利用雕刻等多种方式表达主题，表现文化内涵和情感寄托，体现地域特征，展示时代精神。

任务实施

一、分析和熟悉设计条件，确定栏杆设计类型和位置

设计公园亲水平台的栏杆时，应在分析公园特点的基础上，熟悉水体类型、深度、驳岸形式，研究场地边界及高差，认真理解栏杆的设计要求，从而确定栏杆的位置、类型和风格。

本次设计任务的亲水平台栏杆主要功能是保护游人安全。平台架设于水面之上，游人有可能发生意外，落水受伤，特别是儿童追打嬉戏过程中，容易忽视平台边界坠入水中，因此必须在亲水平台周边临空地段设置围护栏杆进行安全防护。

二、确定栏杆造型

由于临近水边，平台栏杆宜采用较为空灵通透的形式，削弱游人与水的隔离感，造型尽可能的简单、大方。为与平台取得协调，栏杆采用与之相同的防腐木。

三、绘制方案效果图

绘制效果图时，选择良好的透视角度是关键。如为展现场地全貌可以使用俯视角度，如以展现栏杆细节为主则使用平视角度。注意栏杆各组成部分的比例关系和纹饰，注意表现木质栏杆的体感、色彩，同时注意细节（如明暗面和地面投影）的处理，周边环境可简化处理。

效果图可借助尺规等绘图工具完成，使用马克笔、彩铅或计算机进行表现。栏杆效果图如图 2—4—14 和图 2—4—15 所示。

图 2—4—14　栏杆效果图（一）

图 2—4—15　栏杆效果图（二）

评分标准

序号	项目与技术要求	配分	检测标准	实训记录	得分
1	栏杆类型及位置	20	类型正确，位置适当		
2	栏杆形式	50	高度合理，安全适用，造型美观新颖，施工方便，经济合理，与周边环境协调		
3	方案效果图	30	图纸表达美观，色彩关系协调，明暗关系恰当，质感表现到位		

知识链接

栏杆欣赏

各式栏杆形式如图 2—4—16 和图 2—4—17 所示。铁艺栏杆如图 2—4—18 所示，石栏杆如图 2—4—19 所示。

图 2—4—16　各式栏杆形式（一）

图 2—4—17　各式栏杆形式（二）

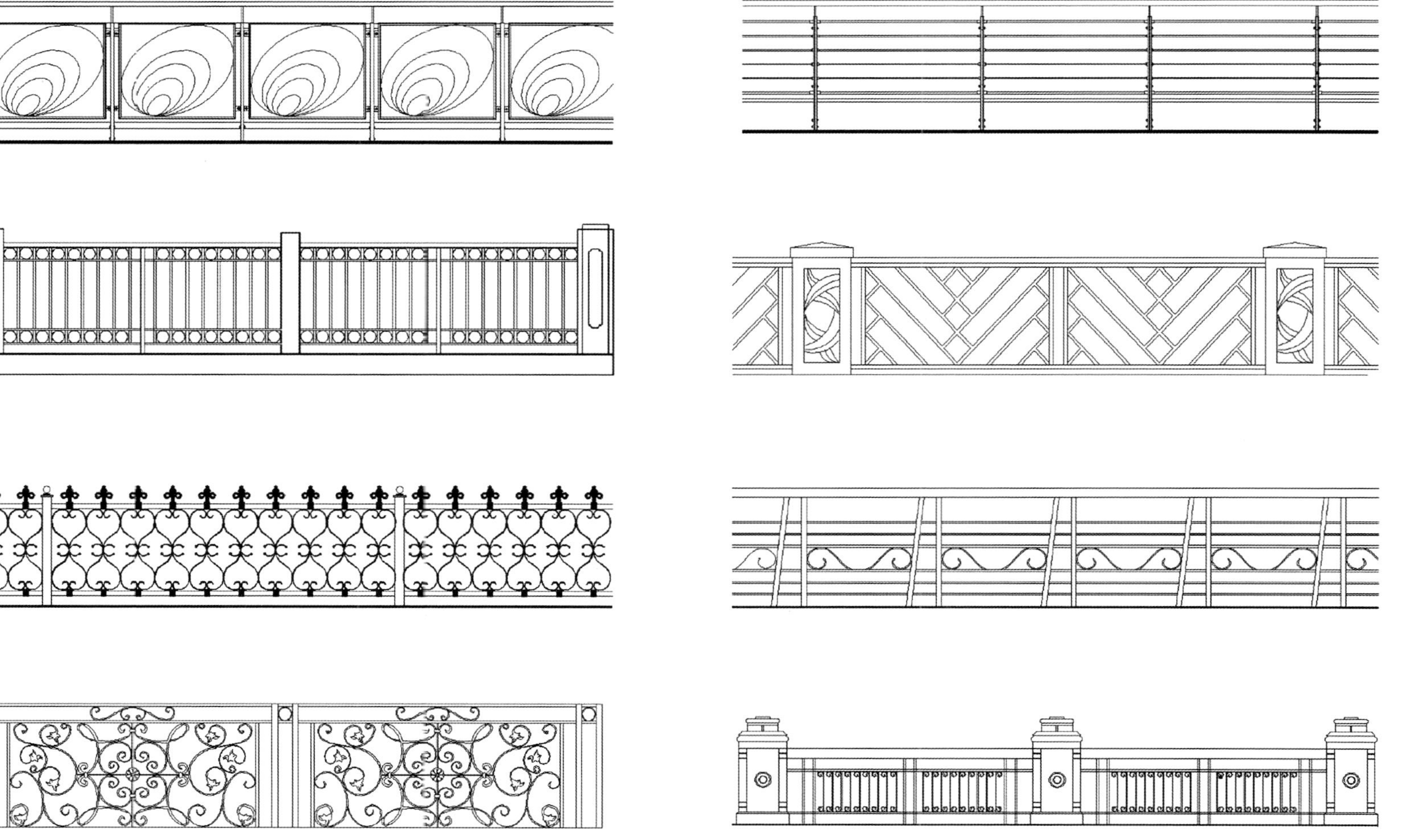

图 2—4—18 铁艺栏杆

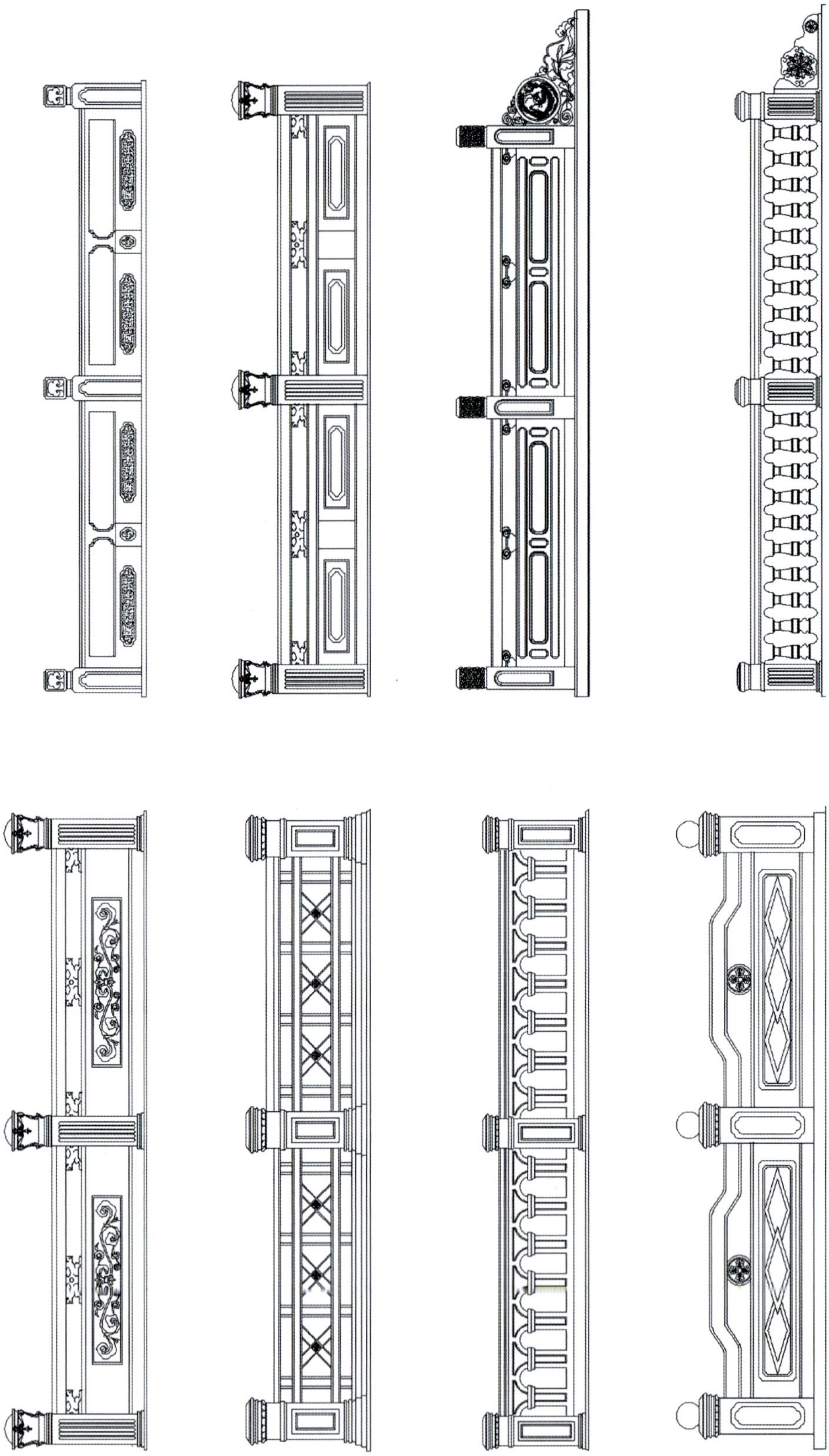

图 2—4—19　石栏杆

思考与练习

1. 栏杆的主要功能是什么？
2. 栏杆分为哪几类？
3. 选择栏杆位置时考虑的主要因素有哪些？
4. 如何确定栏杆的尺度？

任务二　园林栏杆施工图绘制

任务目标

◇掌握栏杆的主要材料
◇掌握栏杆的构造设计
◇掌握栏杆施工图的绘制方法

任务提出

绘制任务一中设计的亲水平台栏杆的施工图。

任务分析

栏杆采用什么材料？其构造如何？如何绘制栏杆施工图？

相关知识

一、栏杆的材料

制作栏杆的材料主要有竹、木、石、砖、混凝土、铁、钢、有机玻璃和塑料等。栏杆制作时可以使用单一材料，也可以多种材料组合。

1. 竹木

竹木栏杆（见图 2—4—20）易于加工，自然、质朴、廉价，给人较强的亲和感，尤其是一些优良品种的木材，色泽、纹理、质感极富装饰性。但是竹木材料易翘曲、变形和开裂，易被菌、虫等生物腐蚀或蛀蚀，耐久性差，使用前必须进行很好的干燥、防腐和防水处理。防腐剂必须高效、低毒，对人体无害，处理后的竹木材料可以延长使用寿命 3～10 倍。除此以外，选材时尽量选用硬度较高的材料，在使用过程中加强保养，每年雨

季或冬季来临前，使用油漆等防护剂保养处理，可延长竹木栏杆的使用寿命。近年来为了降低建造和养护成本，多采用塑性材料仿制竹木栏杆。

2. 砖石

传统建筑的露天平台、台阶、桥梁的栏杆多使用砖石材质（见图 2—4—21）。砖是常见的建筑材料，其价格低廉，施工方便，采用不同的砌筑方式还能砌筑出不同厚度和花式的栏杆，因此在我国传统园林中曾大量应用。皇家园林为显示地位尊贵，还使用陶砖和琉璃砖砌筑栏杆（见图 2—4—22）。在改进技术的基础上，现代园林也可应用此类栏杆。石栏杆（见图 2—4—23）美观大方，质朴、浑厚，常用材质有大理石、花岗岩、青石等。大理石易风化和溶蚀而使表面失去光泽，因此不宜制作室外栏杆。少数如汉白玉、艾叶青等质纯、杂质少、比较稳定耐久的品种可以用于室外。汉白玉属于高档石料，皇家园林中的汉白玉栏杆，雕琢精美，光洁如玉，充分显示出皇家的气派和高超的技艺水平，是中国建筑史上不可多得的精品。为降低造价，现代园林很少使用汉白玉栏杆，多使用价格相对低廉、性质稳定、不易风化、耐磨性能好的花岗岩和青石栏杆。

图 2—4—20　北京紫竹院公园竹栏杆

图 2—4—21　山东泰安普照寺砖石栏杆

图 2—4—22　北京颐和园内琉璃砖栏杆

图 2—4—23　北京故宫石栏杆

石栏杆受到加工手段的限制，成本较高，不宜大量使用，可利用混凝土等材料制作仿石栏杆。人造石栏杆色彩、质感、花纹等随设计要求而定，制作自由，形式丰富，预制的各种构件运到现场后拼接安装即可。

3. 金属

金属栏杆主要使用钢材、铸铁、铸铝等材料。钢栏杆（见图 2—4—24）常用钢管、型钢和钢筋制作，加工方便，可做成一定的纹样和图案，造型简洁、通透，便于表现时代感。常用的有 15～25 mm 的方钢，16～25 mm 的圆钢，宽 30～50 mm、厚 3～6 mm 的扁钢，也可以用 ϕ20～ϕ50 mm 的不锈钢管。铸铁、铸铝栏杆（见图 2—4—25）可按一定的造型浇铸，做出各种花型构件，美观大方，比钢栏杆稳重，但造价昂贵，需防蚀、防锈，且性脆，断了不易修复，因此常常用型钢作其框架，取两者的优点而用之。还有一种锻铁栏杆，杆件的外形和截面有多种变化，做工精致，优雅美观，只是价格不菲，可局部使用。

图 2—4—24　钢栏杆

图 2—4—25　陕西西安大唐芙蓉园铁艺栏杆

4. 新兴材料

近年来新兴的 PVC 栏杆可以克服钢、铁栏杆易锈蚀的缺点，色彩美丽、鲜艳，强度高，安装简便、快捷，不需油漆和维护保养，使用寿命长且造价低廉。

玻璃也是新型的栏杆材料（见图 2—4—26），常用的有厚度较大、不易碎裂或碎裂后不会脱落的钢化玻璃等，玻璃栏杆大方、明亮、长久如新。

各种材料的栏杆由于质地、纹理、色彩和加工工艺的不同，形成了不同的风格和造型特色。选材时应首先满足栏杆的使用功能，如围护栏杆选材的第一要求是坚固耐用、确保安全；其次考虑整体造型和风格与环境的协调，尽可能地就地取材，体现地方特色、民族风格；最后要注意降低造价。

二、栏杆的构件组成

栏杆形式按照通透程度分为镂空栏杆和实体栏杆两类。镂空栏杆由立柱、扶手和连杆组成，有的加设横档或花饰部件，扶手分为连续式（见图 2—4—27）与节间式（见图 2—4—28）两种。实体栏杆（见图 2—4—29）由立柱、栏板和扶手构成，栏板可以局部镂空。

图 2—4—26　上海徐家汇公园玻璃栏杆

图 2—4—27　连续式扶手栏杆

图 2—4—28　节间式扶手栏杆

图 2—4—29　实栏栏杆

三、栏杆的构造

1. 基础与立柱

栏杆基础多由混凝土制作，一般使用 C15、C20 混凝土独立基础，基础尺寸取决于立柱的材料和尺寸。

栏杆立柱可以使用木柱、铁柱、钢柱、石柱、混凝土柱等。立柱截面尺寸需保证足够的强度，以连接横向连杆和扶手。不同材料的立柱外形差别较大，尺寸可根据设计而定。木柱截面一般为 120～200 mm 见方，金属柱截面直径一般为 40～150 mm，石柱、混凝土柱截面直径或边长一般为 120～250 mm。立柱高 1.1～1.3 m。立柱间距控制在 1.0～3.0 m 之间。

传统园林栏杆立柱与基础连接时，木栏杆以榫接为主，立柱将柱底卯入基础；石栏杆则柱脚做榫，与地袱承接槽口连接。栏杆立柱与基础连接方式主要有插入式、焊接式（见图 2—4—30）和螺栓结合式（见图 2—4—31）三种。插入式即预留孔洞用水泥砂浆锚固的方式。以铁柱为例，立柱下端做成开脚状、倒刺状、弯钩状等形式，将开脚扁铁、倒刺铁件等插入基座预留的孔穴中，用水泥砂浆或细石混凝土浆填实固结即可。焊接式是指立柱与基础内预埋铁件、钢板、套管焊接的方式。以钢筋混凝土预制立柱为例，立柱下端同基座插筋焊接或预埋铁件相连，上端同混凝土扶手中的钢筋相接，浇筑而成。螺栓结合式用于预埋螺丝母套接或用板底螺帽栓紧贯穿基板的立柱。立柱与硬质铺装场地连接方式与基础连接方式同，也是插入式、焊接式和螺栓结合式三种。

图 2—4—30　横杆与铁柱连接、立柱与基座焊接连接

图 2—4—31　立柱与青石地面螺栓结合连接

2. 连杆及栏板

栏杆连杆的选材、构造也很讲究。一是要充分利用杆件的截面高度，既要提高强度又利于施工；二是杆件的形状要合理，例如两点之间直线距离最近，杆件也最稳定，多几个曲折，就要放大杆件的尺寸才能获得同样的强度；三是连杆受力传递的方向要直接明确。连杆的材料要服从整体需要，根据造型和立柱的材料而定。栏板可采用现浇或预制的钢筋混凝土板和钢丝网水泥板，也可用砖砌或石材栏板。

连杆与立柱连接时（见图 2—4—32）可以预留孔洞插接或焊接、锚固。石栏杆的栏板一般两端和底边都剔凿有槽口，分别嵌入立柱和地袱的槽口内。木栏杆连杆与立柱之间可榫接。

3. 扶手

扶手断面或圆或方或扁，形式不一，宽度以能手握为原则，多为木扶手（见图 2—4—33）或塑料扶手，也有石材扶手和金属扶手，或以金属作骨衬，饰以木质和塑料面层的扶手。圆形截面的扶手通常直径 80 ~ 120 mm，矩形截面的扶手可按 60 mm × 75 mm ~ 80 mm × 100 mm 设计，扶手安置高度为 800 ~ 1 000 mm。木扶手常以木螺丝固定于立柱顶端的通长扁铁条上（木立柱时可为榫接），也可用金属焊接和螺钉固定（见图 2—4—34）。石材扶手与石柱连接时可钻凿圆洞用铁销与柱连接，与人造石、砌体或混凝土栏板连接时可用水泥砂浆黏结。金属扶手与立柱连接时采用焊接或铆接方式。

遇到空间转折时，为保持栏杆高度一致和扶手的连续，上下扶手在转折处可同时向平台延伸半步，使两扶手高度相等，连接自然（见图 2—4—35）。

4. 变形缝

为防止栏杆受到破坏，须隔一定距离将栏杆断开设置伸缩缝，留出材料热胀冷缩的变形空间（见图 2—4—36）。伸缩缝间距根据栏杆材料和设置地段确定。如遇不同地基条件，设置栏杆的平台或栈道需断开设置沉降缝时，栏杆也需断开。栏杆变形缝两侧需分设立柱。

图 2—4—32 连杆与立柱的连接

图 2—4—33 木扶手

图 2—4—34 木扶手的连接

图 2—4—35 转折处的扶手

图 2—4—36 栏杆伸缩缝

任务实施

一、选择栏杆材料，确定设计尺寸

考虑到亲水平台为防腐木，栏杆也采用相同材料与之协调，给人以亲切、自然的感觉。栏杆立柱间距 2 000 mm，立柱截面 200 mm × 200 mm，高 1 450 mm，与底部木平台采用螺栓锚固。扶手高 1 060 mm，截面 160 mm × 160 mm。下部连杆截面 160 mm × 160 mm，其他构件截面 120 mm × 60 mm。

二、绘制栏杆施工图

栏杆施工图是方案设计的细化和具体化，常用平面图、剖面图、立面图和详图表达。

栏杆多为重复的单元组成，因此一般绘图表示栏杆的典型单元即可，特殊情况下根据栏杆的复杂程度以及施工的具体要求，可适当增加图纸的数量。

施工图绘制一般按平面图→立面图→剖面图→详图的顺序进行。图纸平面尺寸用毫米（mm）表示，标高以米（m）为单位。

1. 确定比例

栏杆平面图、立面图和剖面图的常用比例为 1：10～1：50。节点详图的常用比例为 1：1～1：25。应选择正确的绘图比例绘制图纸。

2. 绘制平面图

平面图反映了栏杆的位置、平面形状、大小、相对尺寸关系等。首先确定立柱位置，然后绘制扶手、连杆等。绘图完成后标注各部分尺寸。绘制剖切符、剖切方向及向图索引等。

3. 绘制立面图

立面图是指在与栏杆立面平行的投影面上所做的栏杆正投影图。立面图表达栏杆立面的实际效果，内容包括投影方向可见的栏杆外轮廓线、基座、构配件、必要的尺寸和标高等。绘图时先绘制地面线，然后根据平面图确定栏杆立柱及其他组成部分位置，按相应高度和尺寸绘制，注意地形变化对栏杆的走向、标高的影响，最后标示地面标高、立柱标高、扶手标高、材料、构件尺寸等。

4. 绘制剖面图

剖面图表达栏杆的结构与构造，标示栏杆的材料和各部分尺寸，表明栏杆与周围环境的高程关系。剖面图应根据栏杆的用途、图纸的设计深度，在平面图上选择有典型构造特征的位置进行剖切。根据栏杆复杂程度可绘制若干个剖面。各剖面图应按正投影法绘制。

绘图时首先以地面线为基准绘制立柱、扶手、连杆、基础、垫层、地基等，绘图内容完成后加粗地坪线等，注明地坪标高、立柱标高、扶手标高等内容，为施工人员提供施工的依据。

任务一中设计的亲水平台栏杆施工图如图 2—4—37 所示。

栏杆施工图样例

缆索施工图如图 2—4—38 所示，铁艺栏杆施工图如图 2—4—39 和图 2—4—40 所示，玻璃栏杆施工图如图 2—4—41 所示，镶边栏杆施工图如图 2—4—42 所示。

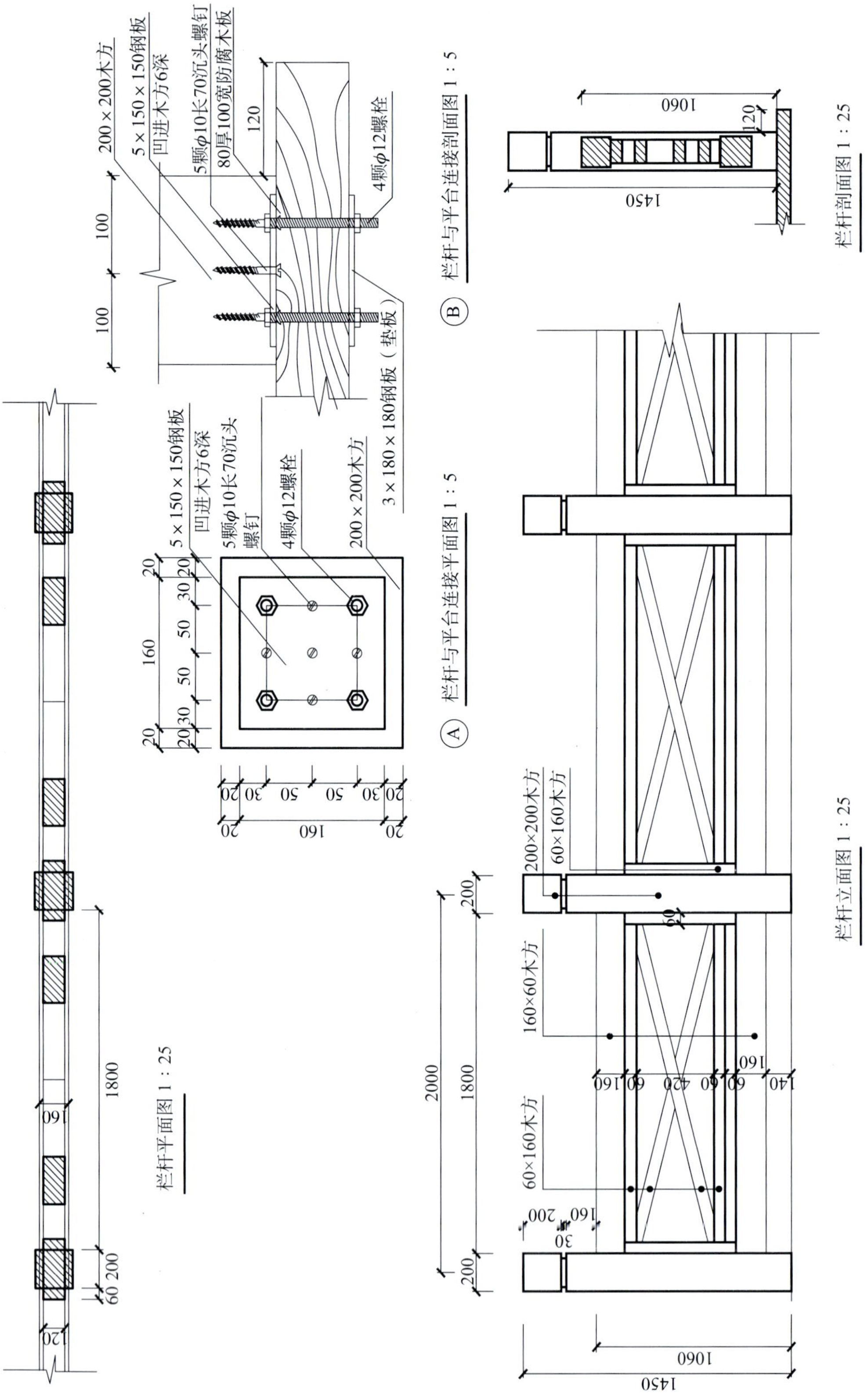

图 2—4—37　亲水平台栏杆施工图

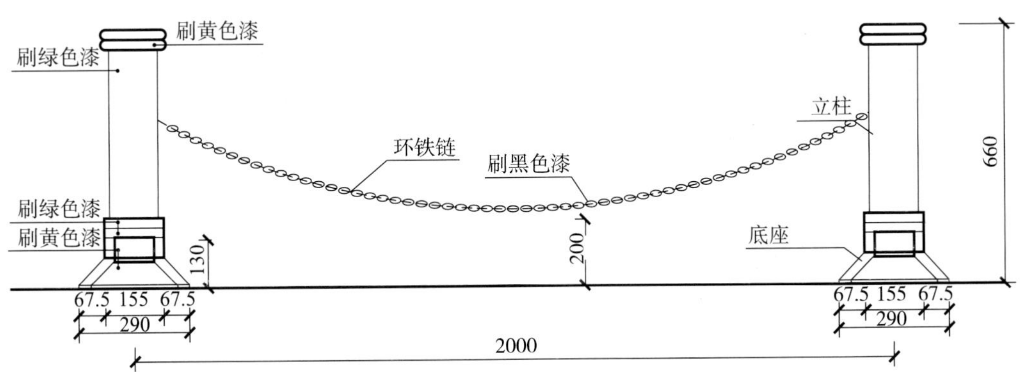

护栏立面图1：20

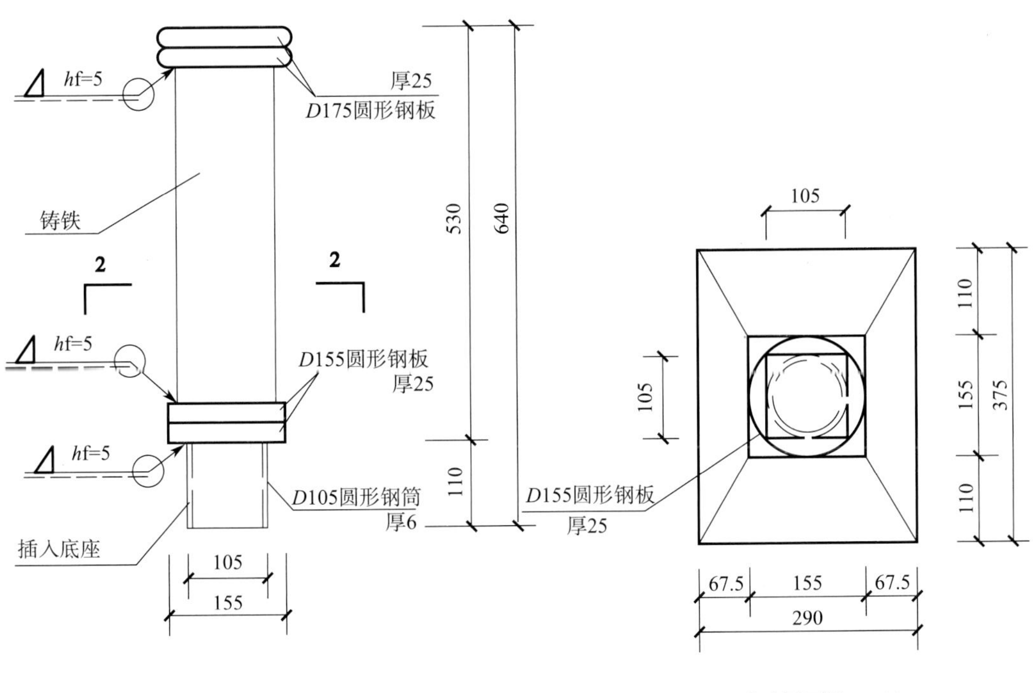

立柱详图 1：10

底座平面图 1：10

图 2—4—38　缆索施工图

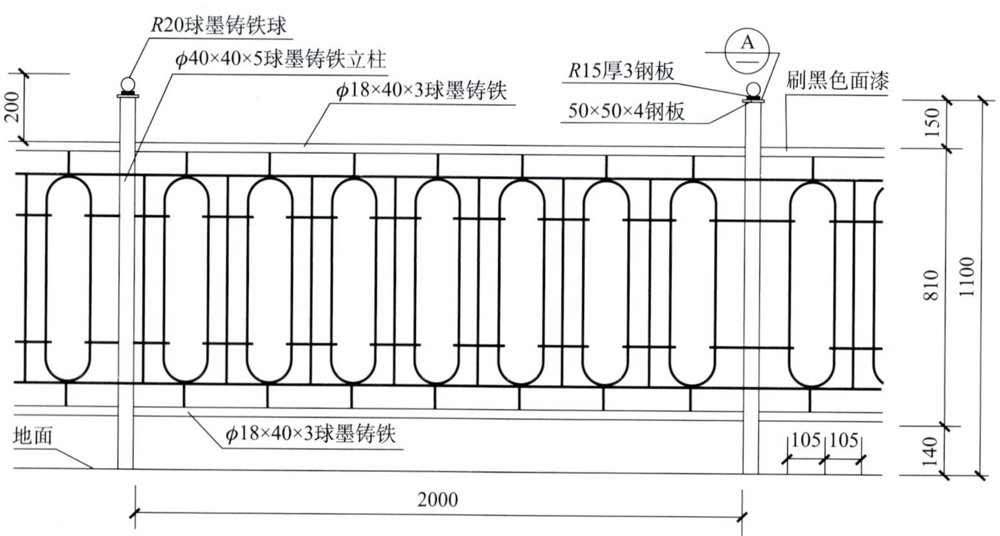

铁艺栏杆立面图 1：20

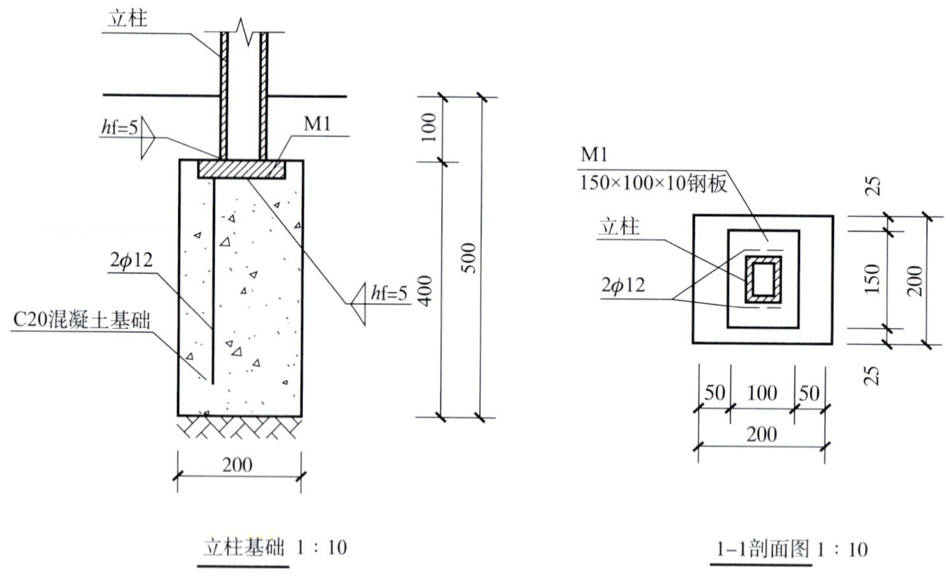

立柱基础 1：10

1-1剖面图 1：10

图 2—4—39 铁艺栏杆施工图（一）

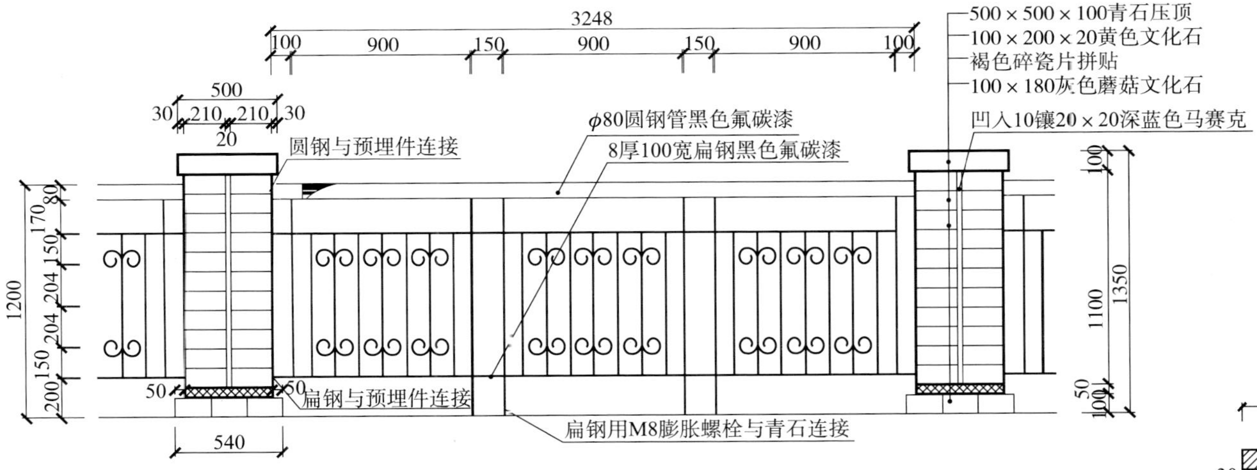

铁艺栏杆立面图 1：25

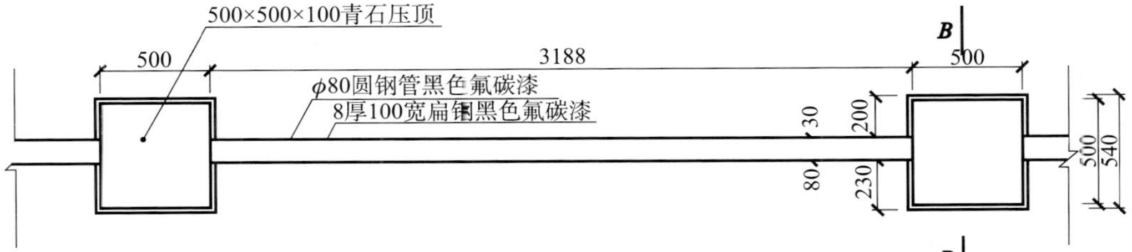

铁艺栏杆平面图 1：25

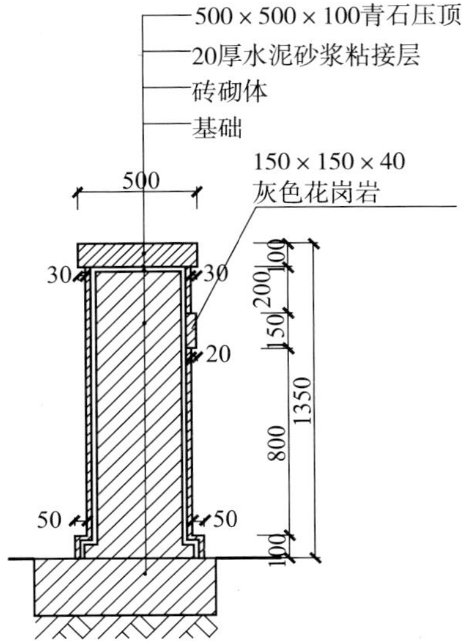

B–B剖面图 1：25

图 2—4—40 铁艺栏杆施工图（二）

实木椭圆扶手清漆
12厘钢化玻璃
8厘钢板烤漆

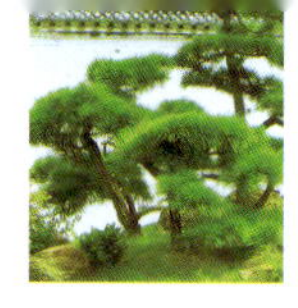

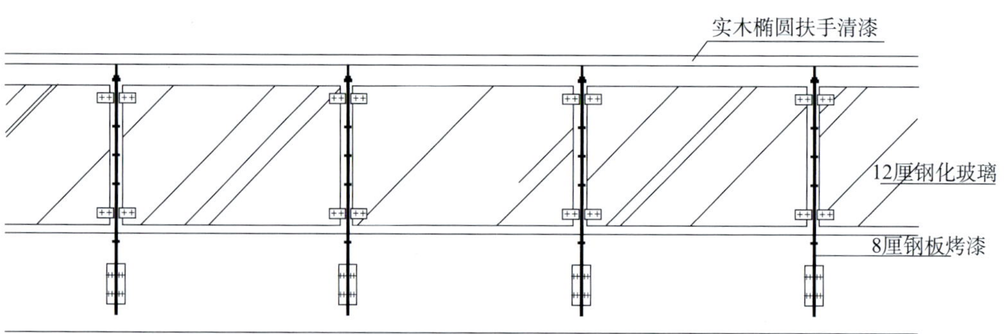

玻璃栏杆立面图 1∶20

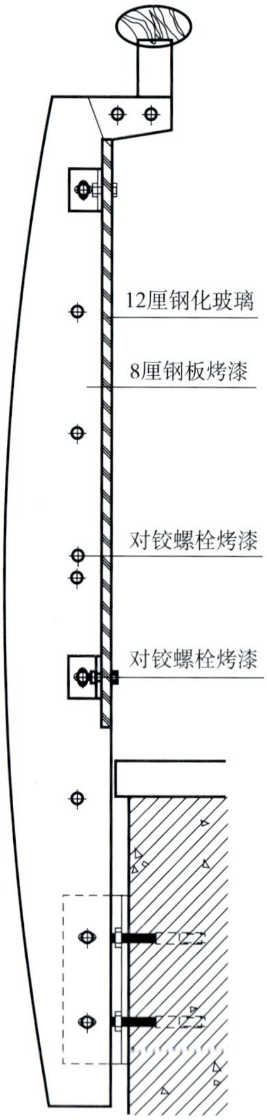

12厘钢化玻璃
8厘钢板烤漆
对铰螺栓烤漆
对铰螺栓烤漆

剖面图 1∶10

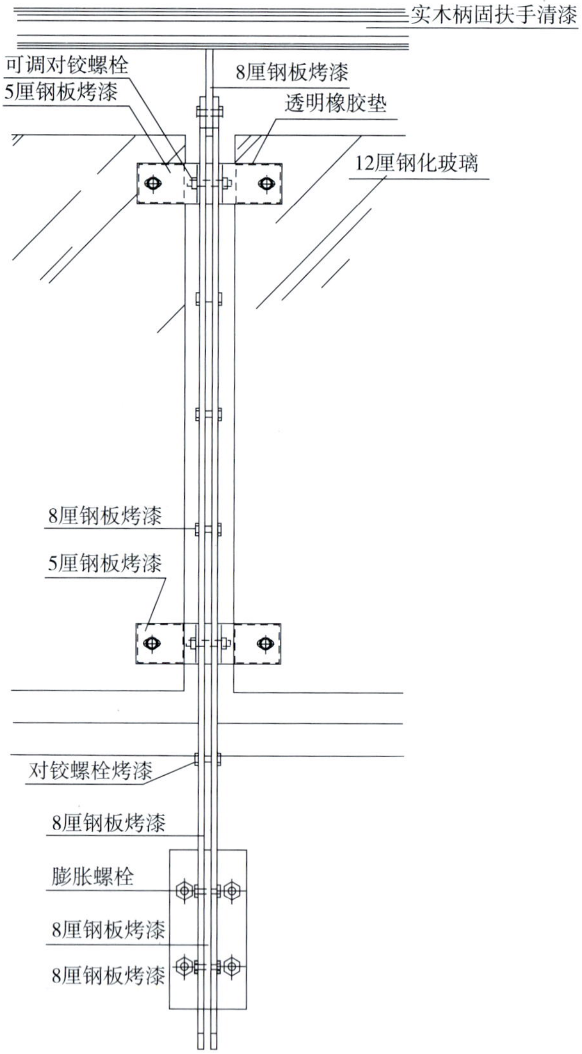

实木柄固扶手清漆
可调对铰螺栓
5厘钢板烤漆
8厘钢板烤漆
透明橡胶垫
12厘钢化玻璃
8厘钢板烤漆
5厘钢板烤漆
对铰螺栓烤漆
8厘钢板烤漆
膨胀螺栓
8厘钢板烤漆
8厘钢板烤漆

大样图 1∶10

图 2—4—41　玻璃栏杆施工图

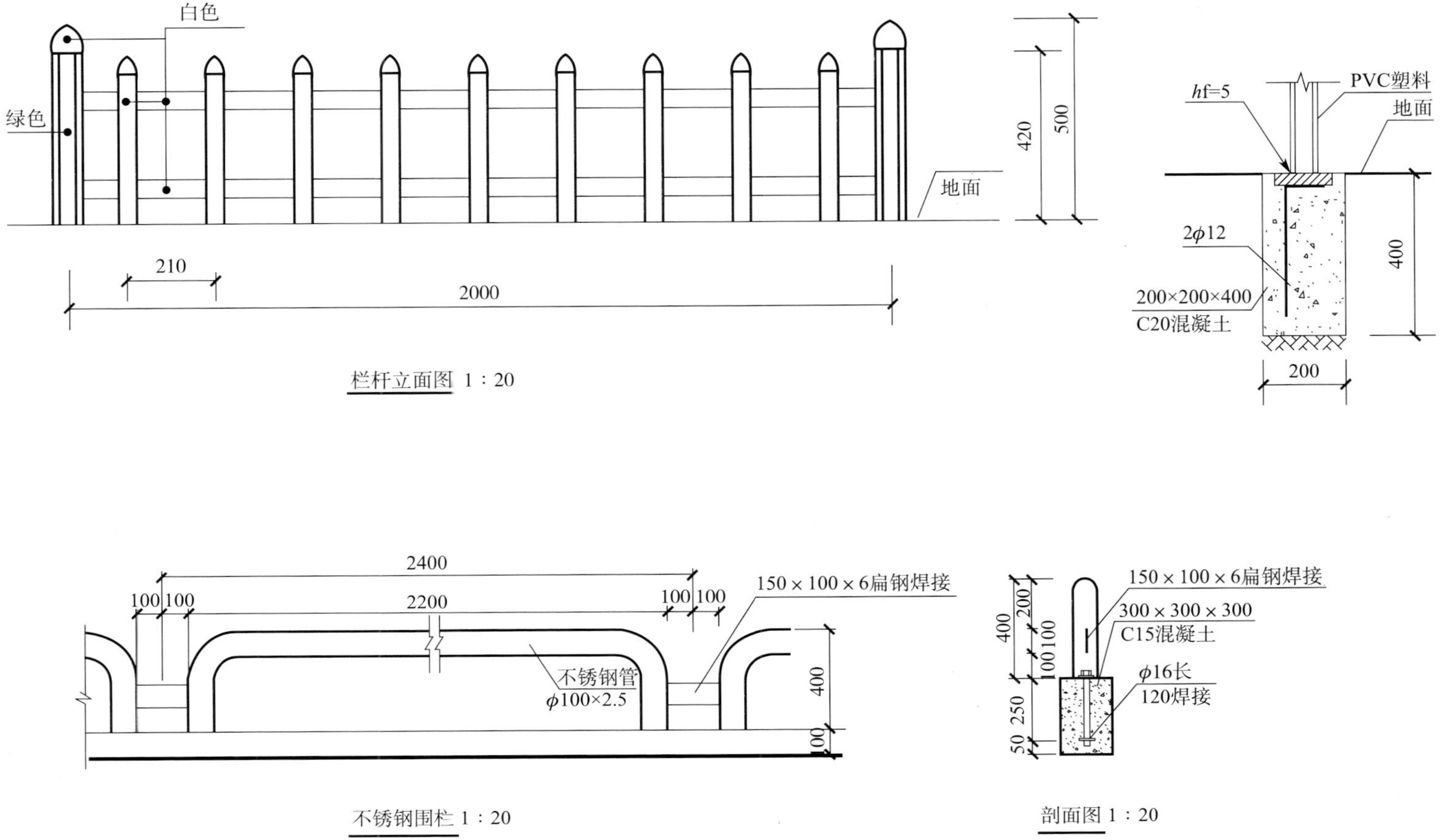

白色
绿色
地面
210
2000
420
500

栏杆立面图 1：20

hf=5
PVC塑料
地面
2φ12
200×200×400
C20混凝土
400
200

2400
100 100
2200
100 100
150 × 100 × 6扁钢焊接
不锈钢管
φ100×2.5
400
100

不锈钢围栏 1：20

150 × 100 × 6扁钢焊接
300 × 300 × 300
C15混凝土
φ16长
120焊接
400
200
100
100
250
50

剖面图 1：20

图 2—4—42 镶边栏杆施工图

评分标准

序号	项目与技术要求	配分	检测标准	实训记录	得分
1	材料选择，构造设计	40	材料具有良好的耐候性和耐久性，构件比例协调，尺寸恰当，构造合理		
2	平面图	20	绘图比例正确，立柱、连杆等位置和尺度准确，尺寸标注完整清晰		
3	立面图	20	绘图比例正确，构件比例正确，尺寸准确，标示清晰		
4	剖面图	20	绘图比例正确，立柱、连杆、扶手基础等构造做法绘制正确，材料、尺寸标示正确		

思考与练习

1. 制作栏杆的材料主要有哪些?
2. 栏杆由哪几部分构件组成?
3. 栏杆构造要点有哪些?
4. 如何绘制栏杆施工图?

任务三　园林栏杆制作

任务目标

◇掌握定点放线的方法

◇掌握栏杆构筑的方法

◇学会指导施工

任务提出

根据任务二中的栏杆施工图建造亲水平台栏杆。

任务分析

建造栏杆的步骤和方法是什么?

相关知识

完善的施工图设计是栏杆施工的前提。在施工图的基础上，通过运用砖石、竹木、金属等一种或多种材料进行砌筑、插接、铆焊、装饰或养护等一系列的施工过程完成栏杆建造。

栏杆施工的操作步骤主要包括前期准备、定点放线、构筑基础、栏杆安装、栏杆装饰养护等。主要施工流程为放线→构筑基础→安装预埋件→安装立柱→连杆、扶手与立柱连接→装饰养护。

一、前期准备

前期准备主要是指备料、机具进场、场地清理等。材料包括主料和辅料两大类。主料指构成栏杆的立柱、连杆或栏板、扶手等材料。辅料是完成栏杆各构件之间连接和锚固的材料，如构成水泥砂浆的水泥和沙子或铆钉、铁件、套管、油漆、防腐材料等。预估材料数量时应考虑施工中的损耗，根据材料特性按照一定的比例系数适当多备料。将统计好的材料购齐备用。主要机具也是前期准备的重要内容，如砂浆搅拌机、大铲、刨锛、托统板、线坠、钢卷尺、灰槽、小水桶、筛子、扫帚、八字靠尺板等，备齐后运至施工现场待用。施工前还需对场地进行清理，去除杂物。

二、定点放线

栏杆的定点放线主要是将其中心线和特征点（如栏杆的起终点、转折点等）用测量仪器测设到施工面上，同时与预留的安装孔洞、预埋件等进行校核。放线时可以根据地上的基点、基线或已有的地物作为参照物进行，也可按照平面图上标注的大地坐标确定栏杆特征点的位置。

三、构筑基础

定点放线后，根据基础设计埋深开挖基槽，基槽尺寸比基础设计尺寸略大些以方便施工。基坑尺寸经检验合格后进行夯实。砖石基础砌筑前需先行制备水泥砂浆，砌筑过程中需保持砌体通顺、平直。混凝土基础需先支模，各部分尺寸检查合格后，浇筑水泥混凝土，预留孔洞或预埋铁件、钢板等，待混凝土完全凝固后拆模。然后分层回填夯实，每层不超过 150 mm，直至规定的标高。

四、栏杆安装

根据施工过程的不同，可以将栏杆分为现场砌筑栏杆和构件组装栏杆两类。现场砌筑栏杆主要包括砖栏杆和砖栏杆立柱等。竹木、石材、混凝土、金属等栏杆多为构件组装类的。安装时多从栏杆的一端向另一端顺次进行。

砖栏杆或立柱砌筑过程中需要注意砖的排列方式，做到内外搭接、上下错缝，防止通缝，按照设计要求砌筑到相应高度，并在适当位置留设预留变形缝。

构件组装的栏杆主要组成部分（如立柱、连杆、扶手等）可提前预制，运至现场组装。施工时首先利用基础中预留的孔洞或构件固定立柱；其次将连杆与立柱连接固定，可利用预留的孔洞或构件插接或焊接，玻璃栏板则可使用螺栓固定，石栏杆的立柱、地袱、栏板等均预留槽口相互嵌合，木栏杆连杆与立柱之间可榫接；最后安装栏杆扶手，根据扶手材料选择焊接、铆接或水泥砂浆黏结等方式。有些栏杆，如 PVC 栏杆，可分段整体制作成片式单元结构再组装。

五、栏杆装饰、养护

所有构件安装完毕后，栏杆可进行最后装饰或保养，涂刷油漆、户外涂料或保护油，实施成品保护措施。

任务实施

一、前期准备

根据施工图设计，栏杆选用美国南方松防腐木。估算施工过程中立柱、连杆、扶手等构件需求量，将连杆、扶手作为单元整体预制，减小现场施工量，预制好后运至施工现场。施工现场的防腐木材应通风存放，尽可能避免太阳暴晒，在户外阴干到与外界环境的湿度大体相同的程度再施工，避免出现较大的变形和开裂。备齐钢板、螺栓、螺钉的数量。所有室外外露的螺栓、螺母、垫片应使用镀锌连接件或不锈钢连接件及五金制品，以抗腐蚀，避免生锈使木制品结构受到根本损伤。准备电钻、皮卷尺等相应工具。

施工前，亲水平台地面土建工程及防腐木铺设工作必须完工且须清理干净，避免与其他工种交叉施工，如混合施工应避免弄脏防腐木。

二、定点放线

根据施工图标示尺寸，以亲水平台边缘作为参照物，将栏杆起终点、转折点等用测量

仪器测设到亲水平台地面上，确定栏杆中心线及立柱固定点的位置。

三、栏杆安装

栏杆安装按照先立柱后连杆最后加装扶手的顺序依次施工，从栏杆的一端向另一端顺次安装。

立柱安装应按要求及施工墨线从起步处开始进行，依据放线的立柱位置确定膨胀螺栓等的钻孔位置，在平台地面上用冲击电钻钻孔，用膨胀螺栓、钢板等将立柱固定。立柱安装必须牢固，在螺栓定位以后，将螺栓拧紧同时将螺母与螺杆间焊死，防止螺母与钢板松动。栏杆与地面结合处打耐候防水密封胶。利用立柱上预留的凹槽及焊件，把连杆及扶手插入或焊接，留 2～10 mm 的缝隙。

在施工现场，应尽可能使用防腐木材现有尺寸，如需现场加工，应使用相应的防腐剂充分涂刷所有切口及孔洞，以保证防腐木材的使用寿命。

四、栏杆养护

栏杆安装完后对毛糙部分可等木材含水率降到 20% 以下时再砂光一遍（手摸无明显毛刺感即可）。

防腐木虽经处理后可以防菌、防霉变及白蚁侵蚀，但最好在工程完工后，待木材干燥或风干后在其表面上使用木材防护漆进行涂刷。涂刷前需将栏杆表面清洁干净。户外木材专用漆使用时要充分摇匀，涂饰后需 24 h 的晴天条件，使涂料在木材表面成膜。如遇阴雨天，最好避免施工。涂刷完毕现场要保持干净，特殊要求可涂刷两遍。

评分标准

序号	项目与技术要求	配分	检测标准	实训记录	得分
1	前期准备	15	材料、机具准备齐全，现场清理完毕		
2	定点放线	25	定点放线的方法正确		
3	栏杆安装	45	施工顺序正确，立柱、连杆及扶手安装牢固		
4	栏杆保养	15	栏杆表面光滑，木材防护漆涂刷正确		

思考与练习

1. 栏杆施工程序分为哪几步？
2. 栏杆安装的要点有哪些？

课题五
园灯的设计与施工

传统园林与府邸、住宅结合紧密，夜晚的消暑纳凉、饮宴、赏月成为人们生活中的一大雅事，此时园灯是庭园中不可或缺之物。现代园林中的绿地是人们夜晚散步、参加游赏活动的重要场所，其夜景灯光的效果直接关系到人们赏景的效果与心理感受。

任务一 园灯设计

任务目标

◇了解园灯的功能与分类

◇掌握园灯的设计要点

任务提出

随着社会经济的发展，城市绿地照明系统越来越受到重视。城市道路、广场、建筑物的照明与园林绿地、景区、景点的灯光，构成了城市夜晚亮丽的风景线。园灯作为园林中不可或缺的元素，如何做到既造型精美，又与环境相协调，并富有一定寓意呢？试对城市园林绿地灯具进行考察和分析，并总结出园灯设计的要点。

任务分析

园灯的设计是在了解园灯的功能、形式分类的基础上，充分考虑位置选择、灯光类型、环境空间、照度要求及照明效果等因素进行的设计。那么，针对特定环境，采用什么样的园灯造型才能做到既满足功能要求，又富有意境呢？

相关知识

一、园灯的功能

园灯既有照明又有点缀装饰园林环境的功能。白天，园灯可点缀庭园组景，反映园林主题、风格；夜晚，园灯可丰富园林夜色，并充分发挥其指示和引导游人的作用（见图2—5—1）。因此，园灯的设计既要保证夜晚游赏活动的照明需要，又要以其美观的造型装点环境，为园林景色增辉。此外，园灯可突出组景重点，有层次地展开组景序列和勾画园林轮廓（见图 2—5—2）。

图 2—5—1　北京北海五龙亭景区

图 2—5—2　江苏南京夫子庙景区

园灯的造型可衬托园林气氛、烘托园林意境。园灯造型应结合环境主题，赋予一定寓意，从而与园林环境相协调，成为富有情趣的园林小品（见图 2—5—3、图 2—5—4）。

图 2—5—3　北京奥林匹克公园鸟巢灯

图 2—5—4　园灯烘托园林意境

园灯的灯光效果直接影响人们的游园心理。绚丽明亮的灯光，使园林环境热烈、生动、富有生气（见图 2—5—5）；柔和轻松的灯光，使园林环境舒适、宁静、亲切宜人（见图 2—5—6）。

图 2—5—5　绚丽的灯光富有生气

图 2—5—6　柔和的灯光亲切宜人

二、园灯的分类

1. 照明灯

照明灯（见图 2—5—7、图 2—5—8）主要分布在广场、入口、主景区、道路两侧等处，其主要目的是为游人提供夜间活动照明，方便人们游览、交流等。照明灯可以使人循灯光指引游览，在布置时需注意灯的照度及灯距。

图 2—5—7　江苏南京国际青年文化公园照明灯

图 2—5—8　北京奥林匹克公园广场灯

2. 庭园灯

庭园灯（见图 2—5—9 至图 2—5—11）的主要作用是勾画轮廓。如在园林道路、广场、草坪、水体周边设置的庭园灯，使园林空间在夜间仍不失其风貌，若再辅以彩色光，则使景观效果更加生动。现代园林中广泛使用的草坪灯，低矮、轻巧、造型别致，一般沿草坪边缘布置（见图 2—5—12），也有的组合式布置于草坪的中央作为草坪空间的重要景点。另外，现代广场、公园、步行街等还广泛使用新型地埋灯，地埋灯由各种颜色以及七色渐变、跳变等多种梦幻色彩组合，具有色彩绚丽、魅力四射的灯光效果（见图 2—5—13、图 2—5—14）。

图 2—5—9　勾画轮廓的庭园灯

图 2—5—10　中式园林中的庭园灯

图 2—5—11　街头花园中的庭园灯

图 2—5—12　路旁草坪灯

图 2—5—13　色彩绚丽的地埋灯

图 2—5—14　江苏南京青奥村广场上的地埋灯

3. 特色照明灯

此类园灯并不在乎有多大的照度，而在于创造某种特定的气氛，起到渲染环境氛围、构成视线焦点的作用，而且灯具本身具有一定的观赏价值，如中国传统园林（见图 2—5—15）和日本庭园中的石灯。浙江杭州西湖的三潭印月（见图 2—5—16），每当皓月当空，三个葫芦形石灯中的灯光投射在湖面上，天上明月高悬，湖中灯月争辉，别具匠心。园林比较注重特色照明灯的应用，如现代园林在水边设置陶罐形、鱼形、鹅形园灯；古典园林设灯笼式（见图 2—5—17）、宫灯式、编钟形园灯；植物园设树桩形、花钵形（见图 2—5—18）、山石形园灯等。

4. 投射灯

投射灯主要用于凸显园林中某种特色植物、特色景石、特色构筑物等，通过将被照射的物体渲染成某种色调以烘托某种情调（见图 2—5—19、图 2—5—20）。这种灯具本身没有特殊观赏价值，被照射的景物则是被关注的核心与焦点。

图 2—5—15　江苏苏州寒山寺石灯

图 2—5—16　浙江杭州西湖三潭印月

图 2—5—17　江苏苏州同里退思园中的灯笼

图 2—5—18　花钵灯

图 2—5—19　投射灯烘托的小品

图 2—5—20　投射灯映衬的古建筑

三、园灯的设计要点

园灯的设计，应根据园林整体风格、周围环境及所处位置因地制宜地进行，既要符合园林的性质和功能要求，又要富有装饰性，做到美观、实用、安全、耐用。

1. 设计理念

（1）情景照明　情景照明是根据环境的需求来设计灯具，以场所为出发点，旨在营造漂亮、绚丽的光照环境去烘托场景效果，使人感觉到场景的氛围。

（2）情调照明　情调照明是以人的需求来设计灯具，以人的情感为出发点，从人的角度去创造一种意境般的光照环境。情调照明包含四个方面：一是环保节能，二是健康，三是智能化，四是人性化。

2. 设计原则

（1）园灯的形式宜不拘一格　凡符合园林风格与功能，具有相应的照度，富有装饰性，能防御风雨的园灯，均可采用（见图 2—5—21）。同一园林中除作重点点缀的园灯外，其他园灯的风格应大体一致，灯杆的尺度与所在空间应配置适宜；也可以将同类型园灯成组布置，作为某一组景的趣味中心。

图 2—5—21　园灯形式宜不拘一格

（2）园灯的造型宜简洁质朴　园灯多为远距离观赏或欣赏光的效果，园灯的造型宜简洁，尽量避免纤细和过分烦琐的装饰（见图 2—5—22）。作为局部空间重点布置的园灯，可处理得丰富一些。某些庭园灯注重灯光效果，而不突出表现灯的形式，有的甚至将其隐匿，以产生一种特定的效果。

（3）照明系统高效节能、环保舒适　在满足功能要求及意境渲染的条件下，照明系统应尽可能节能环保。要合理设置照明灯具的间距，使亮化成为点缀，而不宜大面积、高亮度、全方位地泛泛设置照明措施。

（4）园灯的设计应安全耐用　灯具线路开关及灯杆（柱）的设置都要采取安全措施，防止漏电和雷击，并能够抗风、防水、耐寒或耐热，经济安全、坚固耐用、检修方便、稳定性高。照明设备需隐蔽在视线之外，最好全部敷设电缆线路。电源配线应尽量为地下缆

图 2—5—22　园灯造型宜简洁质朴

线配线法，其埋入深度应在地面 45 cm 以下。

3. 位置选择

园灯在园林中可因地制宜、因景而设，一般布置在园林绿地的出入口广场，园路两侧及道路交叉口，广场及建筑物周围，水体及草坪周边，台阶、桥梁等地形地势变化的地段，喷泉、雕塑、花坛等重点观赏区域等。

4. 照度要求

园林的基本照明，自上方均匀投射者为佳。光源自地面投射的方式不够自然，故仅限于要求特殊效果时采用。光源最好距地面 6 m 以上，光度在 150 W 以下者为宜。

园林中应保证有合适的照度并使照度均匀。园林环境地段不同，园灯的照度要求不同。如出入口广场、主景区、建筑前广场等人流集散处，需要有充足的照度，而安静的休息区、散步小路只需一般照度即可。整个园林在灯光照明上，需要统一布局，使园林中的灯光照度既整体均匀又有起伏，形成具有明暗节奏的艺术效果。园林中要避免处处设置照明，应结合园林景观布局，以能充分体现灯光下的景观效果为原则，并避免出现不适当的阴暗角落。

5. 照明效果

灯光的方向和颜色的选择，应以能增加建筑物、构筑物、植物等景点的美观为主要前提。如针叶树在强光下效果好，多采取暗影处理；阔叶树在泛光照明下效果好；卤钨灯能增加红、黄色花卉的色彩，使其更加鲜艳，小型投光器的使用会使局部花卉色彩绚丽夺目，汞灯使树木和草坪翡绿欲滴。

在水面、水景照明景观的处理上，直射光照在水面上，对水面本身作用不大，但却能折射到附近的小桥、树木或建筑上，呈现出波光粼粼的梦幻意境。瀑布和喷泉的灯光若能透过流水，则可展示出水花晶莹，因而其灯具宜置于水面之下，一般安装在水面以下

30~100 mm 的位置。水景的色彩照明，通常使用红、黄、蓝三原色，有时也用绿色。

园林绿地的主要园路，宜采用低功率的路灯，灯柱高 3~5 m，柱距 20~40 m；也可每柱两灯，需要提高照度时，两灯齐明；也可利用路灯灯柱装以 150 W 的密封光束反光灯来照亮花圃和灌木。设计林荫道的照明，应注意树木对照度的影响，可适当减少灯间距，加大光源功率，以补偿因树木遮挡所产生的光损失；也可根据树形或树木高度的不同，在安装照明灯具时，采用较长灯柱悬臂使灯具突出树缘外或改变灯具的悬挂方式等以弥补光损失。

彩色装饰灯可营造节日气氛，尤其与水景配合时效果更为瑰丽多姿，但是这种装饰灯以少而精为宜，多则不易获得安详、宁静的气氛，也难以表现出大自然的壮观景色，只能有限度的作为调剂来使用。

6. 避免眩光

产生眩光的原因，一是光源位于人眼水平线上、下 30° 视角内，二是直接光源产生眩光，三是在时间上相继出现的亮度相差过大造成视物感觉不适。避免眩光的措施有：确定恰当的高度，使发光源置于产生眩光的范围外；将直接光源换成散射光源，如加乳白灯罩等；使照度分布均匀，避免频繁的明暗变化，造成游人因反复的眼部的适应过程而产生视觉疲劳。

任务实施

制作一份园灯调查报告 PPT。搜集、拍摄城市公园、街头绿地、居住区绿地、校园绿地中的园林灯具 20 例，并对它们进行分类，总结各自的设计特点、功能及与环境的协调性。

评分标准

序号	项目与技术要求	配分	检测标准	实训记录	得分
1	园灯造型	30	调查种类丰富、造型新颖		
2	设计要点	40	设计要点总结全面、文字翔实		
3	报告展示	30	PPT 制作规范、精美		

思考与练习

1. 园灯的功能有哪些?
2. 园灯有哪些类型？分别有什么特点?

3. 园灯的设计原则是什么？

4. 园灯通常布置在哪些区域？

5. 园灯照度有哪些要求？

6. 如何更好地体现园灯的照明效果？

7. 怎样避免刺目眩光？

任务二　园灯施工图绘制与制作

任务目标

◇掌握园灯的基本组成及构造

◇掌握园灯施工图绘制的方法

◇了解园灯工程施工的过程

任务提出

掌握园灯施工图的绘制方法，并参观园灯工程施工过程。

任务分析

掌握园灯的基本组成及构造，完成灯具的施工图绘制，并通过参观了解园灯工程施工的过程。

相关知识

一、园灯的基本组成及构造

1. 灯泡及光源

（1）汞灯　功率 400～2 000 W，能使草坪、树木的绿色鲜明醒目，使用寿命长，易维护，是目前园林中最适合的光源之一。

（2）金属卤化物灯　发光效率高，显色性好，适用于游人较多的场所。缺点是没有低瓦数的灯，使用范围受限。

（3）高压钠灯　效率高，多用于节能、照度要求较高的区域，如园路、广场、游乐园中，但不能真实反映绿色。

（4）荧光灯　照明效果好，寿命长，适用于范围较小的庭园，不适合在广场和低温条件工作。

（5）白炽灯　能使红色、黄色更加美丽夺目，适宜作庭园照明和投光照明。由于白炽灯的寿命短，耗能大，现在已逐渐被荧光灯、LED 灯所替代。

（6）水下照明彩灯　适用于水池喷泉的水下照明。颜色丰富，可安装在水面下 30 ~ 100 mm 的位置，是彩色喷泉的重要组成部分。

（7）LED 灯　体积小、耗电低、寿命长、无毒环保，但成本较高。LED 景观灯使用便捷、色彩丰富、造型多样，适用于各类场合。

2. 灯罩

灯罩可以保护光源，变直接发光源为散射光或反射光。用乳白色灯罩或有机玻璃灯罩可避免刺目眩光。灯罩的形状有球形、半球形、纺锤形、组合形等，所用材料有钢化玻璃、塑料、搪瓷、陶瓷、有机玻璃等。

3. 灯柱

灯柱支撑光源及确定光源的高度。要保证有均匀的照度，灯具位置应均匀，灯距应合理，灯柱高度应恰当。灯柱所用材料常为钢筋混凝土、金属、竹木等，其截面多为圆形和多边形。

灯柱高度与用途有关：一般园灯高度为 3 m 左右；大量人流集散的空间，园灯高度一般在 4 ~ 6 m；探照灯高度为 30 m；用于配景的园灯，其高度随环境而异，一般为 1 ~ 2 m，地灯、脚灯为数十厘米高低不等。灯柱的高度与灯柱间的水平距离比值要恰当，以获得均匀的照度，一般在园林中采用的比值为：

$$灯柱高度 = 灯柱间的水平距离 \times (1/2 \sim 1/10)$$

表 2—5—1 所示为园林中不同地段对灯柱高度、距离及照度的要求。

表 2—5—1　园林中不同地段对灯柱高度、距离及照度的要求

地点	灯柱高度（m）	水平距离	钨丝灯功率（W/ 个）
广场及出入口	4 ~ 8	20 ~ 30 m	500
一般游步道	4 ~ 6	30 ~ 40 m	200
林荫路及建筑物前	4 ~ 6	25 m	100
排球场	8 ~ 14	6 盏均布	1 000
篮球场	8 ~ 10	20 ~ 24 个 4 排均布	500

4. 基座

基座用于固定和保护灯柱，使灯柱靠近人流部分免受撞击。基座一般可用天然石材加工而成，或混凝土、砖、铸铁等制成。为安装电气设备，基座内应预留设备洞口，洞口不

应小于 150 mm × 150 mm 或按照电气设备需要而定，洞口还应设有能开闭的小门加以保护。

5. 基础

基础的作用是稳定基座使之不下沉，可用素混凝土或碎砖、三合土等材料制作。

另外，根据园灯设备的不同，还可有其他附件，如安定器、自动点火器、开关器等。

二、园灯施工图

园灯基本构造如图 2—5—23 所示。园灯施工图见图 2—5—24、图 2—5—25。

任务实施

一、绘制园灯施工图

采用 CAD 软件绘制园灯的平面图、立面图及剖面图。要求：图面内容完整，构图合理，清洁美观；图例、文字标注和图幅符合制图规范。

按平面图→立面图→剖面图顺序绘制施工图。图纸平面尺寸用毫米（mm）表示。

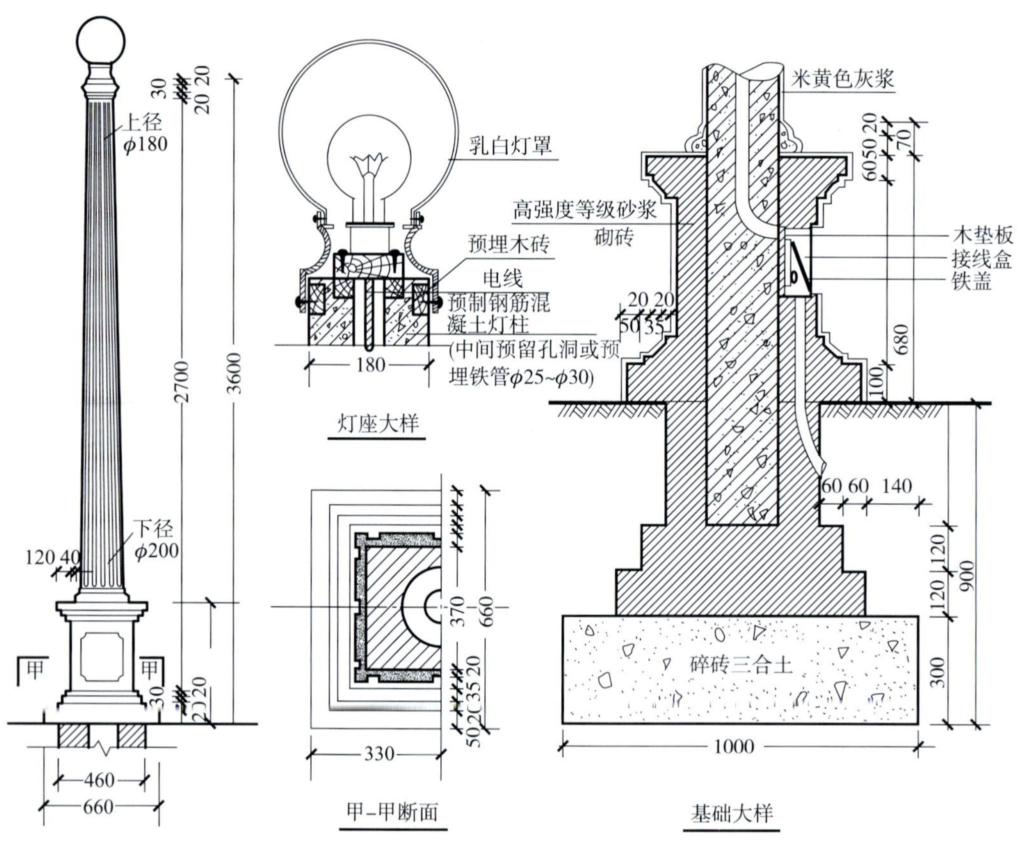

图 2—5—23　园灯基本构造

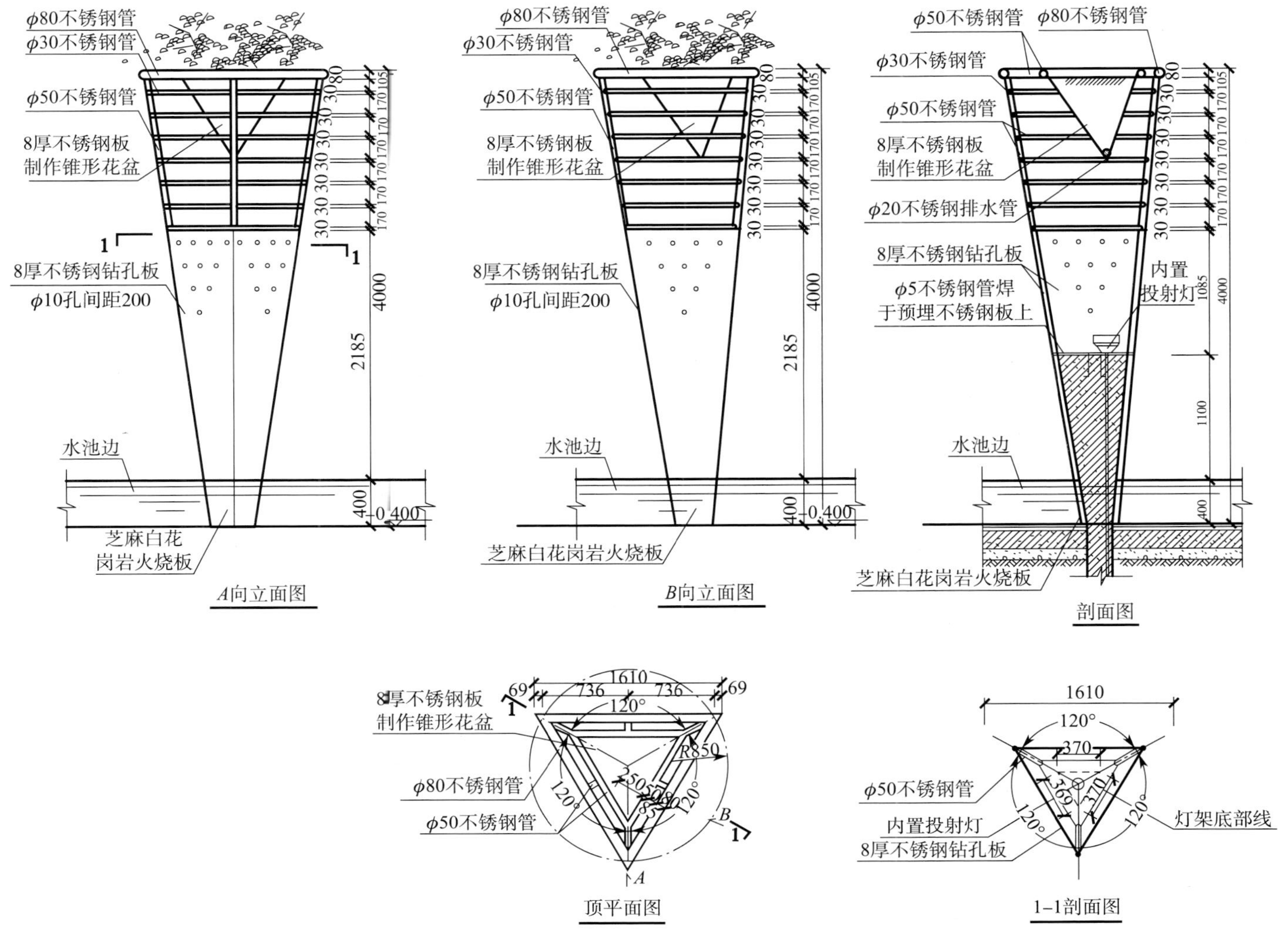

φ80不锈钢管
φ30不锈钢管
φ50不锈钢管
8厚不锈钢板
制作锥形花盆
8厚不锈钢钻孔板
φ10孔间距200
水池边
芝麻白花
岗岩火烧板
4000
2185
400
-0.400

A向立面图

φ80不锈钢管
φ30不锈钢管
φ50不锈钢管
8厚不锈钢板
制作锥形花盆
8厚不锈钢钻孔板
φ10孔间距200
水池边
芝麻白花岗岩火烧板
4000
2185
400
-0.400

B向立面图

φ50不锈钢管
φ80不锈钢管
φ30不锈钢管
φ50不锈钢管
8厚不锈钢板
制作锥形花盆
φ20不锈钢排水管
8厚不锈钢钻孔板
φ5不锈钢管焊
于预埋不锈钢板上
内置
投射灯
水池边
芝麻白花岗岩火烧板
4000
1085
1100
400

剖面图

8厚不锈钢板
制作锥形花盆
φ80不锈钢管
φ50不锈钢管
1610
736
736
69
69
120°
R850
A
B

顶平面图

1610
120°
370
369
370
φ50不锈钢管
内置投射灯
8厚不锈钢钻孔板
灯架底部线

1-1剖面图

图 2—5—24　园灯施工图（一）

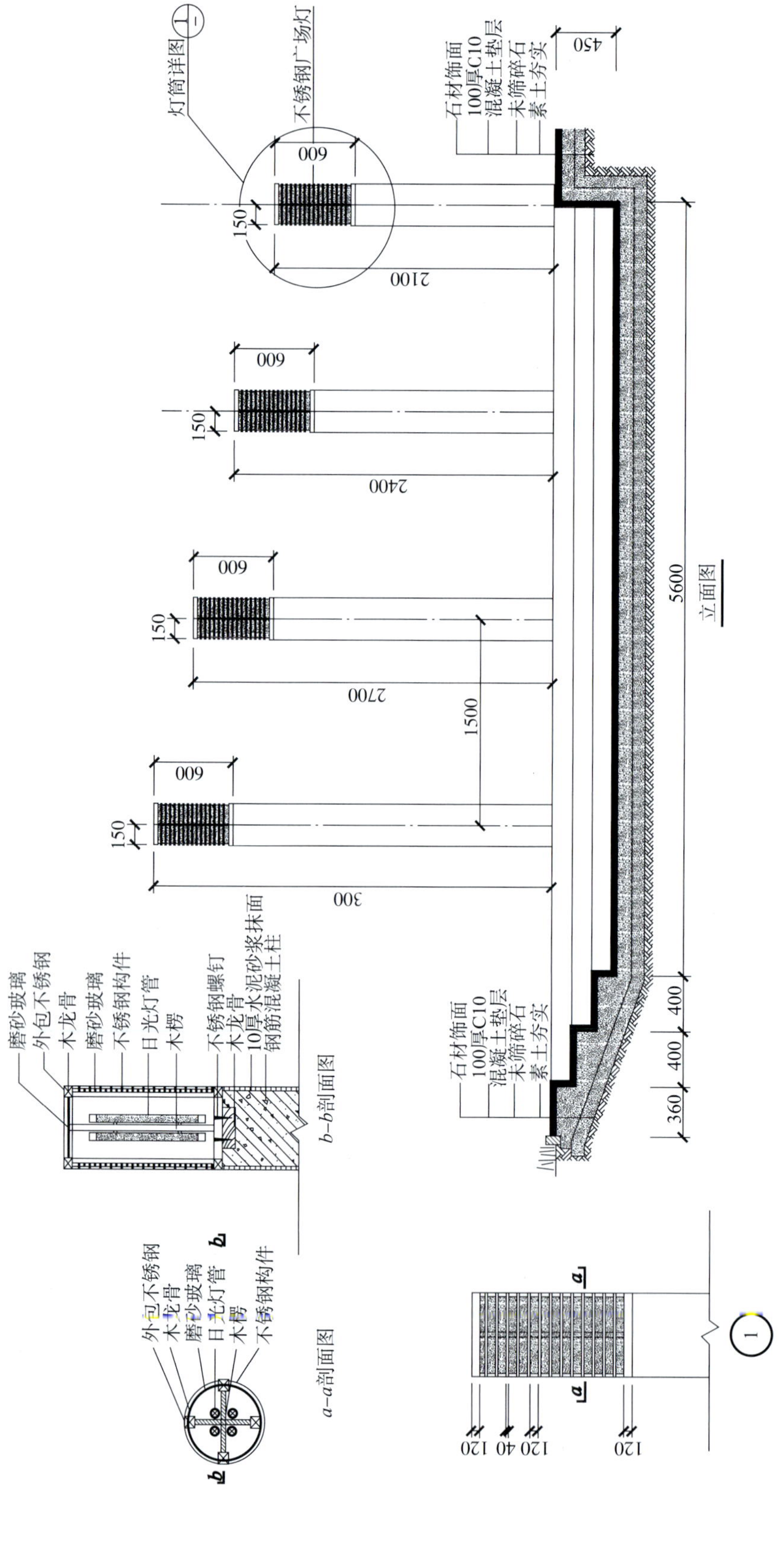

外包不锈钢
木龙骨
磨砂玻璃
日光灯管
木楞
不锈钢构件
a–*a*剖面图

磨砂玻璃
外包不锈钢
木龙骨
磨砂玻璃
不锈钢构件
日光灯管
木楞
不锈钢螺钉
木龙骨
10厚水泥砂浆抹面
钢筋混凝土柱
b–*b*剖面图

120 40 120 120
1

150 600 300
150 600 2700
150 600 2400
150 600 2100
1500
灯筒详图 1
不锈钢广场灯
石材饰面
100厚C10
混凝土垫层
未筛碎石
素土夯实
450
360 400 400 5600
立面图

图 2—5—25　园灯施工图（二）

二、参观园灯工程施工

园灯工程施工的过程主要分为以下几个阶段：

1. 电线管、电缆管敷设

埋地敷设是园林管线主要的敷设方式，施工应按照施工工艺标准进行，并严把电线管、电缆管等进货质量，埋管要与园建施工密切配合，做好预埋工作。管线支吊架设置应符合规范要求，平稳、牢固、美观。

2. 管内穿线

穿线的管路和导线的规格、型号、回路等必须符合设计要求，穿线前后均应严查导线的绝缘性。

3. 电缆敷设

敷设前详细检查电缆的规格、型号、电压等级、绝缘电阻、外观等情况是否符合设计及规范要求。采用人力施放的常规方法进行电缆敷设。

4. 灯具安装

灯具、光源符合设计要求，灯内配线严禁外露，灯具配件齐全。灯具安装必须牢固，位置正确，整齐美观，接线正确无误。3 kg 以上的灯具，必须预埋吊钩或螺栓。

安装完毕后，遥测各条支路的绝缘电阻合格后，才能通电运行。通电后应仔细检查灯具的控制是否灵活、准确，如发现问题，必须先断电，然后查找原因进行修复。

5. 开关插座安装

各种开关、插座必须符合设计要求。安装开关、插座的面板应端正、严密并与墙面平齐，成排安装的开关高度应一致。

开关接线应由开关控制相线，同一场所的开关切断位置应一致且操作灵活，接点接触可靠。插座接线注意单相两孔插座左零右相或下零上相，单相三孔及三相四孔的接地线均应在上方。交、直流或不同电压的插座安装在同一场所时，应有明显区别，且其插座配套，均不能相互代用。

6. 电气设备安装

电气设备从专业厂家采购，到货时按设计图纸和厂方产品技术文件确认产品是否合格。电气设备由专业电气工程师、技术员安装施工。

7. 接地安装

施工时按照接地分项工程施工工艺标准、《电气装置安装工程　接地装置施工及验收规范》（GB 50169—2016）和《利用建筑物金属体做防雷及接地装置安装》（15D 503）进行施工。

由安装部门负责系统调试，合格后提供调试报告，并经试运行合格后交相关部门竣工验收。

评分标准

序号	项目与技术要求	配分	检测标准	实训记录	得分
1	图纸完整	30	平面图、立面图、剖面图是否完整、正确		
2	制图规范	30	文字标注是否准确，是否符合制图规范		
3	工程施工参观	40	参观学习是否认真		

思考与练习

1. 园灯的基本组成有哪些？各有什么要求？
2. 园灯工程施工的主要过程有哪些？

课题六
园林雕塑的设计与施工

园林雕塑具有强烈的艺术感染力，其题材多为人物和动物形象，现代园林也广泛使用物品及抽象造型，它们来源于生活，却往往有比生活本身更多的欣赏性和趣味性。园林雕塑通过其艺术形象反映一定的时代精神或象征意义，表现一定的思想内涵，既可点缀园景，又可成为园林某一局部甚至全园的构图中心。

任务　园林雕塑的设计与施工图绘制

任务目标

◇了解园林雕塑的功能及类型

◇掌握园林雕塑的设计要求

任务提出

结合参观雕塑工程施工，采用 CAD 绘制一套完整的雕塑施工图（包括平面图、立面图、剖面图及节点大样图）。

任务分析

通过参观，了解雕塑工程施工的一般过程，并结合雕塑的功能、类型及设计要点完成施工图绘制。

相关知识

一、园林雕塑的功能

园林雕塑可表现园林主题，点缀园林环境，丰富游览内容。不论中外，在造园艺术中几乎都成功地融合了雕塑艺术的成就。我国传统园林中的石鱼、石龟、铜牛（见图 2—6—1）、铜鹤、铜龟（见图 2—6—2）虽有迷信色彩，但大多具有一定的象征性和很高的鉴赏价值。欧洲古典园林中常布置大理石人物雕塑，以此歌颂人的生命力及无穷无尽的力量（见图 2—6—3）。现代园林更是广泛利用园林雕塑形象烘托园林意境。雕塑不再是孤立的、高高在上的艺术作品，而是逐步地具有一定的亲和力，在特定的环境中可以让人参与其中的具有使用功能的作品。雕塑的题材不拘一格，形体可大可小，形象可具象可抽象，表达的主题可严肃可浪漫，应根据园林性质、功能及环境因地制宜地选择。

二、园林雕塑的类型

1. 按雕塑的性质和功能分类

（1）主题性雕塑　主题性雕塑是对园林及环境的主题说明。它与环境有机地结合，点明主题，甚至升华主题。汉白玉雕塑《和平少女》（见图 2—6—4）立于日本长崎和平广场，是以我国国家名义赠送给日本国际和平广场的一座石雕，表现了纯洁与和平的主题。雕塑甚至可以是一个国家的象征，如美国的《自由女神》雕塑、丹麦的《美人鱼》雕塑（见图 2—6—5）等。

图 2—6—1　北京颐和园铜牛

图 2—6—2　北京北海公园铜龟

图 2—6—3　欧洲古典园林中的人物雕塑

图 2—6—4　日本长崎和平广场《和平少女》雕塑

图 2—6—5　丹麦《美人鱼》雕塑

（2）纪念性雕塑　纪念性园林、城市广场的纪念碑雕塑，是带有纪念性或其他性质的主体，主要是为纪念历史人物、历史事件及革命先烈等。如江苏南京雨花台烈士陵园群雕（见图 2—6—6）、黑龙江哈尔滨防洪胜利纪念塔雕塑（见图 2—6—7）等。

图 2—6—6　江苏南京雨花台烈士陵园群雕

图 2—6—7　黑龙江哈尔滨防洪胜利纪念塔雕塑

（3）装饰性雕塑　装饰性雕塑具有较强的艺术性与装饰性，往往能够以其独特的造型及丰富的内涵而产生感染力。这类雕塑在数量上是园林雕塑的主导类型，其布置形式灵活自由、可大可小、可主可从（见图 2—6—8）。

图 2—6—8　装饰性雕塑

2. 按雕塑的形式分类

（1）人物雕塑　人物雕塑注重以形传神，以凝练的雕塑语言表现高度的意象美。人物雕塑是最能显示一个社会文化气息的大众艺术品，可以启迪人的心灵，抒发生活热情，给人真切、贴近生活的艺术感受（见图 2—6—9、图 2—6—10）。

图 2—6—9　人物雕塑以形传神

图 2—6—10　江苏南京街头绿地人物雕塑

（2）动物雕塑　动物雕塑以其装饰性和趣味性的小品造型来表达生命的活力（见图 2—6—11）。动物雕塑打破了环境的平静，在树木的陪衬下丰富了园林空间的艺术氛围，以其美观的造型、适宜的体量、恰当的位置安排装点着园林环境，创造出别有情趣的景观，如上海静安雕塑公园绿地中的群牛雕塑，令人印象深刻的不仅仅是栩栩如生的牛的形象，更是一种宁静、优美、充满阳光和幸福感的氛围（见图 2—6—12）。园林雕塑小品应避免口号式和标签式的题材。

图 2—6—11　小动物雕塑

图 2—6—12　上海静安雕塑公园中的群牛雕塑

（3）几何形体雕塑　随着文化素养与审美观念的提高，人们已不满足于简单的纯具象的雕塑，耐人寻味的抽象几何形体雕塑也受到大众的欢迎（见图 2—6—13）。几何形体雕塑以简洁抽象的形体激发游人对其产生无限的遐想。图 2—6—14 所示的《圆融》雕塑为高 12 m 的不锈钢雕塑，由两个动态扭转的圆紧密相叠而成，不同的角度有不同的形象，可以读出不同的含义。

图 2—6—13　上海静安雕塑公园中仿假山不锈钢雕塑

图 2—6—14　江苏苏州工业园区《圆融》雕塑

3. 按雕塑的表现形式分类

（1）圆雕　圆雕又称立体雕，是指可以多方位、多角度欣赏的三维立体雕塑，是园林雕塑中最常见的雕塑形式（见图 2—6—15、图 2—6—16）。

（2）浮雕　雕刻者在平板上将要塑造的形象雕刻出来，使它脱离原来材料的平面，这种雕刻形式称为浮雕。浮雕是雕塑与绘画结合的产物，靠透视等因素来表现三维空间，只供一面或两面观赏，一般用于园林中的景墙、壁画（见图 2—6—17、图 2—6—18）。

图 2—6—15　圆雕可以从多角度欣赏

图 2—6—16　黑龙江黑河《母亲》雕塑

图 2—6—17　一面观赏的浮雕

图 2—6—18　江苏南京乌龙潭公园浮雕墙

（3）透雕（镂雕）　透雕包括两种：一种是指在浮雕的基础上，镂空其背景部分所成的雕塑；另一种是指介于圆雕和浮雕之间的一种雕塑形式。透雕常用于花窗、园林装饰摆件等（见图 2—6—19、图 2—6—20）。

图 2—6—19　江苏苏州拙政园室内透雕

图 2—6—20　透雕花窗

4. 按雕塑的材料分类

（1）石雕　常用石材有花岗岩、大理石、青石、沙石等。石材大多质地坚硬耐风化，是大型纪念性雕塑的主要材料。石雕具有很强的质感效果和视觉美感（见图 2—6—21）。

图 2—6—21　石雕

（2）金属雕塑　金属雕塑是用铜、不锈钢等金属材料，经过铸造、锤打、拼焊等手法制作而成的雕塑。其造型多成威严粗犷、端庄沉稳之态，表现出坚实浑厚、富丽堂皇的质感，一般适用于制作大型永久性雕塑（见图 2—6—22）。

图 2—6—22　金属雕塑

（3）玻璃钢雕塑　玻璃钢雕塑（见图 2—6—23）是用合成树脂和玻璃纤维加工成型的，其质轻而强度高，成型快速方便，材料本身具有现代感和装饰趣味，可制作动势大而支撑面小的雕塑。无色透明的树脂可制作出透明度很高的玻璃钢雕塑。供树脂用的各种色浆，可使玻璃钢雕塑表面获得饱和度很高的鲜艳色彩，也可镀铜仿金。

（4）水泥雕塑　水泥雕塑又称混凝土雕塑。做法是事先搭建雕塑钢筋结构，产品由雕塑泥材料塑造出相应的形态，在泥塑稿制作完成后，翻制外模并使用石膏加固，灌入混合水泥浆体融合钢筋构架，借此铸型并最后刻画细节雕琢而成。硬化后的成品具有牢固如建筑的长久寿命。水泥雕塑被广泛应用在广场、公园、主题场所等大型雕塑构建中（见图2—6—24）。

图 2—6—23　玻璃钢雕塑

图 2—6—24　水泥雕塑

三、园林雕塑的设计要求

1. 位置选择

雕塑在园林中运用广泛、位置灵活，既可单独布置，也可组合设置。雕塑宜布置在视觉焦点处，如正对园门的入口处、园路交叉口、广场中心、建筑物前方等，也可结合草坪、花坛、水池、喷泉、假山等布置（见图 2—6—25）。

园林雕塑应有良好的观赏视角和视距（见图 2—6—26）。园林雕塑不同于室内陈设的架上雕塑，处于特定园林环境中的雕塑由于地形、地物的存在，人流活动线路的走向，空间的开阔与封闭等因素，绝不能只孤立地研究雕塑本身，而应从建筑环境的平面位置、体量大小、色彩、质感等方面进行全面考虑。雕塑的大小、高低更应从建筑学的垂直视角和水平视野的舒适程度加以推敲。造型处理时甚至还要研究其方位、朝向及一日之内太阳起落的光影变化。

图 2—6—25　雕塑宜布置在视觉焦点处

图 2—6—26　雕塑应有良好的观赏视角和视距

2. 题材选择

题材的选择要善于利用当地的历史典故和民间传说。如广东广州越秀公园的《五羊》雕塑（见图 2—6—27），即与广州民间世代相传、喜闻乐道的美丽传说相联系，羊城也因此而得名。又如江苏南京莫愁湖公园的《莫愁女》雕塑（见图 2—6—28），题材取自历史传说，其栩栩如生的形象有着深刻的艺术感染力，令游人流连忘返。

雕塑的取材应尽可能与园林绿地的风格相一致，借助艺术的联想创造意境。如宁静与活泼这两种性质不同的空间，就可以通过雕塑小品的不同取材而有所反映。如图 2—6—29 所示，《小憩的母子鹿》所表现的悠闲、宁静、安详、幸福的气氛，与庭园所追求的舒适、安宁非常协调；而《展翅的天鹅》所表现的欢乐、活泼、积极向上的气氛，同公园供大量游人活动的欢跃场景十分合拍。如果不看条件、不分对象地任意设置与环境无关的雕塑，则雕塑的艺术感染力是难以发挥的。

3. 雕塑基座的处理

雕塑基座的处理应根据雕塑题材和所处环境因地制宜。一般而言，雕塑基座可高可低，可有可无，甚至可以直接布置在草丛或水中。江苏南京莫愁湖公园的《莫愁女》雕塑没有基座，而是直接布置在水边石上，如果是布置在高台之上，反而会使其亲和力大大降低。图 2—6—30 中《羊群》的雕塑直接摆放在草坪上，生活气息浓郁。黑龙江哈尔滨斯大林公园的《读》雕塑（见图 2—6—31），由于它置于人行道上，因此做了比较高的独立基座，使雕塑高于行人，雕塑显得很挺拔，有艺术陈设品的趣味。

图 2—6—27　广东广州越秀公园《五羊》雕塑

图 2—6—28　江苏南京莫愁湖公园《莫愁女》雕塑

图 2—6—29　雕塑的取材应与园林风格相一致

图 2—6—30　草坪上《羊群》雕塑

图 2—6—31　黑龙江哈尔滨斯大林公园《读》雕塑

四、园林雕塑施工图

园林雕塑施工图见图 2—6—32 至图 2—6—34。

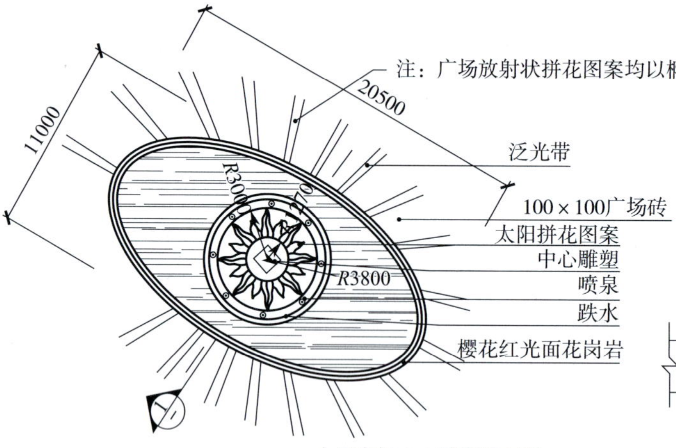

注：广场放射状拼花图案均以椭圆形中心为圆心，向四周扩散

太阳广场中心雕塑平面图

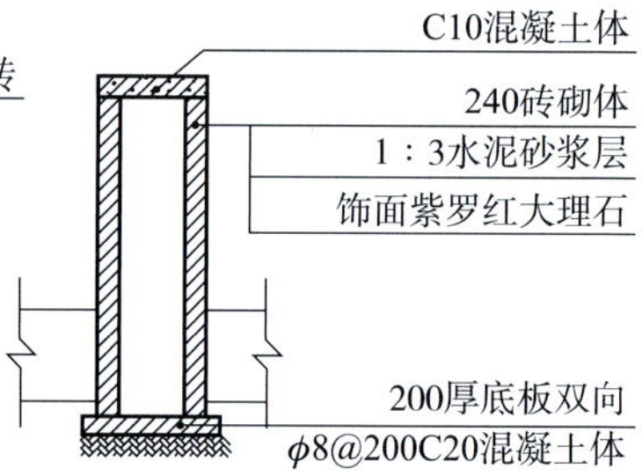

② 大样

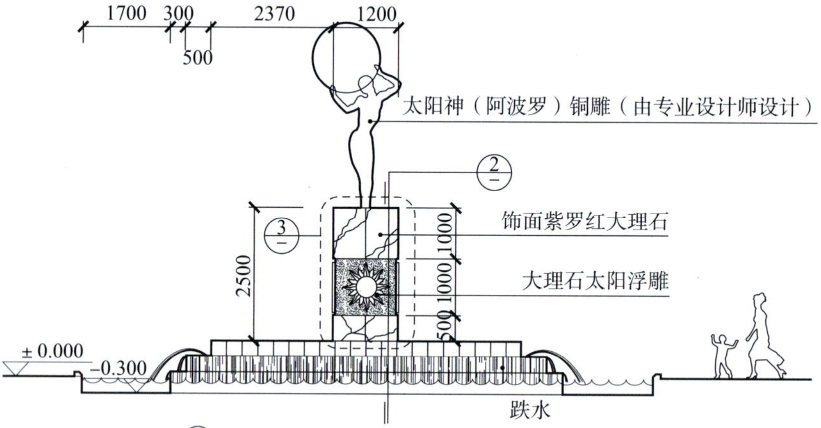

① 太阳广场中心雕塑立面图

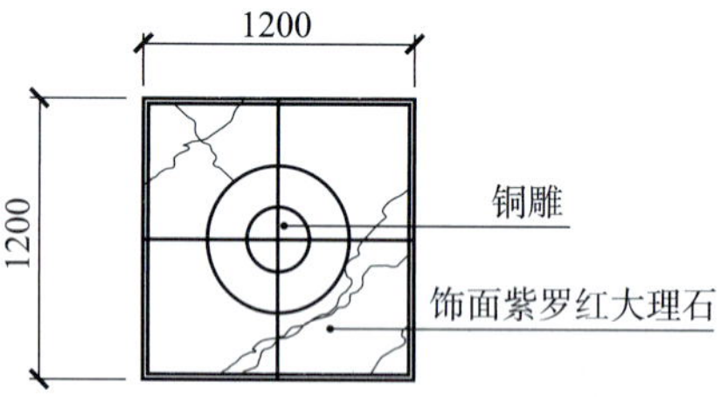

铜雕底座平面图

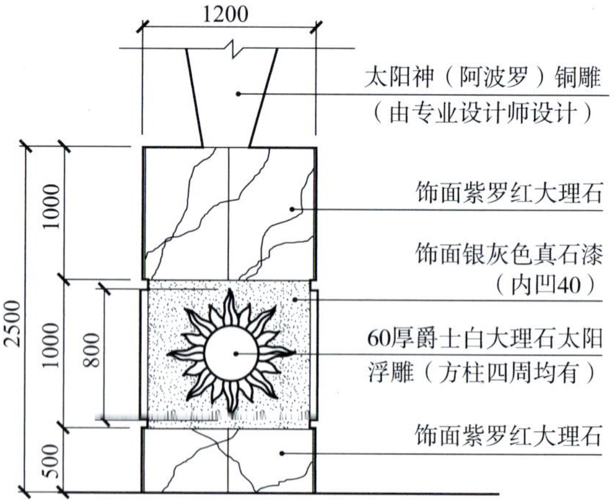

③ 雕塑底座大样

图 2—6—32 园林雕塑施工图（一）

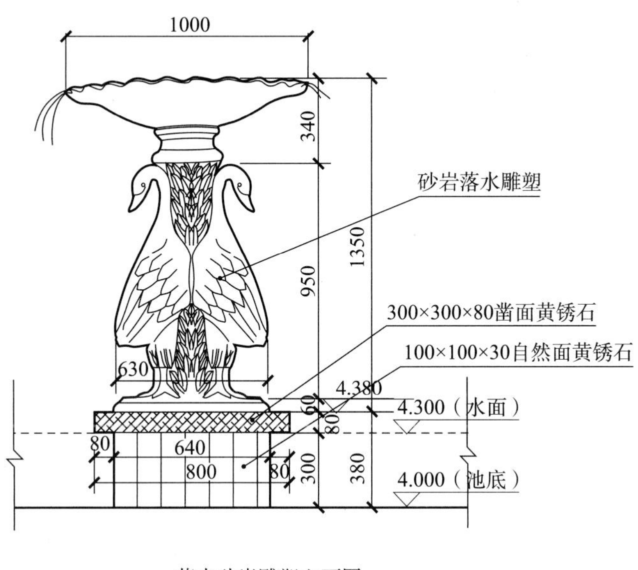

落水砂岩雕塑立面图

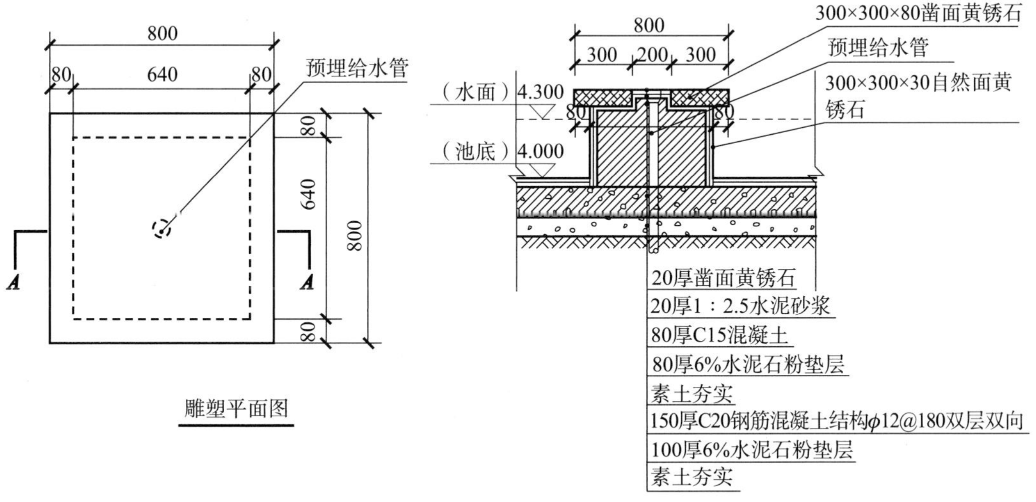

图 2—6—33　园林雕塑施工图（二）

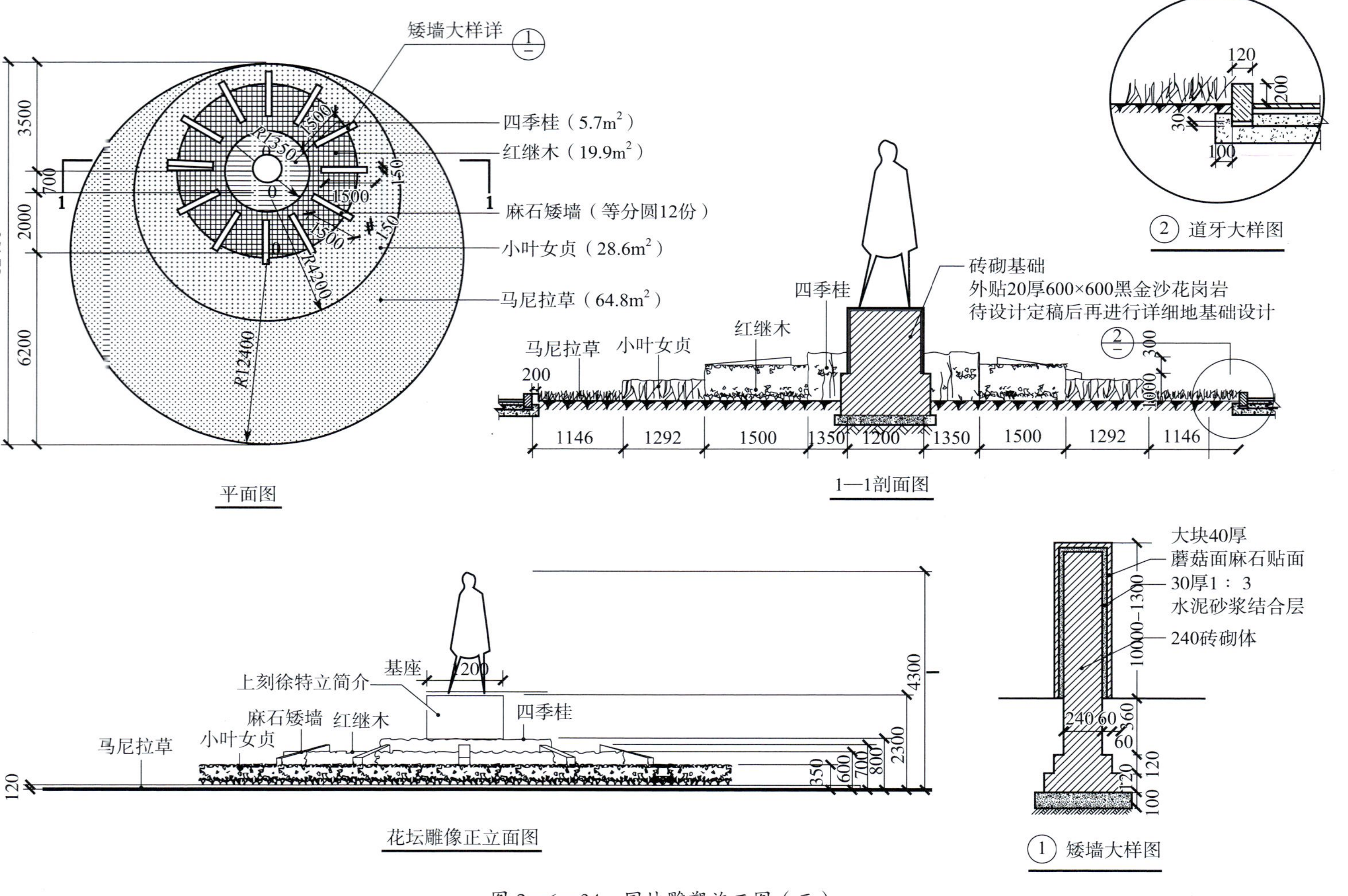

图 2—6—34 园林雕塑施工图（三）

一、参观雕塑工程施工

以某不锈钢雕塑工程为例。

1. 雕塑施工

（1）模型制作　根据设计图纸和设计意图进行1∶1泥稿模型制作。

（2）放样和号料　放样是根据施工详图和模型以及在制作过程中的实际情况，以1∶1的比例在样板台上绘出实样，求取实长，根据实长制成样板。号料是将模型进行分割，以此为依据，在材料上划出实样并打上各种加工记号。锻造时根据号料的尺寸，进行局部锻造成型。

（3）成型和矫正　在制作过程中，烘烤钢板要达到一定温度，以便可以敲打成型和矫正。

（4）组装　不锈钢板分块锻造后，需综合组装。局部锻造在生产车间加工成型后，把已加工完成的零件或半成品装配成独立的成品雕塑。应依托模型进行组装，保证不变形，不走样。

（5）焊接安装　焊接金属应与基本金属相适应，钢与不锈钢之间焊接材料采用不锈钢焊条。成型不锈钢板整体组装后需进行整体的焊接。

（6）打磨与摩擦面处理　板材表面经过焊接须进行打磨处理，使其接触外表面平顺、流畅，达到高度的艺术水准。不锈钢板表面应打磨光滑，不锈钢板处理好的摩擦面不得有飞边、毛刺、焊疤或污损等。

（7）防腐防锈、涂漆处理　防腐防锈处理：在吊装之前应进行防腐防锈处理，使钢材表面无可见的油脂、污垢、氧化皮、铁锈和油漆涂层等附着物，以钢材可以显示均匀的金属光泽为宜。涂漆处理：在除锈完毕之后应进行油漆工作。涂层外观应达到均匀、平整、丰满和有光泽的标准，其颜色应与设计规定的颜色相一致。

（8）运输方案　在运输环节中，提前做好保护，包裹、覆盖、局部封闭半成品，以防止半成品发生损伤和污染。

（9）安装（吊装）　主体结构整体焊接组装后再进行整体吊装。安装队应根据设计图、有关基础图、钢结构施工详图进行安装。为防止连接后构件位置偏移，以及为了钢板间的有效夹紧，尽量消除间隙。脚手架搭设必须牢固、可靠。

2. 砌体施工

砌砖部分：作业准备→砖浇水→砂浆搅拌→砌砖→验收。

饰面部分：基层处理→吊垂直、套方、找规矩→抹打底层砂浆→弹线分格→镶贴→勾缝与擦缝。

二、绘制雕塑施工图

采用 CAD 绘图，绘制一套完整的雕塑施工图。绘制雕塑环境平面图、立面图、剖面图及节点大样图。要求：图面内容完整，图例、文字标注符合制图规范。图纸平面尺寸用毫米（mm）表示。

评分标准

序号	项目与技术要求	配分	检测标准	实训记录	得分
1	图纸完整	30	平面图、立面图、剖面图是否完整、正确		
2	制图规范	30	文字标注是否准确，是否符合制图规范		
3	工程施工参观	40	参观学习是否认真		

知识链接

雕塑实例欣赏

雕塑样式如图 2—6—35、图 2—6—36 所示。

图 2—6—35 人物雕塑欣赏

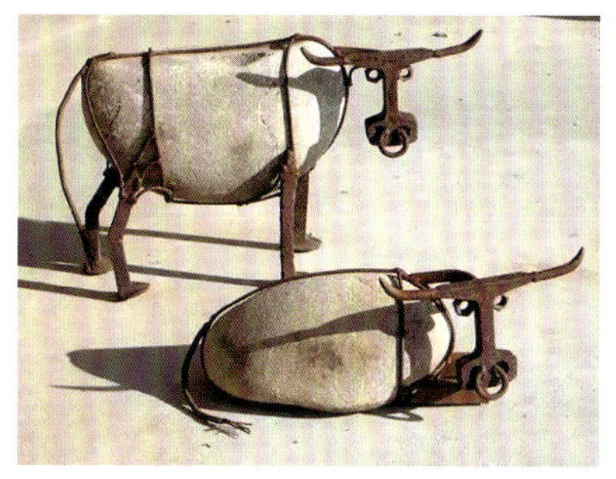

图 2—6—36　动物及其他雕塑欣赏

思考与练习

1. 雕塑的功能有哪些？
2. 按雕塑的性质和功能可以把雕塑分为哪些类型？各有什么特点？
3. 雕塑按形式和表现形式各分为哪几种类型？
4. 雕塑的设计有什么要求？

模块三

园林单体建筑设计与施工

园林单体建筑往往可以成为园林局部环境空间的主景，本模块重点介绍园林中常见的亭、廊、花架、公园大门、售货亭和园桥六种单体建筑。亭是园林绿地中运用最广泛的建筑类型，形式多样、布局灵活，能满足休息、赏景、点景等多种功能要求。廊是传统园林建筑形式，花架则是现代园林的产物，二者既有共同之处，又各具特色，廊和花架既可分隔空间，也可作为游览观赏的主要景物，同时兼有就座休息的功能。公园大门是园林的入口和标志，是联系园内、外的枢纽，是园内景观和空间序列的起点，同时兼有售票、收票及管理功能。售货亭在园林中分布较多、规模较小、内容丰富，既能为游人提供零售商品服务，增加收益，还能直接影响园林的景观和人流走向。园林中的桥，可以联系风景点的水陆交通，兼有交通和艺术欣赏的双重作用。

课题一
亭的设计与施工

园林中的亭，可供游人休息和赏景。在形式上，亭小巧而集中，有其相对独立的完整建筑形象。因而，无论是传统古典园林还是现代园林，无论是城市公共绿地还是郊区大面积自然风景区，亭都成为不可或缺的重要的点景建筑，为山川添彩，为园林增色，起到其他园林建筑无法替代的作用。

任务一　传统亭造型设计

任务目标

◇掌握传统亭的平面形状、屋顶形式及亭身比例的特征

◇了解亭的细部装饰

◇掌握南方亭与北方亭的区别
◇掌握亭的布局与位置选择的原则
◇掌握传统亭的造型设计方法

任务提出

图 3—1—1 所示为某校园树木园总体规划平面效果图。现欲在园中建造一座传统式样的塔影亭，请设计出该亭的造型。

图 3—1—1　某校园树木园总体规划平面效果图

任务分析

要设计传统造型亭，就需要对传统亭有充分的了解，包括传统亭的平面形状有哪些种类？其屋顶的形式有哪些式样？亭身比例如何？细部装饰有哪些？等等。在熟悉和了解这些内容的基础上，方可进行方案的设计。

相关知识

亭子的体量不大，但造型灵活多变。亭的立面包括屋顶、柱身和台基三部分。屋顶多为木结构，并有丰富的曲线变化；柱身一般为几根承重的立柱，以体现虚的建筑空间形式；台基随地形环境的变化而变化。

我国古建筑是木结构的梁架系统，承重结构不是砖墙而是一根根的木柱，水平及斜向叠架、搭接起来的木梁架支撑起屋顶，屋顶也就有了多变的造型与曲线。而具有观景与点景作用的亭，即是这样一种具有丰富变化的屋顶形象，轻巧、空透的柱身，以及随机布置的基座的建筑形式。

我国古代亭子，最初是一种较小的四方亭，木构架草顶或瓦顶，结构简单，施工方便。随着施工技术的逐步完善，亭的平面形状逐渐发展为多角形（即三角亭、六角亭、八角亭）、长方形、圆形、“十”字形等较复杂的形式。在单体建筑形式寻求多样变化的同时，又在亭与亭的组合，亭与廊、院墙、房屋、山石的结合上，寻求不同的组合形式，并在亭的立面造型上进行创造，出现了重檐、三重檐、双层亭等样式，形成更为千变万化、多姿多彩的建筑形象。

亭的造型主要取决于平面形状、屋顶形式及亭身比例。另外，亭的细部装饰也使亭的形象增色生辉。

一、传统亭的平面形状

传统亭的平面形状可分为正多边形、不等边形、曲边形、半亭、双亭、组亭等，如图3—1—2所示。

1. 正多边形

正多边形包括三角形、四角形、六角形、八角形等。

三角亭只有三根支柱，显得最为轻巧，一般园林中运用的较少，现存浙江杭州西湖三潭印月中的三角亭（见图3—1—3）和浙江绍兴鹅池三角碑亭（见图3—1—4）都为较著名的实例。

图3—1—3　浙江杭州三潭印月中的三角亭

图3—1—4　浙江绍兴鹅池三角碑亭

四角亭、六角亭和八角亭，形态端庄，结构简单，既可独立设置，也可与廊组合为一个整体，是园林中较常见的形式。如江苏苏州沧浪亭（四角亭）（见图3—1—5）、江苏扬州瘦西湖六角亭（见图3—1—6）、北京北海引胜亭（八角亭）（见图3—1—7）等，都是著名的实例。

2. 不等边形

不等边形包括长方形、梭形、“十”字形、曲尺形等，如江苏苏州拙政园绣绮亭（见图3—1—8）、江苏扬州瘦西湖廊中亭（见图3—1—9）。

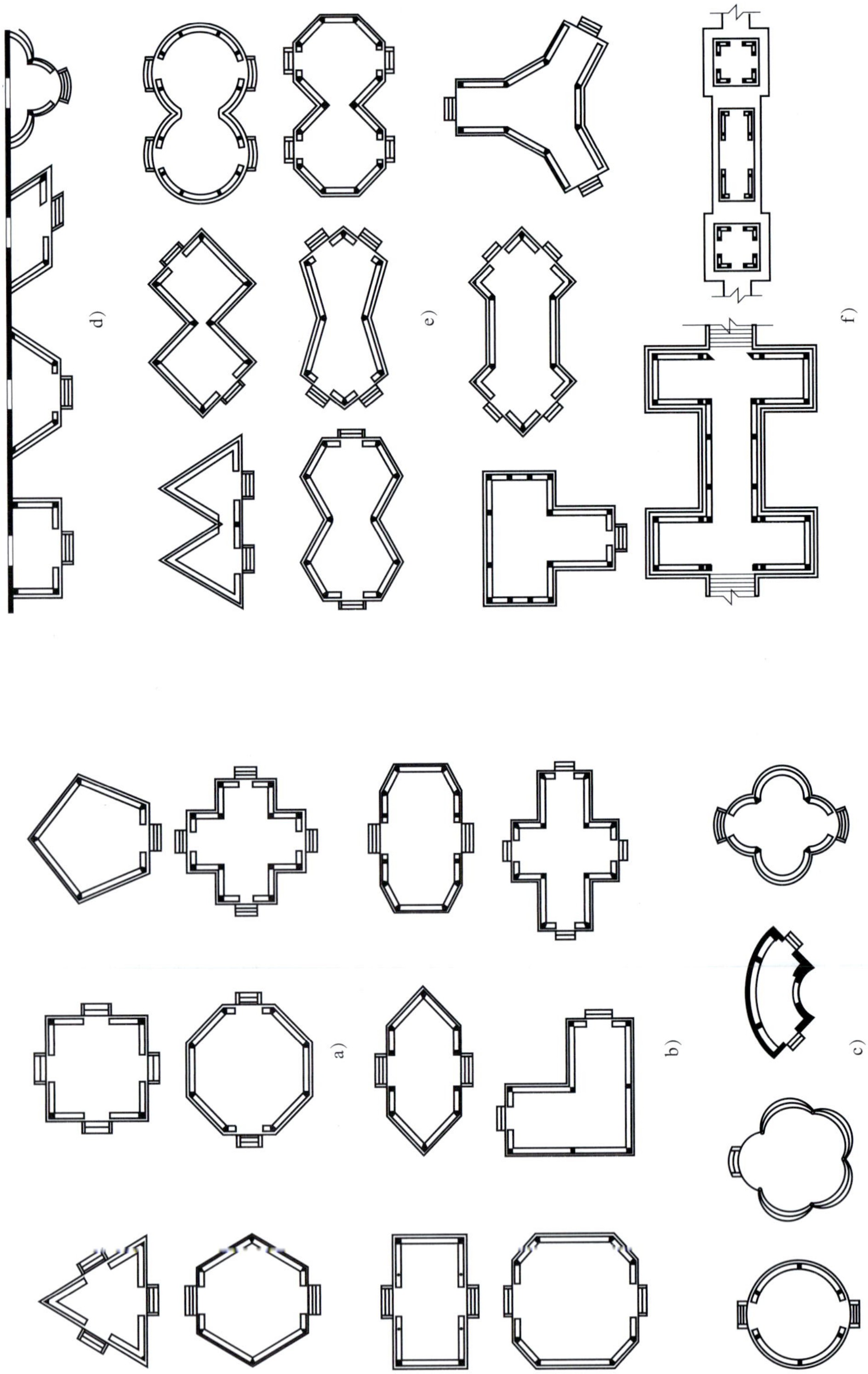

a)

b)

c)

d)

e)

f)

图 3—1—2　亭的平面形状

a）正多边形　b）不等边形　c）曲边形　d）半亭　e）双亭　f）组亭

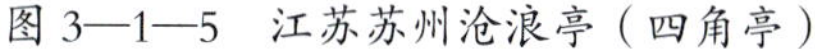

图 3—1—5　江苏苏州沧浪亭（四角亭）

图 3—1—6　江苏扬州瘦西湖六角亭

图 3—1—7　北京北海公园引胜亭（八角亭）

图 3—1—8　江苏苏州拙政园绣绮亭

平面为长方形的亭子，通常屋顶可做成两坡顶、歇山顶、卷棚顶等形式。在平面布置上往往把开敞的一面对着主要景色，而将后部或侧面砌筑白墙，墙上开着各式空窗、漏窗及门洞，既有方向感，又丰富了立面上的虚实对比。

3. 曲边形

曲边形包括圆形、扇形、海棠形、梅花形等。

圆形亭通常五柱结构明了，造型简洁，富有自然情趣，如江苏苏州拙政园笠亭（见图 3—1—10）。

扇形亭是我国园林中别具特色的亭子形式，适用于墙角、曲廊转弯处及道路弯曲处。扇形亭往往顺应形状而弯曲，与环境取得协调统一的效果，若临水而建，其长弧形边紧邻水岸可满足临水赏景的需要，如江苏苏州拙政园与谁同坐轩（见图 3—1—11）。

海棠亭与梅花亭，亭的平面形状、基座、栏杆、梁枋、屋檐的边缘轮廓等都仿照海棠四瓣、梅花五瓣的外形，因制作麻烦，实例已不多见。比较著名的有上海南翔古猗园中的白鹤亭，浙江杭州龙井的五角梅花亭等。

图 3—1—9　江苏扬州瘦西湖廊中亭

图 3—1—10　江苏苏州拙政园圆形亭（笠亭）

4. 半亭

一般半亭平面呈完整图形的一半，如常见的为四角亭、六角亭的一半。

南方园林，小院空间不大，配以体量适宜的半亭，易与环境空间尺度相协调。亭依墙建造，自然形成半亭（见图 3—1—12）；还有与廊结合在一起的半亭（见图 3—1—13）；有的在墙的拐角处或围廊的转折处形成 1/4 的圆亭，呈扇面形状，使转角活跃起来（见图 3—1—14）等。此外，墙上的半亭还往往作为建筑的出入口，成为景观序列的序幕。

图 3—1—11　江苏苏州拙政园扇形亭（与谁同坐轩）

图 3—1—12　江苏苏州网师园中依墙建造的半亭（冷泉亭）

图 3—1—13　江苏苏州网师园中与廊结合的半亭（月到风来亭）

图 3—1—14　江苏苏州狮子林扇面亭

5. 双亭

一般双亭平面为两个完全相同的平面联结在一起，包括双三角形、双方形、双圆形等。

双亭是为了追求体形组合上的丰富与变化，寻求更优美的轮廓线。江苏南京总统府双亭（见图 3—1—15），平面为双方形，双屋顶翼角高高翘起，远眺似巨鸟展开双翅，造型轻巧活泼。北京天坛公园西北隅的双环万寿亭（见图 3—1—16），平面为双圆形，造型匀称，亭亭玉立，从远处望过去仿佛是两把并排撑开的大伞。

图 3—1—15　江苏南京总统府双亭

图 3—1—16　北京天坛公园双环万寿亭

6. 组亭

组亭就是把若干个亭子按一定的建筑构图排列起来，形成一个造型更为丰富的建筑群体——亭子组群。组亭体量庞大、层次丰富、体形多变，给人强烈的视觉冲击，并与大的环境空间尺度相协调。如北京北海公园的五龙亭（见图 3—1—17）、江苏扬州瘦西湖的五亭桥（见图 3—1—18）等，都是全国闻名遐迩的旅游风景点。有的组亭平面各自独立，只是台基联成一体；有的组亭平面紧接联系组成一体。

图 3—1—17　北京北海公园五龙亭

图 3—1—18　江苏扬州瘦西湖五亭桥

二、传统亭的屋顶形式

传统亭的屋顶造型最为丰富，通常以攒尖顶为多，此外还有歇山顶、卷棚顶、盝顶、十字脊顶以及各种组合屋顶等。除一般单檐外，还有重檐顶、三重檐顶等。

攒尖顶：由各戗脊的木构架向中心上方逐渐收缩聚集于屋顶雷公柱上，类似锥形，木脊上盖琉璃瓦，雷公柱上安装宝顶。攒尖顶为园林建筑中亭、阁最普遍的屋顶形式（见图3—1—19）。

图 3—1—19　攒尖顶

歇山顶：即歇山式屋顶。由于其正脊两端到屋檐处中间折断了一次，分为垂脊和戗脊，好像“歇”了一歇，故名歇山顶。歇山顶结合了直线和斜线，在视觉效果上给人以棱角分明、结构清晰的感觉（见图3—1—20）。

图 3—1—20　歇山顶

卷棚顶：卷棚顶为双坡屋顶，屋面前坡与脊部呈弧形滚向后坡，颇具曲线所独有的阴柔之美。卷棚顶形式活泼美观，一般用于园林的亭台、廊榭及小型建筑上（见图3—1—21）。

图 3—1—21　卷棚顶

盝顶：顶部有四个正脊围成平顶（见图 3—1—22）。

十字脊顶：由两个屋顶垂直相交而成（见图 3—1—23）。

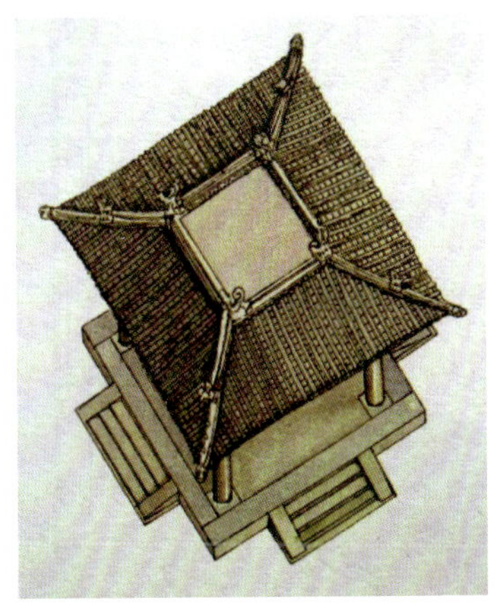

图 3—1—22　盝顶

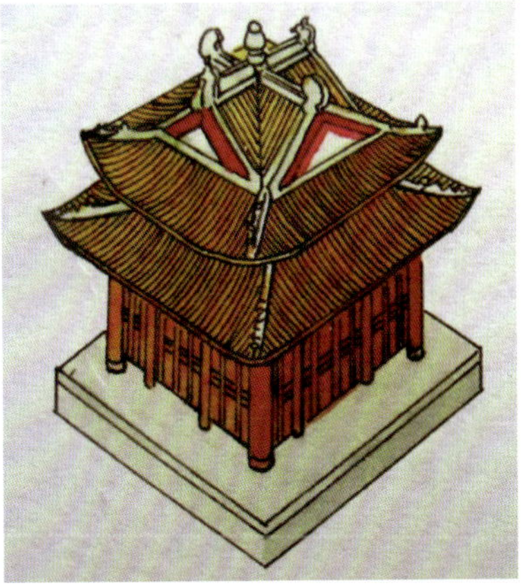

图 3—1—23　十字脊顶

三、传统亭的亭身比例

屋顶、亭身及开间三者的比例是否恰当，对亭的造型影响很大，如果比例不恰当，则会给人头重脚轻之感或头小身躯大之感。此外，亭的形象还与周围的环境因素、气候因素、地区建筑形式及风俗习惯等因素有关。因而，亭的比例关系不是一成不变的，而是要根据相关因素的变化，酌情而定（见图 3—1—24）。

1. 总体来说，亭的屋顶高度约等于亭身高度。

2. 一般南方亭的屋顶高度略大于亭身高度，北方亭相反。

3. 高处的亭屋顶大，低处的亭屋顶小。

高处的亭，因仰角大，为避免视觉错觉，屋顶应设计得略高些；低处的亭因俯视的原因，屋顶应略矮小些，以达到预期的视觉效果。

4. 开间与柱高的比例关系，因亭的平面形状的不同而有所区别。

四角亭柱高：开间 =0.8：1

六角亭柱高：开间 =1.5：1

八角亭柱高：开间 =1.6：1

四、传统亭的细部装饰

亭的装饰可谓繁简皆宜，既可复杂也可简单，既可精雕细琢，也可不加任何装饰构成简单质朴之亭。如北京中山公园松柏交翠亭，斗拱彩画绘满全身，可谓富丽堂皇（见图 3—1—25）；而四川成都杜甫草堂中的茅草亭，自然纯朴（见图 3—1—26）。

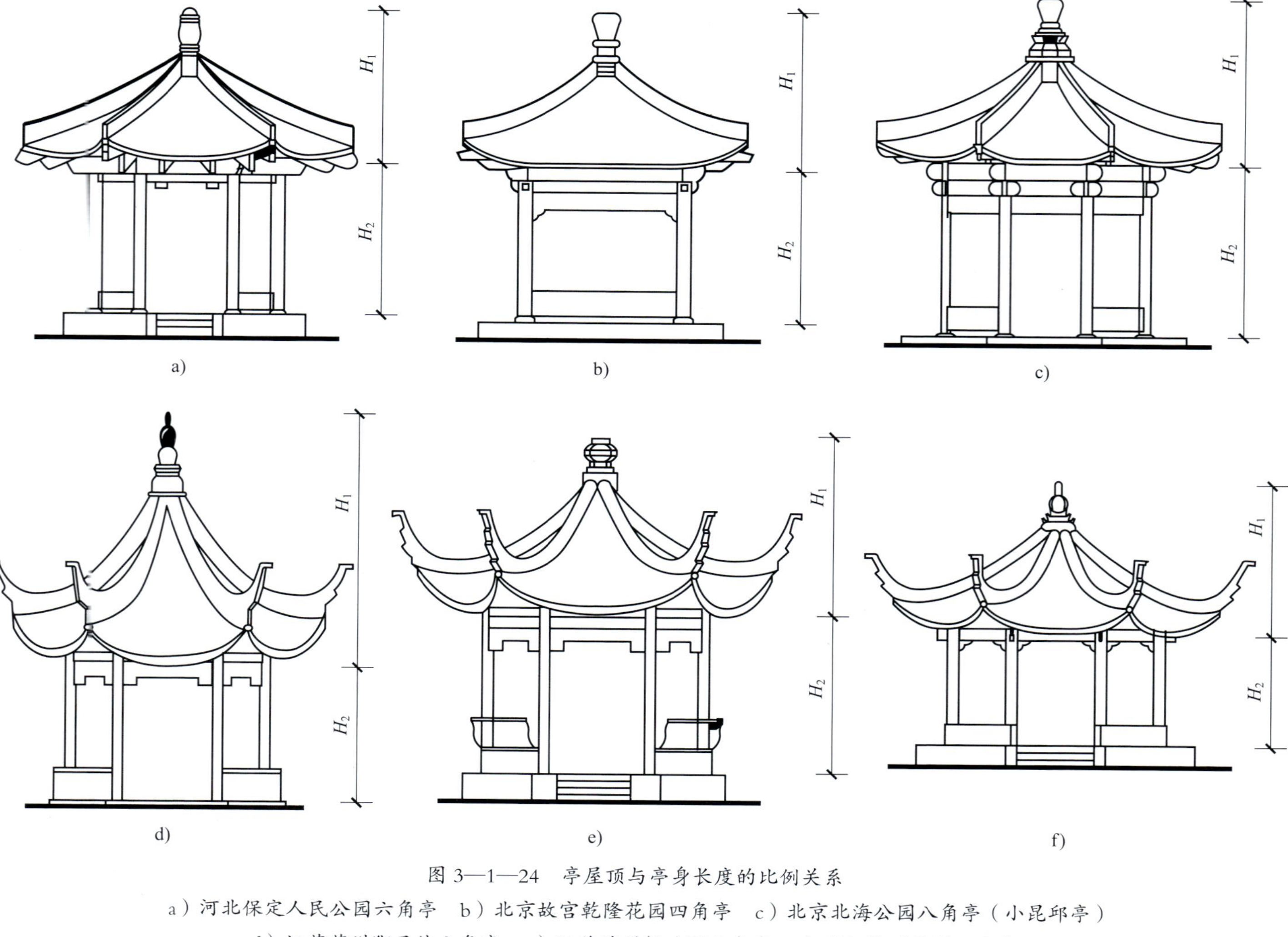

图 3—1—24 亭屋顶与亭身长度的比例关系

a）河北保定人民公园六角亭 b）北京故宫乾隆花园四角亭 c）北京北海公园八角亭（小昆邱亭）
d）江苏苏州狮子林六角亭 e）江苏苏州拙政园六角亭 f）浙江杭州苏堤八角亭

图 3—1—25　北京中山公园松柏交翠亭

图 3—1—26　四川成都杜甫草堂少陵碑亭

亭的宝顶通常宜长不宜短，高耸的宝顶使亭的造型更加俊美、挺拔，而矮小的宝顶则会使亭的形象大为逊色。亭的屋脊应具有一定高度，线脚要分明，屋脊曲线要舒展，要饱满有力，以增加形象上展翅欲飞之势。亭内若设以漏窗、空窗，可丰富立面景观，增加景观层次。鹅颈靠椅、座凳及栏杆若处理恰当，可协调立面的比例关系，使亭的形象更为匀称、丰满。

五、南方亭与北方亭的区别

南方亭与北方亭虽然在平面形状、屋顶形式、亭身比例上有部分共同之处，但仍存在着很多的不同。这种不同主要取决于三方面的原因：第一，服务对象不同。北方皇家园林是为封建帝王服务的，江南园林则属于私家园林，园林的主人不同，各自的要求也就有所区别。第二，规模及所处外部环境不同。北方皇家园林规模大，占地广，且多处于自然风景优美的山林、湖泊地区，因而是大山大水大建筑；而江南私家园林规模小，且多处于市井之内，因而往往是小山小水小亭廊。第三，气候条件不同。北方气候寒冷干燥，江南则气候温暖湿润。此外，南、北方在风俗习惯、文化传统上也存在着差异。正是由于这些原因，才使得南、北方亭保持着各自的独特的形式和风格。它们之间的差异主要表现在建筑外观、尺度大小及色彩处理上。

1. 南方亭屋顶翘角较高，北方亭屋顶翘角不高

翼角起翘对于亭的形象，特别是轮廓线的影响极大。这一点，南、北方亭的差别十分显著，南方亭翼角高高翘起（见图 3—1—27、图 3—1—28），北方亭则翼角起翘较平缓（见图 3—1—29、图 3—1—30）。

2. 南方亭的屋顶高度略大于亭身高度，北方亭相反

参见图 3—1—29、图 3—1—30。

图 3—1—27　江苏苏州沧浪亭中的亭

图 3—1—28　江苏苏州狮子林中的亭

图 3—1—29　北京北海公园五龙亭之一

图 3—1—30　北京北海公园涤谒亭

3. 南方亭多采用暗褐色等朴素淡雅的色彩，北方亭多采用金碧辉煌的鲜艳色彩

北方皇家园林中的亭子，一般采用色彩艳丽、有光泽的琉璃瓦件和红色的柱身，檐下绘以蓝、绿冷色为基调的彩画，配以洁白的汉白玉石栏、基座，显得庄重而富丽堂皇（见图 3—1—31）。南方园亭的屋面一般铺小青瓦，梁枋、柱等木结构刷栗皮色或深褐色油漆，个别建筑的部分构件施墨绿或黑色，所有墙垣均为白粉墙，这样的色调与北方皇家园林恰成鲜明对比。由于灰、栗皮、墨绿等色调均属调和、稳定而又偏冷的色调，不仅极易与自然界中的山水树木等相协调，而且还能给人以优雅、恬静的感觉。白粉墙在园林中虽很跳跃突出，但本身却素雅高洁，正可以借黑白的对比，打破沉闷单调感。亭在白墙、青竹的陪衬下，看上去宛若水墨勾勒一般，显得清雅素洁，别有一番情趣（见图 3—1—32）。

4. 南方亭尺度小，北方亭尺度大

南、北园林建筑在尺度方面的差异是极为悬殊的。北方皇家园林建筑如果与宫殿建筑相比，其尺度较小，但如果和南方私家园林建筑相比较，它的尺度却要大得多。尺度上的差异主要是以下原因造成的：第一，服务对象不同。帝王的苑囿终归是要讲究气魄气势的，所以远非庶民可以与之相比拟。第二，所处环境不同。同样大小的建筑处于大自然空间中就会显得小，处于有限的庭园空间中就会显得大。为与各自所处的环境相协调，园林

建筑在尺度处理上也就有了差异。

如北京颐和园的廓如亭为八角重檐攒尖顶，面积约 130 m²，高约 20 m。它不仅是颐和园 40 多座亭子中最大的一座，也是我国现存亭建筑中最大的一座。廓如亭由内外三层 24 根圆柱和 16 根方柱支撑，亭体舒展稳重，气势雄浑，颇为壮观（见图 3—1—33）。而江苏苏州留园中的八角亭，人坐在其中，尺度适宜（见图 3—1—34）。

图 3—1—31　北京景山公园五亭之一

图 3—1—32　江苏苏州网师园中的亭

图 3—1—33　北京颐和园廓如亭

图 3—1—34　江苏苏州留园八角亭

六、亭的布局与位置选择

1. 亭的布局

亭在园林布局中的位置选择极为灵活，不受格局所限，可独立设置，也可依附于其他建筑物而组成群体，还可结合巨石、大树等得其天然之趣，充分利用各种奇特的地形基址创造出优美的园林意境，正是“花间隐榭，水际安亭……惟榭只隐花间，亭胡拘水际。通泉竹里，按景山巅。或翠筠茂密之阿，苍松蟠郁之麓；或借濠濮之上……亭安有式，基立无凭”（《园冶》）。亭不仅适合于城市园林，而且在自然的高山大川中也能极尽其妙。如湖南长沙岳麓山的爱晚亭、云南石林的望峰亭等，都有画龙点睛之妙。

2. 亭的位置选择

亭的基址选择的总原则应为：从主要功能出发，或点景，或赏景，或休憩，应有明确的目的，再进而结合园林环境，因地制宜，扬其基址特点，配合恰当的造型，才能各尽其妙，构成一幅优美的风景画。

例如，北京颐和园的知春亭位于园林景区的起点，环境优美，有力地吸引游人至此驻足，成为游人必经的休息点。亭的前向视野开阔，可纵观昆明湖辽阔水面，并尽赏万寿山全貌及佛香阁的雄姿。亭遥对西堤，可借园外玉泉山全景成为赏景佳地。因此，知春亭在点景、赏景、供游人休息等方面都达到了尽善尽美的境界。

现按园林地形基址情况，分析几种主要基址的景观特点，以供选址参考。

（1）山地建亭　山地建亭，视野开阔，适于登高远望。山上设亭能突破山形的天际线，丰富山形轮廓。同时，游人行至山顶需要休息，山上设亭是提供休息的必设之所。对于不同高度的山，建亭位置会有所不同。

1）小山建亭。小山高度一般在 5～7 m，亭常建于山顶，以增加山体的高度与体量，丰富山形轮廓。小山建亭一般不宜建在山形的几何中心线，以避免构图呆板。如江苏苏州诸园中，多在山顶偏于一侧建亭。又如江苏苏州拙政园的雪香云蔚亭、留园的可亭等。

2）中等高度山建亭。中等高度山宜在山脊、山顶或山腰建亭，亭应有足够的体量或成组设置，以取得与山形体量协调的效果。如北京景山公园，在山脊上建五座亭（周赏亭、观妙亭、万春亭、辑芳亭和富览亭），体量适宜，体形优美，相互呼应，连成一体，与景山的体量协调，更丰富了山形轮廓（见图 3—1—35）。

图 3—1—35　北京景山公园山脊五亭

3）大山建亭。大山一般宜在山腰台地，或次要山脊，或崖旁峭壁之顶建亭，亦可将亭建在山道坡旁，以显示局部山形地势之美，并有引导游人的作用。大山建亭切忌视线受树木的遮挡。大山建亭还要考虑游人的行走能力，亭与亭的间距要合理。

（2）水际安亭　水面开阔舒展、明朗流动，有的幽深宁静，有的碧波万顷，情趣各异。为突出不同的景观效果，一般在小水面建亭宜低临水面，以细察涟漪；而在大水面亭宜建在临水高台或较高的石矶上，以观远山近水，舒展胸怀（见图 3—1—36）。

图 3—1—36　浙江杭州三潭印月水上亭

一般临水建亭，有一边临水、多边临水或亭完全伸入水中四周被水环绕等多种形式。在小岛上、湖心台基上、岸边石矶上都是临水建亭之所。在桥上建亭，更使水面景色锦上添花，并可增加水面空间层次。

（3）平地构亭　平地建亭眺览的意义较少，更多地作休息、纳凉、游览之用。亭应尽量结合园林要素，如山石、树木、水池等，构成各具特色的景致。如葱郁的密林，花间石畔，疏梅竹影，都是平地建亭的佳地。更可在道路的交叉点，结合游览路线建亭，引导游人游览及休息。绿茵草坪、小广场之中可结合小水池、喷泉、山石建以小亭，以供休憩（见图 3—1—37）。此外，可结合园林中的巨石、山泉、洞穴、丘壑等特殊地貌建亭，以取得更为奇特的景观效果。

图 3—1—37　浙江宁波月湖公园平地亭

任务实施

一、确定亭造型风格

该区域为树木园，根据树木园树木自然式种植的特点，该区域总体规划采用自然式布局形式，因此相应的建筑风格应设计为中国传统园林的古典建筑式样。因地段东侧临水，为创造良好的水景观赏条件，满足校园学生参观、学习、游览和休息的需要，营造良好的户外环境，该设计在水边规划建造长廊一个、歇山顶亭一个和攒尖顶亭一个，其中攒尖顶亭即为塔影亭。

二、绘制亭方案效果图

绘制亭方案效果图时应注意：

1. 具备一定的美学修养，包括对比例、韵律、对比等手法的认识和运用。

2. 掌握一定的图形构成手法，如基本的复制、旋转等，并积累一定的设计语汇，如常见的屋顶、景门、景窗、宝顶、座凳栏杆、横楣的样式，柱、梁交接方式等。

3. 合理选择结构类型。

4. 掌握亭的各部分比例、尺寸要求。

绘制塔影亭方案效果图，可以手绘或电脑效果图表现。塔影亭方案效果如图 3—1—38 所示。

图 3—1—38 塔影亭方案效果图

评分标准

序号	项目与技术要求	配分	检测标准	实训记录	得分
1	造型设计	50	造型美观，特点突出，尺度适宜，比例恰当		
2	方案效果图	50	比例协调，明暗恰当，质感突出，色彩和谐，配景表现合理		

知识链接

传统亭实例欣赏

一、北京北海公园五龙亭

五龙亭位于北海公园北岸西部，伸入水中，由五间亭子组成，五亭皆为方形，前后错落布置。五亭之间由桥与白玉石栏杆相连呈“S”形，如同巨龙，故称龙亭。中间亭子最大，称龙泽亭，重檐，下方上圆；左边两亭名为“澄祥亭”“滋香亭”，澄祥亭为重檐，滋香亭为单檐；右边两亭名为“涌瑞亭”“浮翠亭”。五座亭子合称五龙亭。五亭皆为绿琉璃瓦顶，黄瓦剪边，檐下梁枋施小点金旋子彩画，绚丽多彩，金碧辉煌（见图 3—1—39）。

图 3—1—39　北京北海公园五龙亭

二、北京颐和园知春亭

知春亭位于颐和园昆明湖东岸边，为重檐四角攒尖顶，凭栏可纵眺全园景色。亭畔遍植垂柳，春来景色殊胜。每年春天昆明湖解冻总由此处开始，故取名知春亭。

立于知春亭远眺，从北面的万寿山前山区、西堤、玉泉山、西山，直至南面的龙王庙小岛、十七孔桥、廓如亭，形成了长 2 000 多米的天然风景构图的立体画面。而从东堤上看万寿山东岸，知春亭又成了使画面大大丰富起来的近景。从乐寿堂前面向南望，知春亭小岛遮住了平淡的东堤，增加了湖面的层次。从“观景”与“点景”两方面看，知春亭位置的选择都是极其成功的（见图 3—1—40）。

图 3—1—40　北京颐和园知春亭

三、江苏苏州网师园冷泉亭

冷泉亭位于小院中，倚墙而建，平面为半个正方形，故称半亭，其体量与不大的小院空间相互协调。亭周围陪衬山石、水池，庭园四周以花墙廊房围合，形成优美宁静的休息小院（见图 3—1—41）。

四、江苏苏州留园濠濮亭

濠濮亭跨水而筑，平面前半部分伸入水面，水流经亭底部并以山石作柱基，以增自然轻巧之感。亭旁有一大树陪衬，使环境更为幽深。亭屋顶为正四角歇山顶，翼角高高翘起，有展翅欲飞之势。

图 3—1—41　江苏苏州网师园冷泉亭

亭前水边置有一峰名“印月”，峰石中的涡孔在池中倒影为一轮明月，在此不管有无明月当空均能赏月。这种借景手法在其他园林中较少见，设计别具匠心（见图 3—1—42）。

五、江苏苏州拙政园与谁同坐轩

与谁同坐轩筑于西园水中小岛的东南角，依水而筑，构作扇形，其屋面、轩门、窗洞、石桌、石凳及轩顶、灯罩、墙上匾额、鹅颈椅、半栏均成扇面状，小巧精雅，别具一格，故又称作“扇亭”（见图 3—1—43）。人在轩中，无论是倚门而望，凭栏远眺，还是依窗近观，小坐歇息，均可感到前后左右美景不断。

“与谁同坐轩”取自北宋苏轼的词“与谁同坐。明月清风我。”“与谁同坐”一句反问，拨动了游客的心弦，使之与山水共鸣。人们要去捕捉去聆听清风明月下的天籁之音，去咀嚼醇美的诗意，去眺望举目入画的景色。

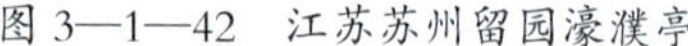

图 3—1—42　江苏苏州留园濠濮亭

图 3—1—43　江苏苏州拙政园与谁同坐轩

六、江苏苏州网师园月到风来亭

月到风来亭在园内彩霞池西，六角攒尖顶，三面环水，亭心直径 3.5 m，高 5 m 余，戗角高翘，黛瓦覆盖，青砖宝顶，线条流畅（见图 3—1—44）。“月到风来”取自北宋邵雍诗句“月到天心处，风来水面时”。亭内设鹅颈靠，供人坐憩，是临风赏月之佳处。

月到风来亭最有情趣之处在于临风赏月。天上明月高挂，池中皓月相映，金桂盛放，甜香满园。或与数友共享良辰，或一人独赏美景，皆为雅事。此时，虽是身在繁华闹市之中，而魂魄已仿佛游于世外桃源。

七、江苏苏州留园可亭

可亭位于留园中部假山之上，正对主体建筑，是主要的对景画面。亭屋顶为六角攒尖顶，有强烈的向上感，且造型轻巧，比例适宜，具有典型的南方亭秀美的特色（见图 3—1—45）。

图 3—1—44　江苏苏州网师园月到风来亭

图 3—1—45　江苏苏州留园可亭

八、江苏扬州瘦西湖五亭桥

五亭桥建造在瘦西湖上，桥上建有五座亭子，故名五亭桥。五亭桥的造型典雅秀丽，黄瓦朱柱，配以白色栏杆，亭内彩绘藻井，富丽堂皇，具有南方建筑的特色（见图 3—1—46）。

九、安徽滁州醉翁亭

醉翁亭位于安徽省滁州市西南琅琊山旁，始建于北宋，因唐宋八大家之一欧阳修命名并撰写《醉翁亭记》一文而闻名，脍炙人口的佳句“醉翁之意不在酒，在乎山水之间也”更是家喻户晓。醉翁亭依山傍水，青山如画，碧水潺流，环境幽雅而宁静。醉翁亭被誉为“天下第一亭”（见图 3—1—47）。

图 3—1—46　江苏扬州瘦西湖五亭桥

图 3—1—47　安徽滁州醉翁亭

思考与练习

1. 传统亭的平面形状如何进行分类?
2. 传统亭常见的屋顶形式有哪几种?
3. 传统亭的屋顶、亭身及开间三者的比例关系如何?
4. 南方亭和北方亭的主要区别有哪些?
5. 亭的布局与位置选择的原则有哪些?

任务二　传统亭施工图绘制

任务目标

◇掌握传统亭的基本构造

◇掌握传统亭施工图的绘制方法

◇了解传统亭的施工步骤

任务提出

为任务一中设计的传统式样的塔影亭绘制施工图（包括平面图、立面图、剖面图及节点大样图）。

任务分析

绘制传统亭施工图，首先要对传统亭的基本构造有必要的了解，包括亭的木构架、屋面和座凳栏杆等的构造及尺寸。在掌握这些内容的基础上，识读与抄绘传统亭施工图实例，并在此基础上能够为设计的传统亭绘制施工图，且能够按图指导施工。

相关知识

一、传统亭的构造

亭的基本构造包括木构架、屋面、挂落、栏杆等。

1. 亭的木构架

单檐亭木构架按结构可分为下架、上架和角梁三部分。以檐檩为界，檐檩以下部分为下架，檐檩本身及其以上部分为上架，转角部分为角梁（见图 3—1—48）。

（1）亭子下架结构　亭子的下架是柱枋结构的框架。根据亭子的平面形状，设置若干根檐柱，各根柱子上部由檐枋连接形成框架；各柱顶上安置花梁头承接檐檩，各花梁头之间填以檐垫板；各柱之间上下分别安装吊挂楣子和座凳楣子，至此，形成了亭子的下架结构（见图 3—1—48、图 3—1—49）。

1）立柱（檐柱）。立柱是整个构架的承重构件。四角亭柱高为开间的 8/10，六角亭柱高为开间的 15/10，八角亭柱高为开间的 16/10，圆亭柱高按八角亭柱高计算。

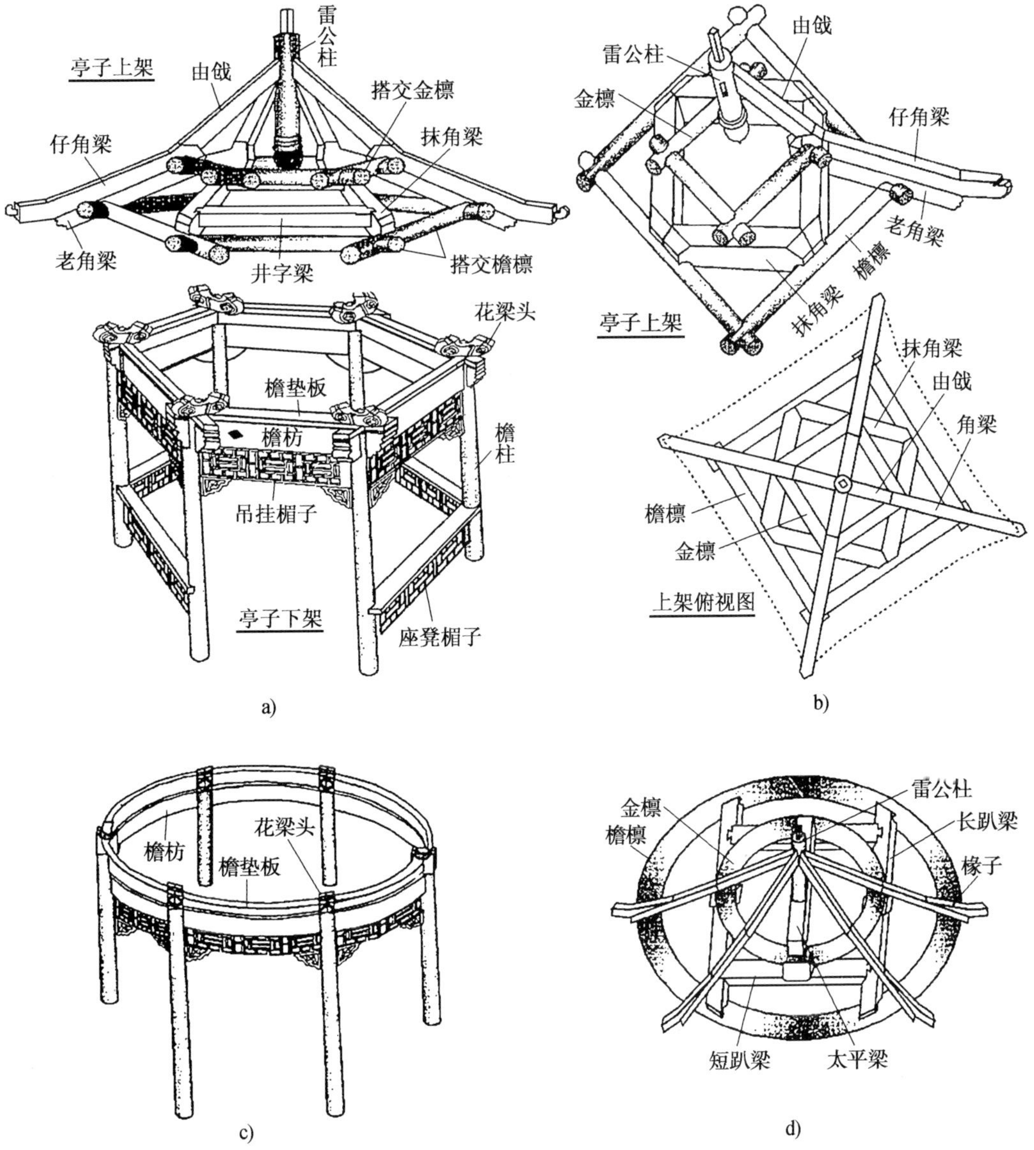

图 3—1—48　亭子的木构架

a）六角亭木构造　b）四角亭屋顶木构造　c）圆亭下架　d）圆亭上架

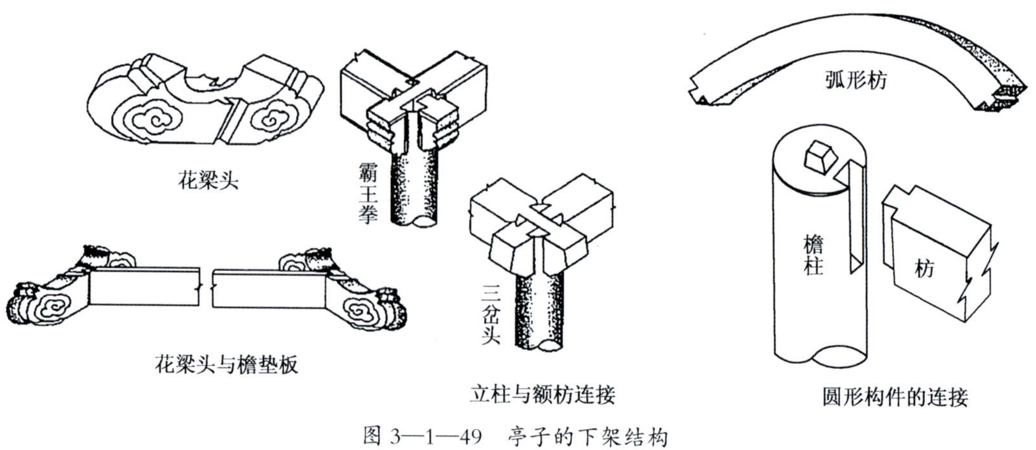

图 3—1—49　亭子的下架结构

2）横枋（檐枋）。横坊是将檐柱连接成整体框架的构件。横枋的截面尺寸高 × 厚为 1×0.8（柱径）。大式建筑常采用霸王拳形式连接，多边亭横枋常采用三岔头形式连接，而圆亭横枋为弧形，做凸凹榫相互连接，并与柱作燕尾榫连接。

3）花梁头（角云）。花梁头是搁置檐檩的承托构件，因其两头雕刻有云纹状花纹，也有称角云。花梁头通常高 0.8 倍柱径，宽 1 倍柱径，长约为宽的 3 倍，两边做凹槽接插檐垫板，底面做卯口承插柱顶凸榫。

4）檐垫板。檐垫板是填补檐檩与檐枋之间空挡的遮挡板，高 0.8 倍柱径，厚 0.25 倍柱径。

（2）亭子上架结构　在下架的花梁头上，安置搭交檐檩，形成屋顶结构的第一层（底层）圈梁。在檐檩之上，设置井字趴梁或抹角梁，梁上安置柁墩（交金墩），用来承接搭交金檩，形成屋顶结构的第二层圈梁。规格较大的亭子，还应在金檩上横置一根太平梁，在太平梁上竖置雷公柱作为尖顶支撑构件；而规格较小的亭子，可以省掉太平梁，雷公柱由后面所述的由戗支撑。

在两圈檩木的交角处安置角梁，各角梁尾端由延伸构件由戗与雷公柱插接，形成攒尖结构。圆亭可不用角梁，只需将由戗撑压在金檩上即可，但一定要设太平梁。至此，就形成了亭子的上架结构（见图 3—1—50）。

1）檐檩。檐檩是攒尖顶木构架中最底层的承重构件，按亭子平面形状分边制作，相互搭交在柱顶花梁头上。檐檩通常为圆形截面，搭交形式如图 3—1—50j 所示。

2）井字梁或抹角梁。井字梁是搁置在檐檩上，用来承托金檩的构件，一般用于四角亭、六角亭、八角亭和圆亭上。因梁的两端通常做成阶梯榫，趴置在檩的榫卯上，故又称为井字趴梁（见图 3—1—50h）。井字梁由长、短二梁组成，长井字梁趴在檐檩上，短井字梁趴在长井字梁上（见图 3—1—50b、d、e、f）。其截面尺寸为：长井字梁高 1.3～1.5

倍柱径，厚 1.05～1.2 倍柱径；短井字梁高 1.05～1.2 倍柱径，厚 0.9～1 倍柱径。

抹角梁是斜跨转角，趴置在檩木上的承托梁，故又称为抹角趴梁，一般用于单檐四角亭和其他重檐亭上，其截面尺寸与长井字梁相同。

3）金檩。金檩是搁置在井字梁或抹角梁的上方，与檐檩共同承担屋面椽子，形成屋顶形状的承托构件。金檩的构造与截面尺寸同檐檩，只是长度较檐檩短。

4）太平梁和雷公柱。太平梁是承托雷公柱，保证其安全的横梁，一般用于宝顶构件重量比较大的亭子上。当宝顶构件比较轻小时，可不需此构件。太平梁搁置在金檩上，其截面尺寸与短井字梁相同。

雷公柱是支撑宝顶并形成屋面攒尖的柱子。小型亭子宝顶构件轻小，雷公柱依靠每个方向上的角梁延伸构件由戗支撑悬垂；当宝顶构件大且重时，雷公柱应搁置于太平梁上。雷公柱通常为圆形截面，也可为多边形截面，直径等于檐柱径，顶部需留出脊桩以套宝顶。

（3）亭子角梁 亭子的角梁，是形成多角亭屋面转角的基本构件。角梁的制作，南、北方不同，北方多施行清工部《工程做法则例》的官式做法，江浙一带多施行江南营造世家姚承祖的《营造法原》的民间做法。屋顶的翼角一般反翘，北方亭起翘轻微、平缓、持重，南方亭戗角兜转耸起，如半月形翘得很高，轻巧飘逸。圆亭因为无角，故无角梁，只有由戗支撑雷公柱。由戗是角梁的延伸构件，斜插在雷公柱上，形成攒尖顶的支撑构件，其截面尺寸与角梁相同。

1）北方亭角梁做法。清制官式做法分老角梁和仔角梁。老角梁是转角处的基本承重构件，仔角梁是使转角檐口起翘和伸出的构件。仔角梁叠在老角梁上，老角梁的前支点是檐檩，后支点是金檩或金柱。角梁的做法根据后支点的制作方法不同，分为压金法、扣金法和插金法三种，其中插金法只用于重檐亭，而单檐亭多用压金法和扣金法（见图 3—1—51）。

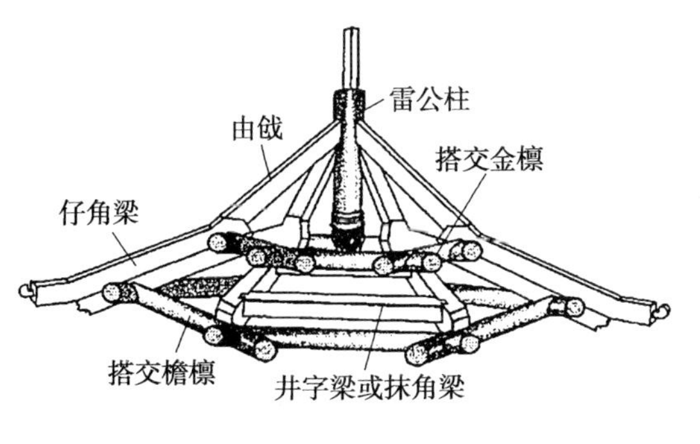

a)

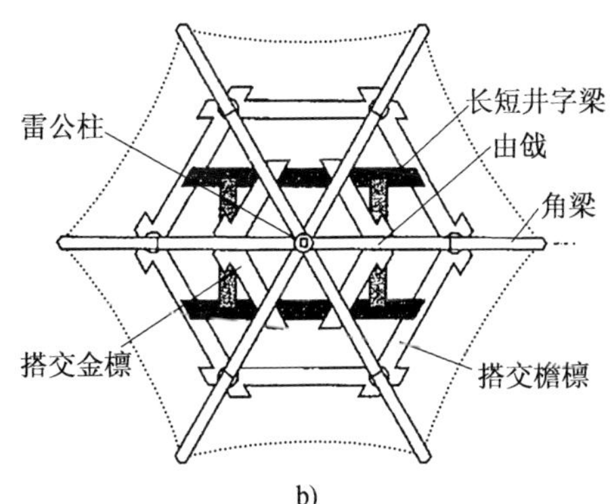

b)

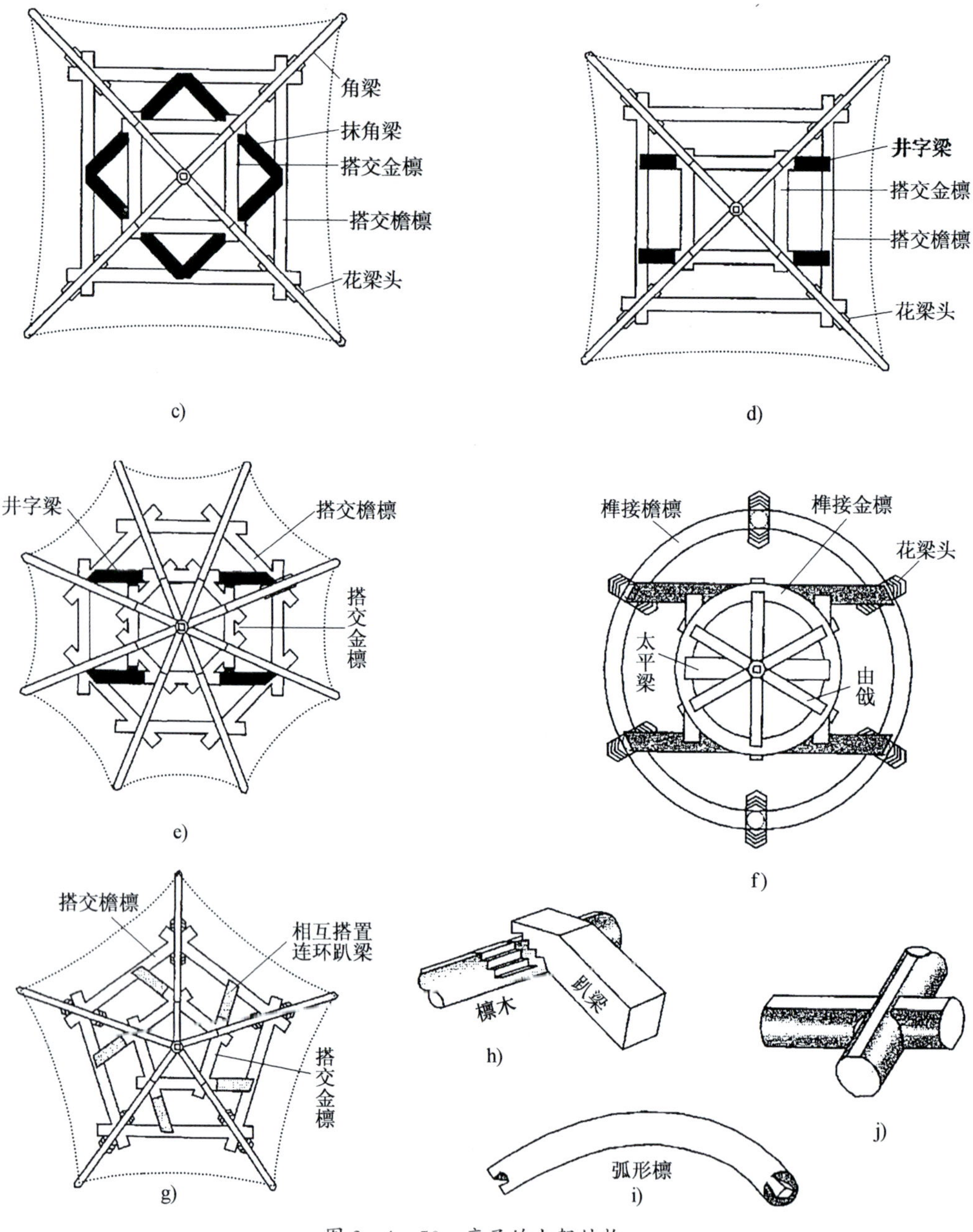

图 3—1—50　亭子的上架结构

a）六边亭上架示意图　b）六边亭上架俯视图　c）四边亭抹角梁俯视图
d）四边亭井字梁俯视图　e）八边亭井字梁俯视图　f）圆形亭井字梁俯视图
g）五边亭连环趴梁俯视图　h）趴梁端头　i）圆形檩　j）搭交檩

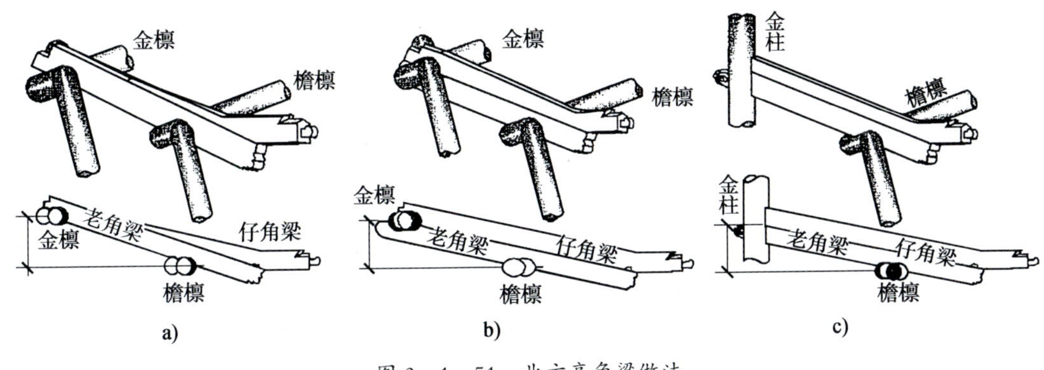

图 3—1—51　北方亭角梁做法

a）压金法　b）扣金法　c）插金法

压金法：压金法是将老角梁的后支点挖槽成檩槽直接压在金檩上，仔角梁做成翘飞椽形式。这种做法最简单，但要求檐口端的伸出和承重不能太大，否则会造成折檐现象，因而一般只能用于较小的亭子。

扣金法：扣金法是将老角梁和仔角梁的后支点挖槽成上下檩槽，在金檩上相互扣住。这种做法是亭子中用得最多的一种方法。

插金法：插金法是将老角梁和仔角梁的后尾做榫插入金柱的卯口内，它是重檐亭中下层檐角梁的主要做法。

清制老角梁和仔角梁截面尺寸相同，高 3 倍椽径，宽 2 倍椽径。

2）南方亭角梁做法。《营造法原》角梁做法以江浙一带最具代表性。它的老戗相似于老角梁，其截面尺寸高 × 厚为 15.13 cm × 16.5 cm。嫩戗相似于仔角梁，但形状与仔角梁不同，嫩戗是一个底大头尖的矩形截面，斜立于老戗的檐口端（见图 3—1—52）。

嫩戗长为 3 倍正身飞椽长，截面尺寸的根部为老戗的 0.8 倍，上端为根部的 0.8 倍。嫩戗、老戗端头用千金销固定，中间用箴木、菱角木和扁担木连接，其截面尺寸可参考老戗规格，依弯起度的大小灵活掌握。

扬州园林及岭南园林中的建筑，出檐翼角没有北方园林建筑那么沉重，也不如江南一带园林建筑那么纤巧，是介于两者之间的做法，比较稳定、朴实。

2. 亭的屋面

亭的屋面包括木基层、瓦作、屋脊和宝顶四大部分。

（1）木基层　亭子屋面木基层的构造包括椽子、望板、飞椽、压飞望板、连檐木、闸挡板、瓦口木等（见图 3—1—53）。

1）椽子。椽子是屋面基层的承托构件，是搁置在檩木上用来承托望板的条木。檐椽跨置在檐檩和金檩上，并在其上装钉望板。为了美化屋顶造型曲线，在望板上再安装一层起翘椽子，称飞椽。飞椽是呈楔尾形的檐口椽子，与檐椽成双配对。

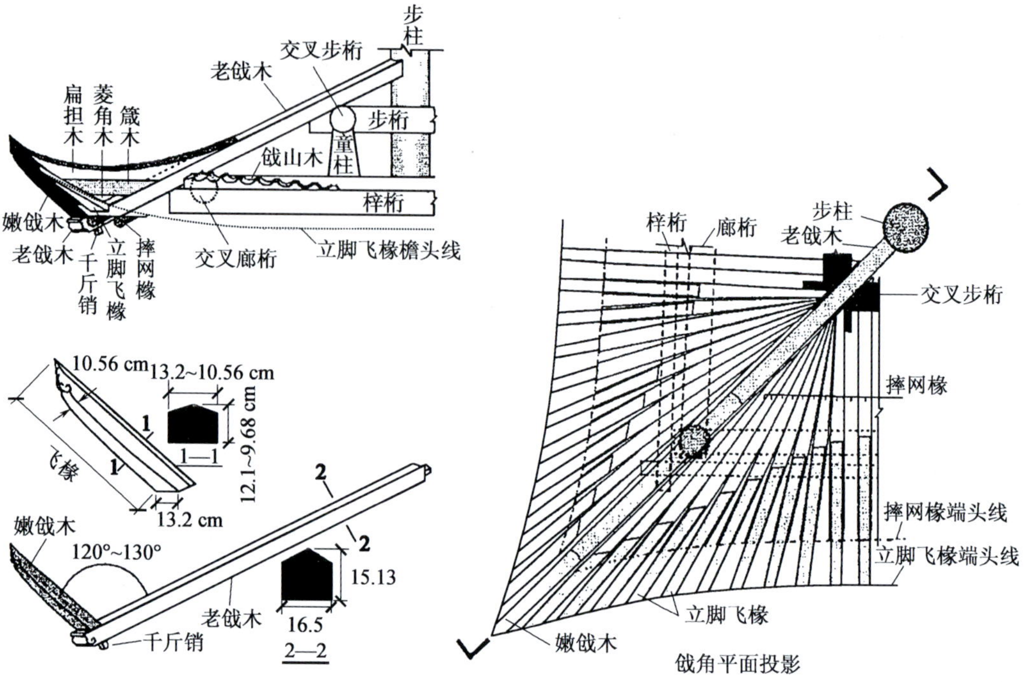

图 3—1—52　南方亭角梁做法

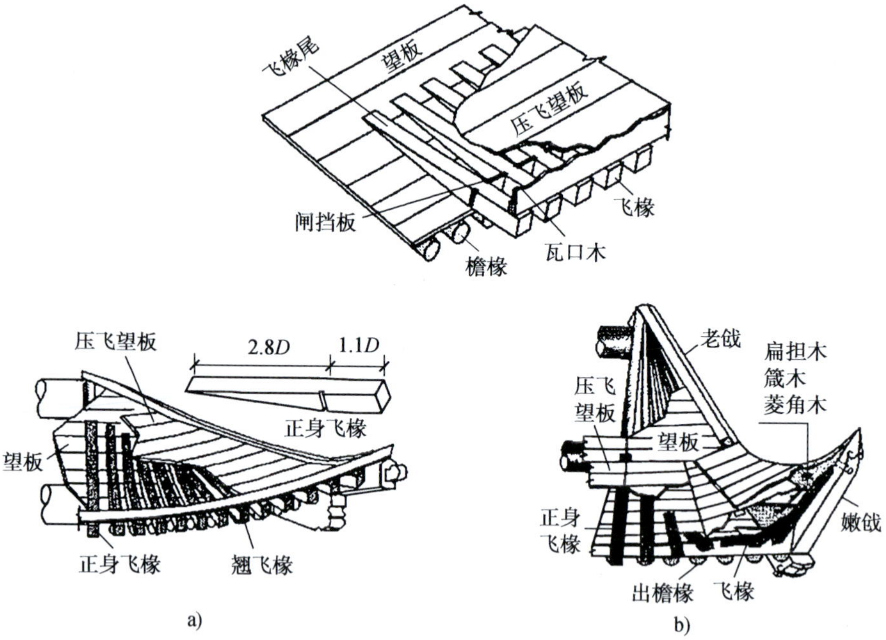

图 3—1—53　屋面木基层的构造

a）官式做法　b）民间做法

檐椽一般为圆形截面，飞椽为方形截面。檐椽和飞椽也可以均为方形截面，其截面边长为 0.33 倍柱径。檐椽和飞椽伸出长度清制为 3.3 倍柱径，其中飞椽前端方形截面的伸出占檐平出的 1/3（即 1.1 倍柱径），后尾斜楔形长 2.8 倍柱径。

而南方地区发戗做法，称为摔网椽和立脚飞椽。摔网椽即翼角椽。立脚飞椽是由正身飞椽逐渐向嫩戗方向斜立的椽子，其长短由施工现场按翘角曲线依势而定，然后用压飞望板连成整体。

2）望板。望板是铺钉在椽子上，用来承托屋面瓦作的木板，一般横铺在椽子上，但也有直铺的。《营造法原》也有采用铺设望砖的。

3）大、小连檐。大连檐是用来连接固定飞椽端头的木条，为梯形截面。小连檐是用来连接固定檐椽端头的木条，为扁形截面，厚与望板相同。对一些规模较小的亭子，可省去大连檐和小连檐，适当增加瓦口木高度（见图 3—1—54）。

a)

b)

图 3—1—54 大、小连檐

a）大连檐连接固定飞椽端头 b）小连檐连接固定檐椽端头

（引自刘庭风《中国古典园林的设计、施工与移建》）

4）瓦口木。瓦口木是钉在大连檐上，用来承托檐口瓦的木件，按屋面的用瓦做成波浪形木板条。瓦口木的高度一般按 0.5 倍椽径设置，厚度按椽径的 1/4 控制。

（2）瓦作 亭子的屋面瓦作包括苫背、铺瓦等泥瓦活。

1）苫背。苫背是指在屋面木基层的望板上，用灰泥分别铺抹屋面隔离层、防水层、保温层等的操作过程。对要求较高的大式建筑，应按操作过程逐层施工。对于一般亭子屋面，可将防水层和保温层合并，用滑秸泥铺筑 2～3 层即可。

隔离层：主要起隔离水汽、保护望板的作用，故一般称其为护板灰。它的施工过程是用麻刀灰（配比为白灰浆：麻刀 =50：1）在望板上均匀铺抹 10～20 mm 厚。

防水层：当隔离层干燥后，在护板灰上用麻刀泥（配比为掺灰泥：麻刀 =50：3）或滑秸泥（配比为掺灰泥：滑秸 =50：1）分别铺抹 3 层，每层厚度不超过 50 mm，抹平压实。

保温层：对防水层起保护和保温作用的抹灰层，一般称其为抹灰背。它是用大麻刀灰（配比为白灰浆：麻刀 =100：3～100：5）分 3～4 层铺抹，每层厚度不超过 30 mm，每层之间铺 1 层夏麻布，以防止干裂，铺匀抹实后自然晾干。

扎肩晾背：当抹灰背完成后，将各垂脊挂线铺灰抹平，为做脊打好基础，此称为扎肩，铺灰宽度为 300～500 mm，具体宽度根据选用屋脊瓦件规格而定。最后，将抹灰面加以适当遮盖养护，让其自然干燥，此称为晾背。晾背时间一般长于 1 个月，以干透为原则。

2）瓦面。亭屋面的瓦材可采用竹节瓦、一般筒瓦、蝴蝶瓦等（见图 3—1—55）。

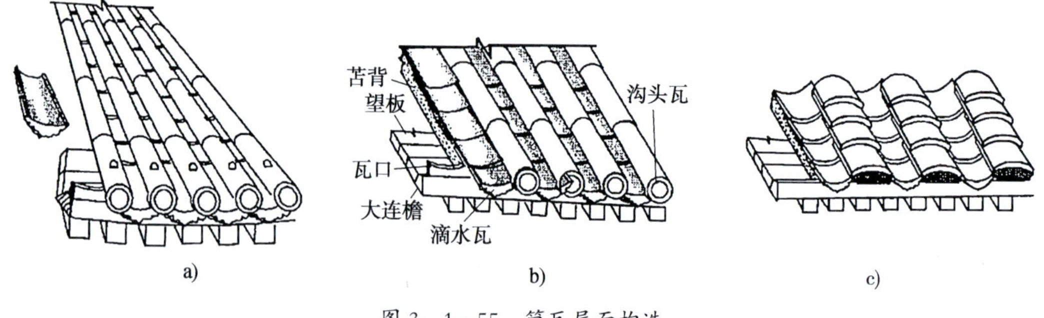

图 3—1—55　筒瓦屋面构造

a）竹节瓦屋面　b）一般筒瓦屋面　c）蝴蝶瓦屋面

（3）屋脊　亭屋面的屋脊，除庑殿、歇山形式屋顶外，一般攒尖顶均只有垂脊。清制攒尖顶亭垂脊分大式建筑垂脊和小式建筑垂脊，大式建筑垂脊分为琉璃构件垂脊和黑活做法垂脊，小式建筑垂脊为合瓦蝴蝶瓦做法垂脊（见图 3—1—56）。

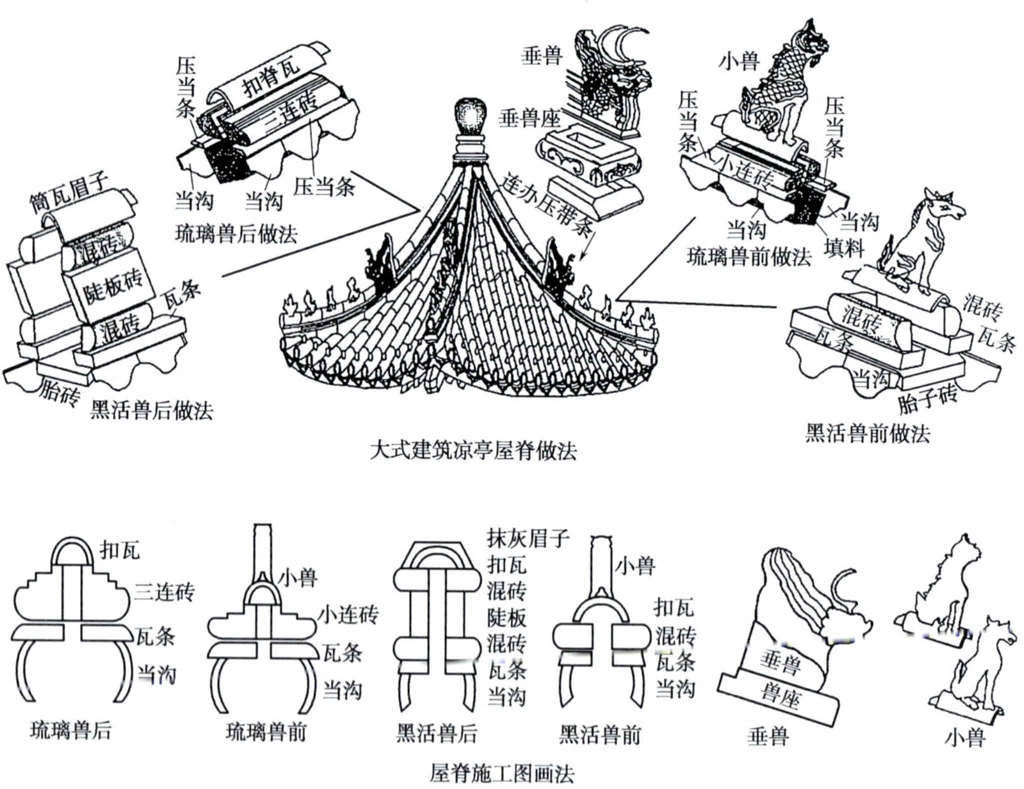

a)

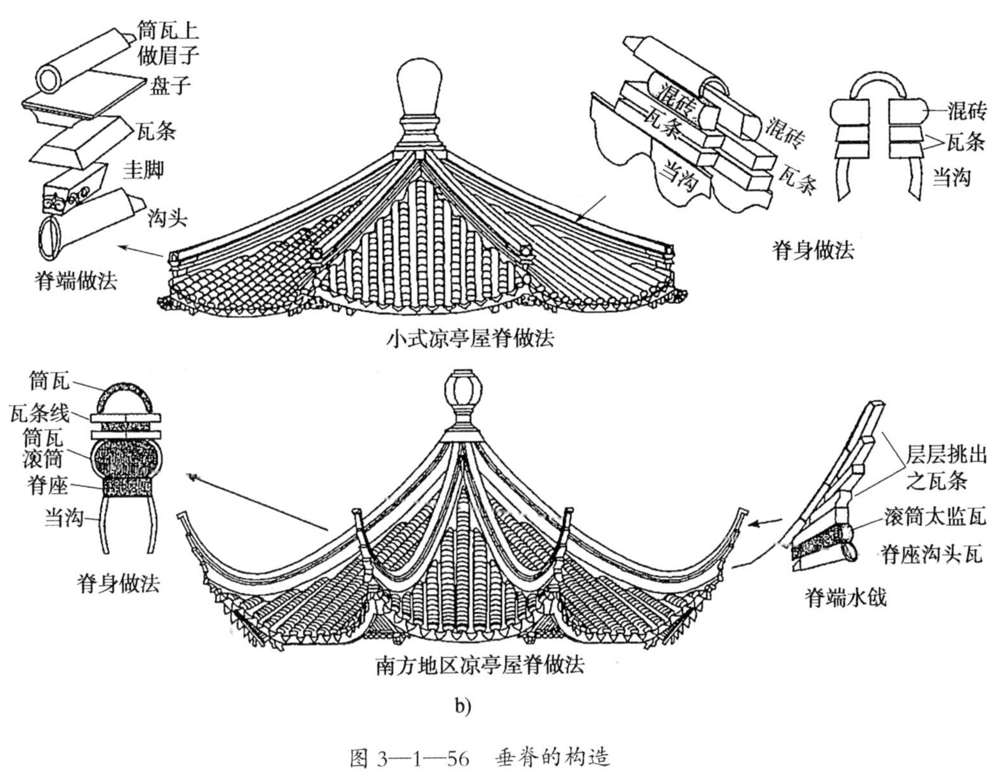

b)

图 3—1—56　垂脊的构造

a）大式建筑垂脊做法　b）小式建筑垂脊做法

1）大式建筑垂脊

①琉璃构件垂脊。清制琉璃构件垂脊所用的构件都是窑制定型产品，以垂兽为界，分为兽前段和兽后段。

清制垂脊兽前段的构造，由下而上依次为斜当沟、压当条、小连砖、盖筒瓦，然后安装走兽、仙人。兽后段由下而上依次为斜当沟、压当条、三连砖、扣脊瓦等构件。垂脊前端可安装套兽，也可不安。

②黑活做法垂脊。清制黑活做法的垂脊，除垂兽为素窑制品外，其他构件均可为施工用的砖瓦材料现场加工而成。

垂兽前端的构造，是在斜当沟之上砌筑瓦条、混砖，再安装走兽，脊心空隙用碎砖灰浆填塞。垂兽形式与琉璃制品相同，只是素色而已。垂兽后段的构造，是在斜当沟之上安装瓦条、陡板砖、盖筒瓦，并抹灰做成眉子，其中瓦条用较薄的条砖或望砖砍制，混砖用厚条砖砍制，陡板砖则用方砖。

脊端构件由下而上依次为沟头瓦、圭脚、瓦条、盘子、筒瓦坐狮。其中圭脚用城砖砍制，瓦条用望砖、小开条砖、斧刃砖或板瓦砍制，盘子用方砖砍制。

2）小式建筑垂脊。清制小式建筑垂脊均用现场的砖瓦和灰浆砌筑而成，没有垂兽和小兽，因此也不分兽前和兽后，其构造由下而上依次为当沟、二层瓦条、混砖、扣脊瓦抹灰眉子。脊端由下而上依次为沟头瓦、圭脚、瓦条、盘子、扣脊瓦抹灰眉子。

南方地区民间亭垂脊一般为瓦条线砖滚筒脊，它是在脊座上用筒瓦合抱成滚筒，再在其上铺二层望砖瓦条、扣盖筒瓦，并做抹灰眉子。脊端在沟头瓦上，随滚筒做成弧面，再在其上用瓦条砖层层挑出，做成戗尖，最后用抹灰面罩平。

（4）宝顶　宝顶是亭屋面屋脊汇集之处的挡雨构件，也是亭的重点装饰部位（见图3—1—57b）。

清制亭宝顶由顶珠和顶座两部分构成。常见的顶珠形式有圆珠形、多面体形、葫芦形、仙鹤形等；顶座为砖线脚或须弥座，或二者兼有。宝顶的大小一般没有严格规定，通常可将珠顶至座底的高度控制在 0.25 ~ 0.45 倍檐柱高。宝顶宽按自身高的 2/5 ~ 1/2 取定。

3. 亭的挂落、栏杆、雀替与花牙子

（1）挂落　挂落是用于枋木之下，起装饰作用的构件，又称楣子（见图 3—1—57a）。挂落主要用棂条拼接成各式花纹图案，具有体轻、灵巧、便于悬挂等特点。当挂落用于亭、廊建筑等檐枋之下时称为倒挂楣子，用于座凳之下时称为座凳楣子。

（2）栏杆

1）靠背栏杆（美人靠）（见图 3—1—57c）。靠背栏杆的靠背由上枋、中枋、下枋、棂条花屉和拉结条等组成。枋木截面尺寸按 5 cm × 4 cm 设置。花屉截面尺寸按 2 cm × 2.5 cm 设置。拉结条是将靠背与檐柱拉接起来的铁条，一般采用 ϕ10 ~ ϕ12 圆钢制作成撑钩形式。

座凳由凳板、凳脚和仔栏杆组成。凳板厚 3 ~ 5 cm，宽 30 ~ 40 cm 或按檐柱径设置，凳板高度多为 45 ~ 50 cm。凳脚可用木制脚架或砖墩，每隔 1 ~ 1.8 m 安置一道。仔栏杆是用来连接脚架或砖墩的构件，用横直棂条拼接即可。

2）座凳楣子。座凳楣子是没有靠背的简易座凳围栏，一般置于檐柱之间，由座凳板、凳脚和凳下挂落等组成，凳板厚 3 ~ 5 cm，安置高度 50 cm（见图 3—1—57c）。

（3）雀替与花牙子　雀替是用于横直构件交叉处，加强转角部位连接和强度的装饰构件，因为常雕刻有花纹，外形轮廓如鸟翼而得名。当用于挂落、栏杆等上进行简易装饰时，一般称其为花牙子（见图 3—1—58）。

1）雀替。雀替既是转角部位的加固构件，又是一种横直构件交叉处的装饰构件，一般做成直角三角形的轮廓，垂直边做榫插入柱内，横直边用栽销与横构件连接。通常雀替长 0.25 倍净面阔，高自身长的 1/2，厚 0.3 倍柱径，多用于大式建筑的装饰配件。

2）花牙子。花牙子是一种轻型雀替，用料比较轻巧，多用于作为清雅、活泼的建筑上的装饰配件，一般用料厚 4cm 以内。花牙子有木板雕刻型和棂条拼接型两种，木板雕刻型图案有卷草、梅竹、葫芦、葵花等，棂条拼接型图案常为拐子纹、简拐纹等。

a）

b）

c）

图 3—1—57　亭的挂落、宝顶与栏杆

a）挂落　b）宝顶　c）栏杆

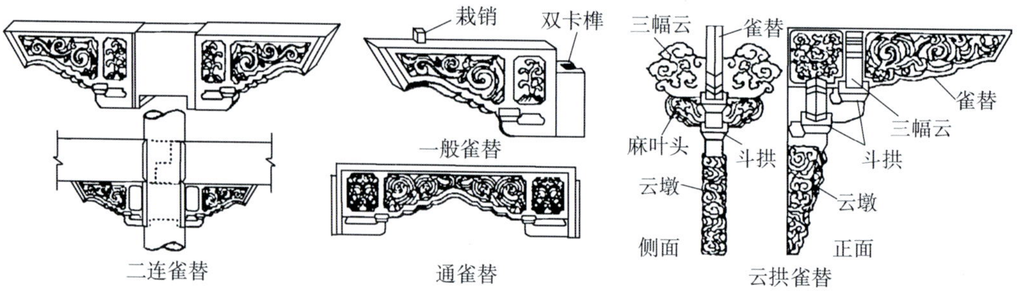

栽销　双卡榫　三幅云　雀替　麻叶头　斗拱　云墩　侧面　正面　三幅云　斗拱　云墩　雀替

二连雀替　一般雀替　通雀替　云拱雀替

a)

卷草　梅竹　卷草夔龙　葫芦　葵花　茎草夔龙

木板雕刻型

拐子纹　简拐纹

棂条拼接型

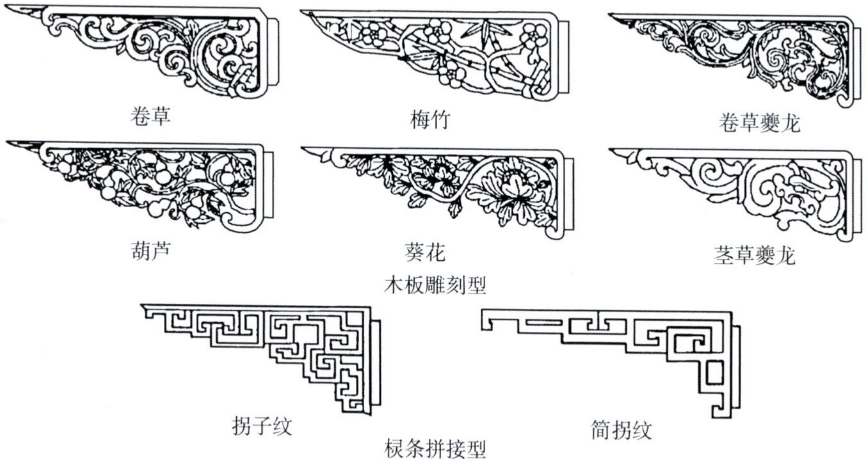

b)

图 3—1—58　雀替与花牙子

a）雀替的种类　b）花牙子的种类

二、传统亭施工图样例

传统亭的施工详图见图 3—1—59 至图 3—1—64。

任务实施

一、识读并抄绘传统亭施工图

1. 了解施工图样例中图纸的结构和大致内容，学会如何看图，能够对图纸达到一个比较直观的认知程度。能够看懂图纸中亭的平面图、立面图、剖面图及节点大样图的相应尺寸标注、材料标注及线形标注等内容。

2. 选择一传统亭的施工图纸进行 CAD 抄绘练习。

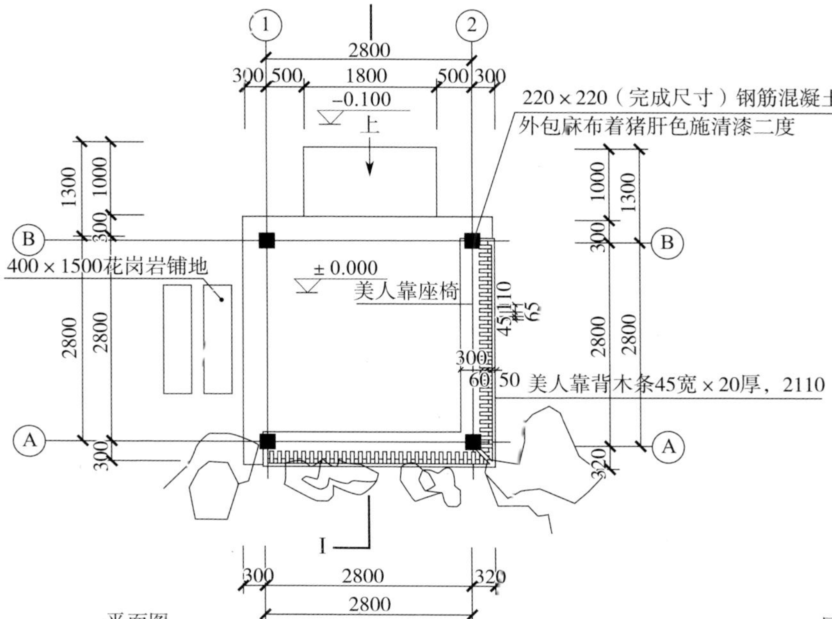

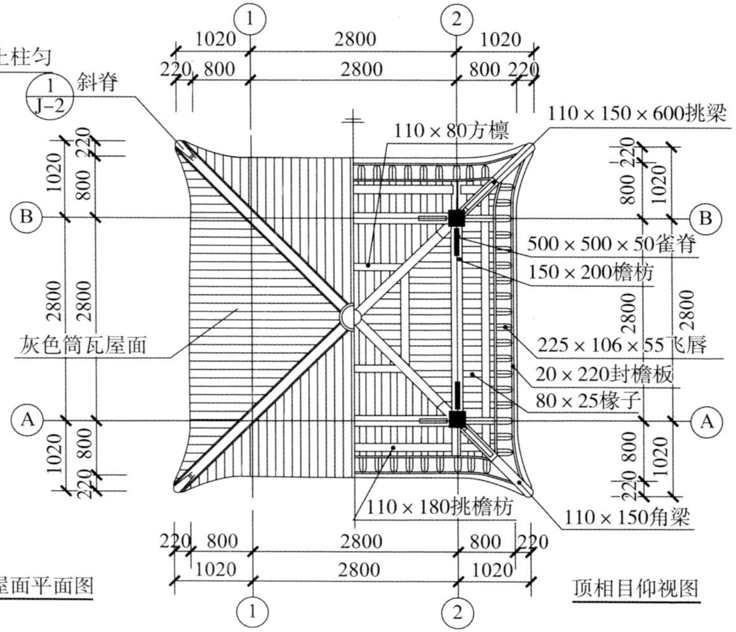

平面图

220×220（完成尺寸）钢筋混凝土柱匀外包麻布着猪肝色施清漆二度

−0.100

上

±0.000

美人靠座椅

400×1500花岗岩铺地

美人靠背木条45宽×20厚，2110

屋面平面图

斜脊

灰色筒瓦屋面

顶相目仰视图

110×150×600挑梁

110×80方檩

500×500×50雀脊

150×200檐枋

225×106×55飞唇

20×220封檐板

80×25椽子

110×180挑檐枋

110×150角梁

图 3—1—59　传统亭施工详图（一）

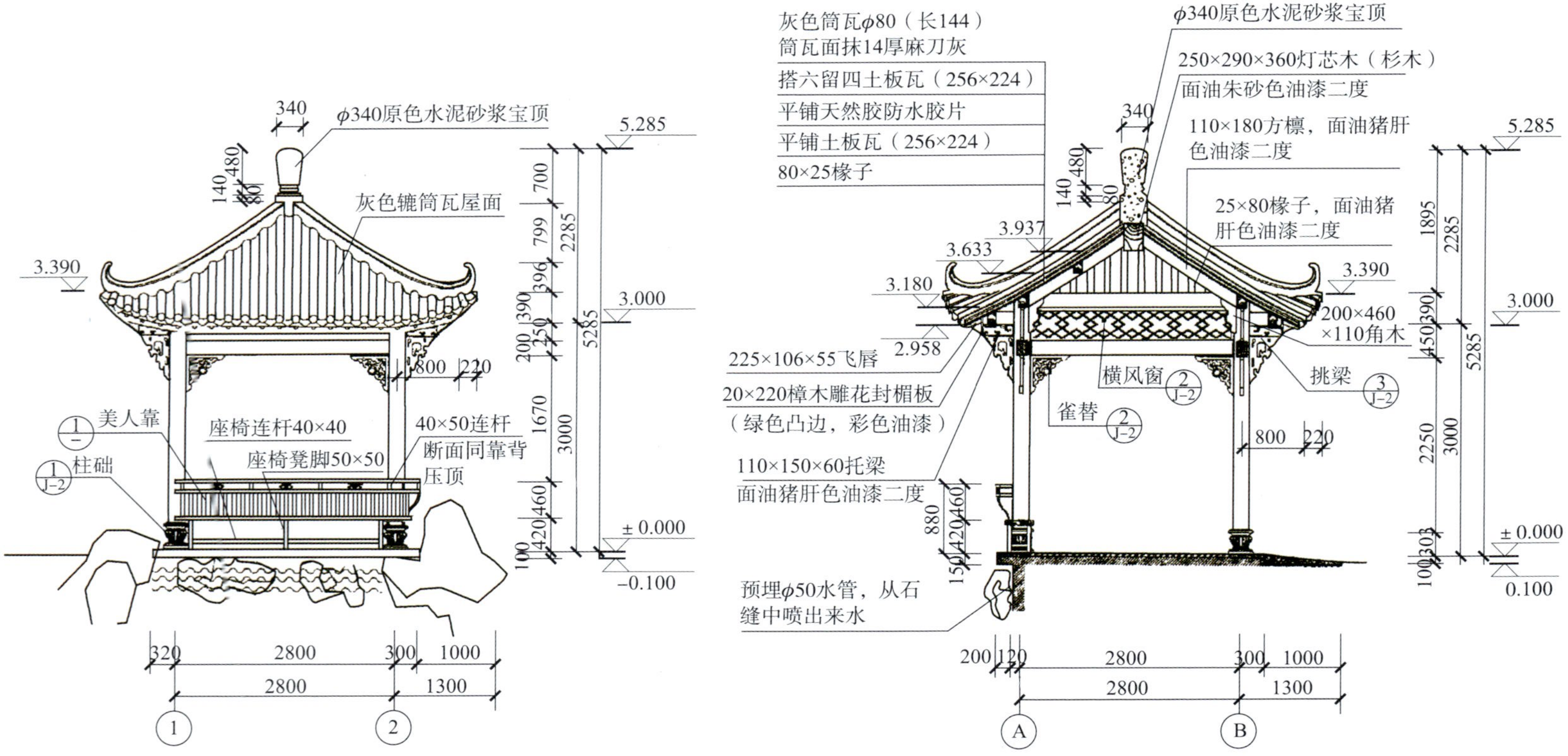

φ340原色水泥砂浆宝顶
灰色镰筒瓦屋面
美人靠
柱础
座椅连杆40×40
座椅凳脚50×50
40×50连杆
断面同靠背
压顶
5.285
3.390
3.000
± 0.000
-0.100
340
480
140
80
700
799
396
390
250
200
1670
460
420
100
2285
3000
5285
800
220
320
2800
300
1000
1300
1
2

① - ② 立面图

灰色筒瓦φ80（长144）
筒瓦面抹14厚麻刀灰
搭六留四土板瓦（256×224）
平铺天然胶防水胶片
平铺土板瓦（256×224）
80×25椽子
φ340原色水泥砂浆宝顶
250×290×360灯芯木（杉木）
面油朱砂色油漆二度
110×180方檩，面油猪肝色油漆二度
25×80椽子，面油猪肝色油漆二度
200×460×110角木
挑梁
横风窗
雀替
225×106×55飞唇
20×220樟木雕花封椙板
（绿色凸边，彩色油漆）
110×150×60托梁
面油猪肝色油漆二度
预埋φ50水管，从石缝中喷出来水
3.937
3.633
3.180
2.958
3.390
5.285
3.000
± 0.000
0.100
1895
390
450
2250
30
100
2285
3000
5285
460
420
150
880
200
120
2800
300
1000
1300
A
B

I－I 剖面图

图 3—1—60　传统亭施工详图（二）

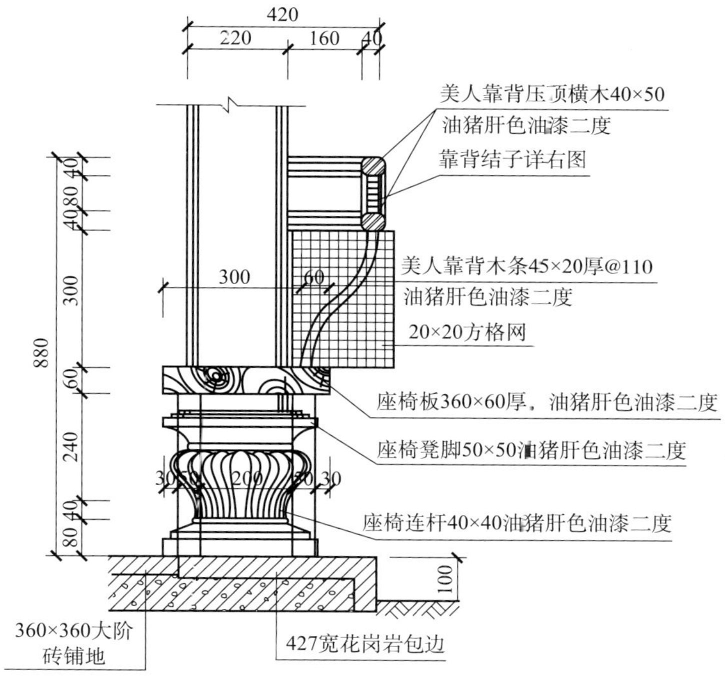

图 3—1—61　传统亭施工详图（三）

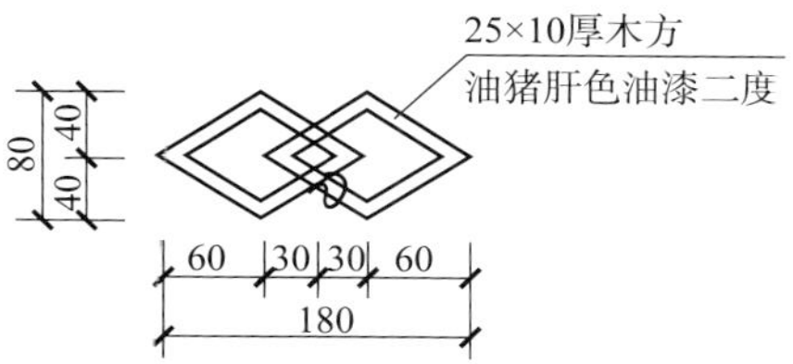

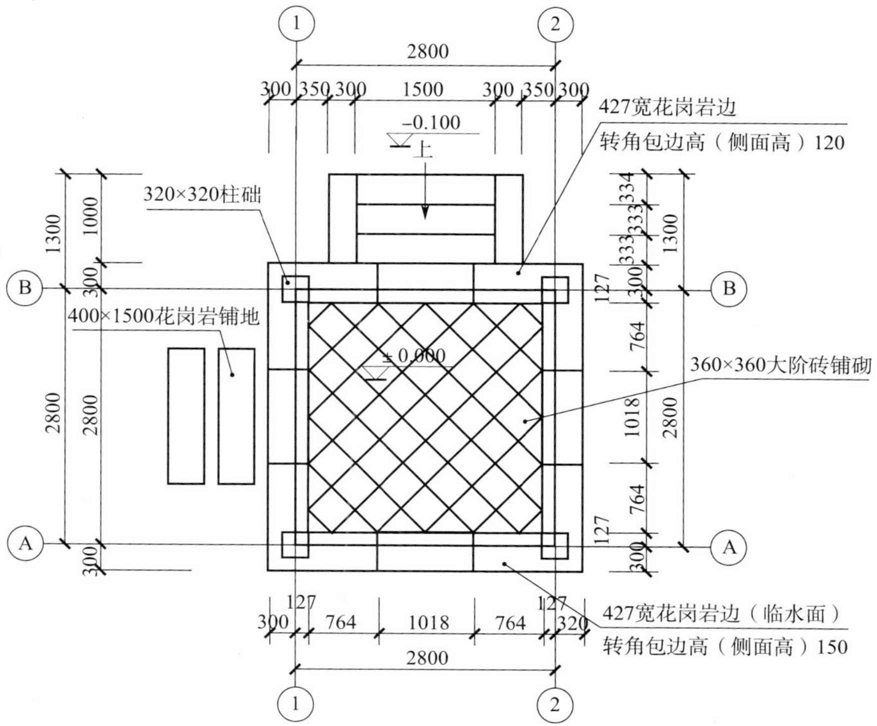

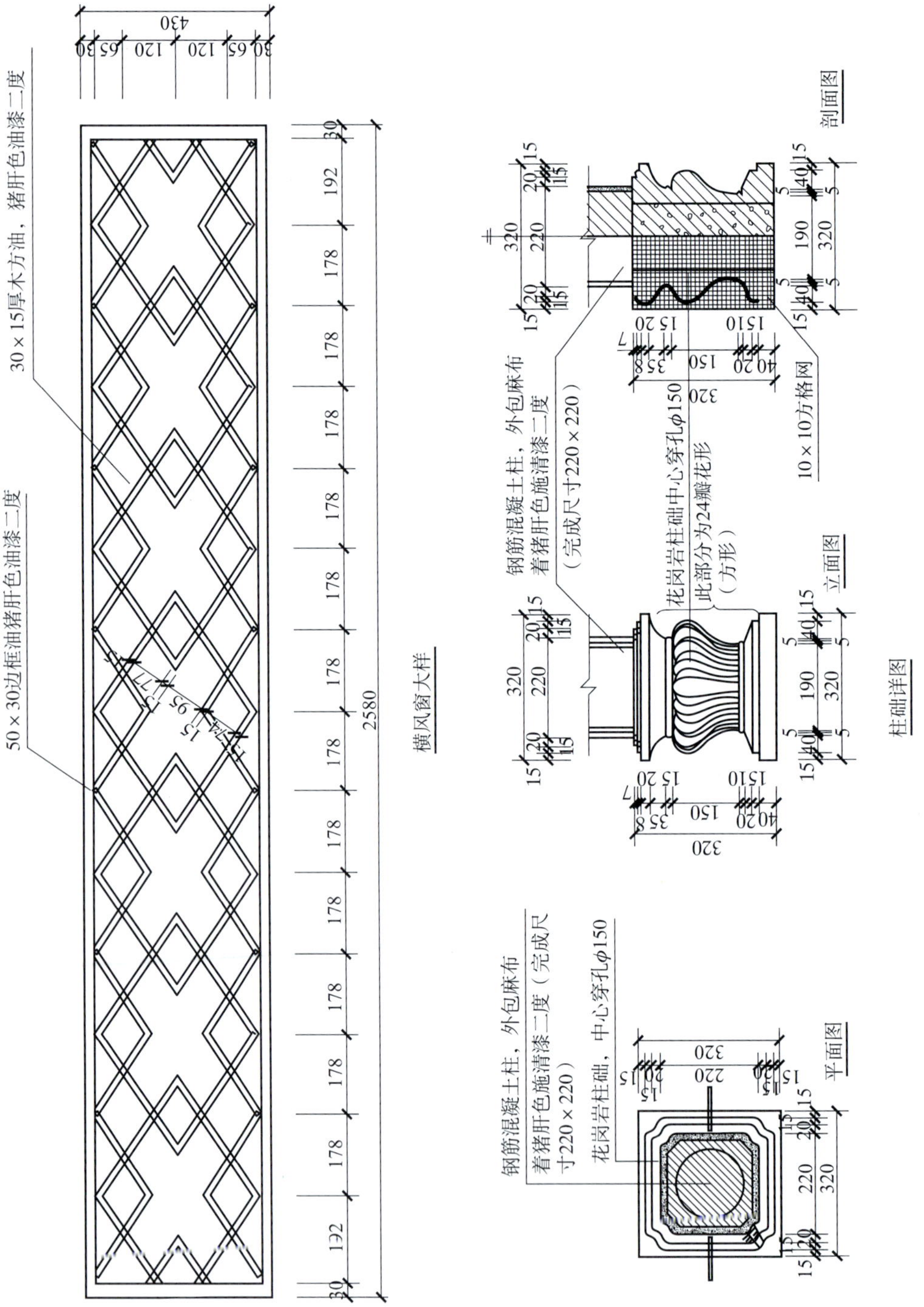

50×30边框油猪肝色油漆二度

30×15厚木方油，猪肝色油漆二度

30 65 120 120 65 30 430

30 192 178 178 178 178 178 178 178 178 178 178 178 178 192 30

2580

横风窗大样

钢筋混凝土柱，外包麻布着猪肝色施清漆二度（完成尺寸220×220）

花岗岩柱础，中心穿孔$\phi150$

平面图

钢筋混凝土柱，外包麻布着猪肝色施清漆二度（完成尺寸220×220）

花岗岩柱础中心穿孔$\phi150$

此部分为24瓣花形（方形）

立面图

10×10方格网

剖面图

柱础详图

图 3—1—62　传统亭施工详图（四）

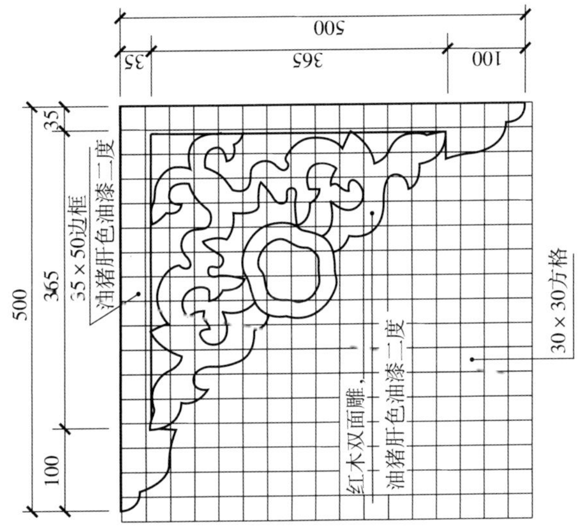

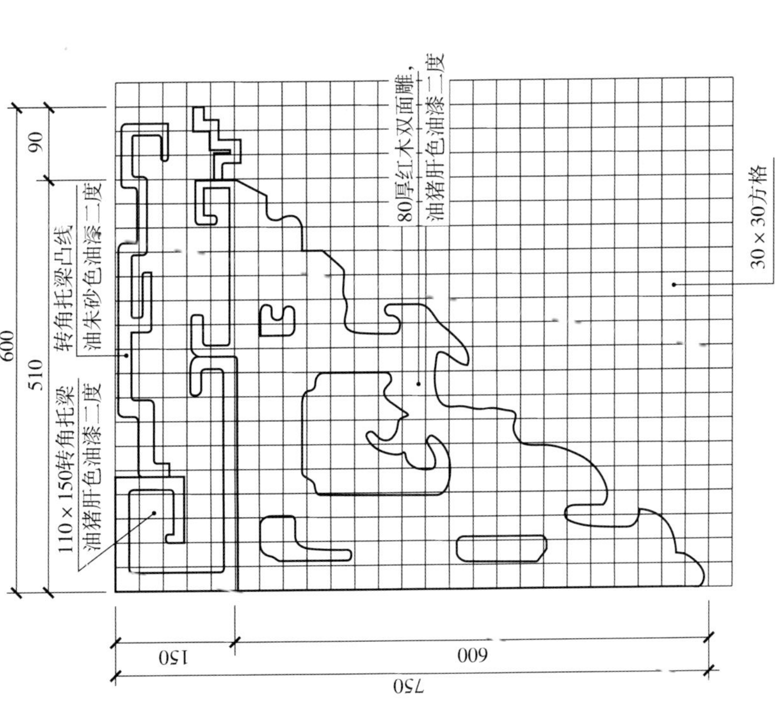

图 3—1—63 传统亭施工详图（五）

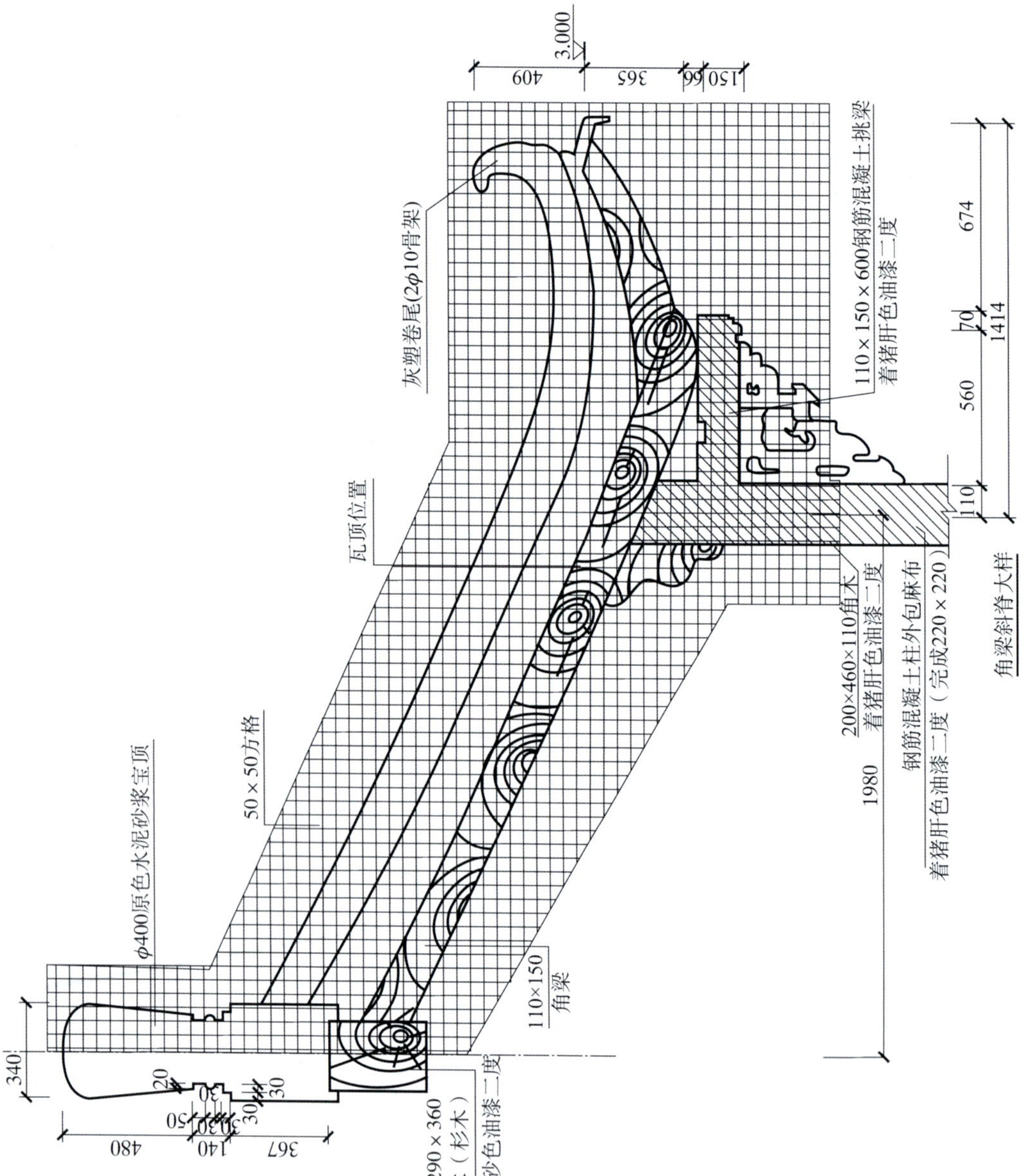

φ400原色水泥砂浆宝顶

50×50方格

瓦顶位置

灰塑卷尾(2φ10骨架)

250×290×360
灯芯木（杉木）
面油朱砂色油漆二度

110×150
角梁

200×460×110角木
着猪肝色油漆二度

110×150×600钢筋混凝土挑梁
着猪肝色油漆二度

钢筋混凝土柱外包麻布
着猪肝色油漆二度（完成220×220）

340　480　20　50　140　30　30　30　30　367　409　3.000　365　66　150　1980　110　560　70　674　1414

角梁斜脊大样

图 3—1—64　传统亭施工详图（六）

二、绘制塔影亭施工图

采用 CAD 绘制塔影亭施工图。要求图面结构完整，构图合理，清洁、美观，图例、文字标注和图幅符合制图规范。

按平面图→立面图→剖面图顺序绘制亭施工图。图纸平面尺寸用毫米（mm）表示。

塔影亭施工图如图 3—1—65 至图 3—1—67 所示。

1. 绘制梁架平面图

（1）按照亭的形式和规格画出柱网中心轴线平面图。以各中心线为基础，按照各构件的厚度尺寸，绘制出各根檐檩、抹角梁、金檩的平面投影。

（2）依各柱轴线画出角梁、由戗、雷公柱的水平投影。

（3）画出飞椽和檐椽的檐口线。

2. 绘制侧立面图

（1）根据柱网平面图，从各中心点引出垂直线。

（2）画一条水平线作为柱脚的水平线，以此线为准，量出檐柱高，并画出柱顶平行线。

（3）从柱顶线向下，量出檐枋高的尺寸，向上量出檐垫板高的尺寸，即可画出枋底线和檐垫板顶线。

（4）在檐垫板顶线上，绘制屋面檐口轮廓曲线，包括屋面正中檐口线和两边的檐口线（它们都只表示屋面构造形式的示意线，施工放样时应另行根据木构架中正身椽和翼角椽的檐口线来确定，因此，绘制屋面檐口线时并不要求非常精确）。

（5）根据所选用的宝顶形式和尺寸绘制出宝顶，再绘制垂脊轮廓曲线及屋脊屋面瓦作线。

（6）绘制吊挂楣子、美人靠等。

3. 绘制屋顶及地面铺装平面图

（略）

4. 绘制挂落、翼角、美人靠、柱础等详图

（略）

三、传统亭的施工步骤

1. 定点放线

根据设计图纸和地面坐标系统的对应关系，用测量仪器把亭子的位置和边线测放到地面上。

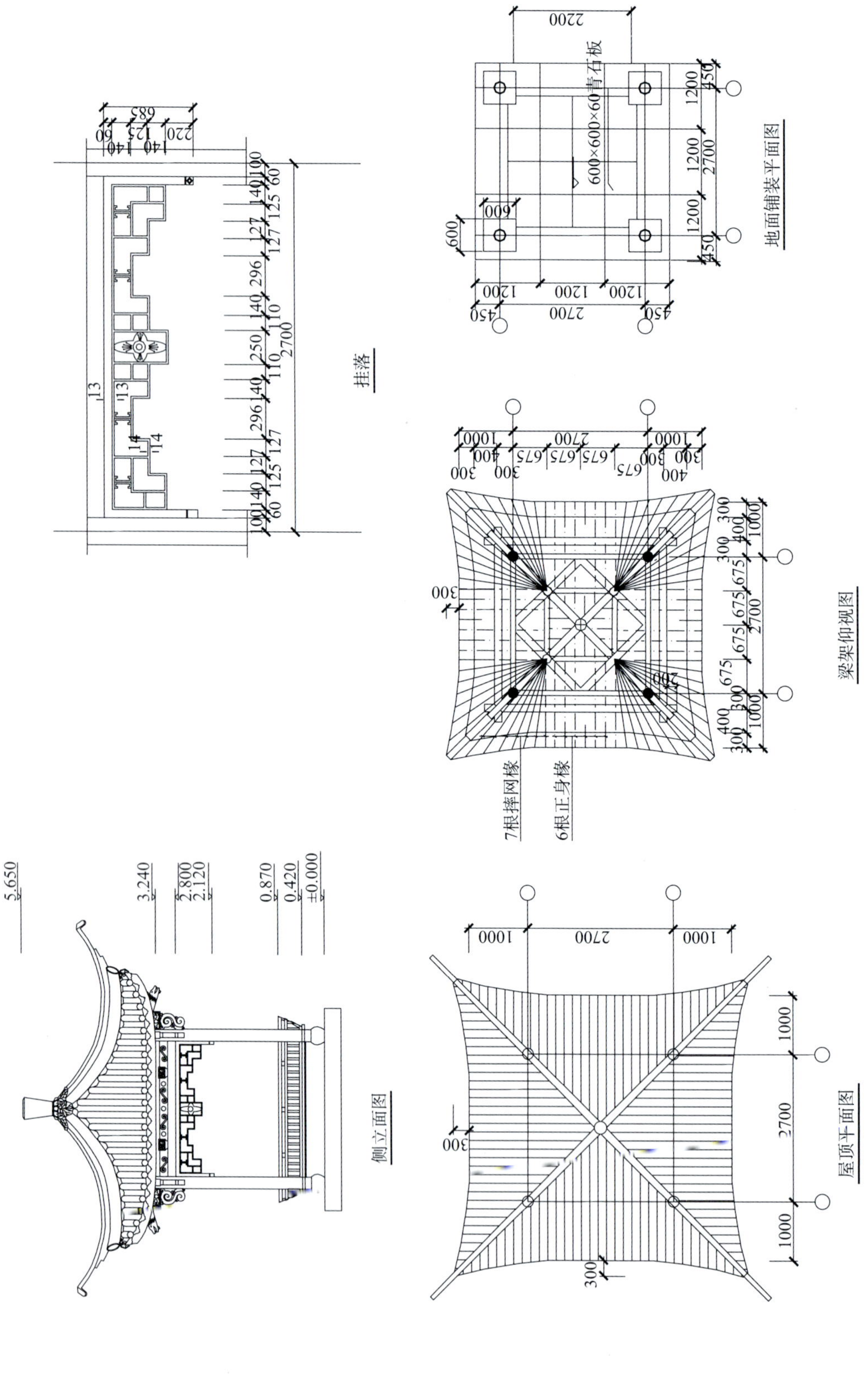

侧立面图

挂落

7根摔网椽

6根正身椽

600×600×60青石板

屋顶平面图

梁架仰视图

地面铺装平面图

图 3—1—65　塔影亭施工图（一）

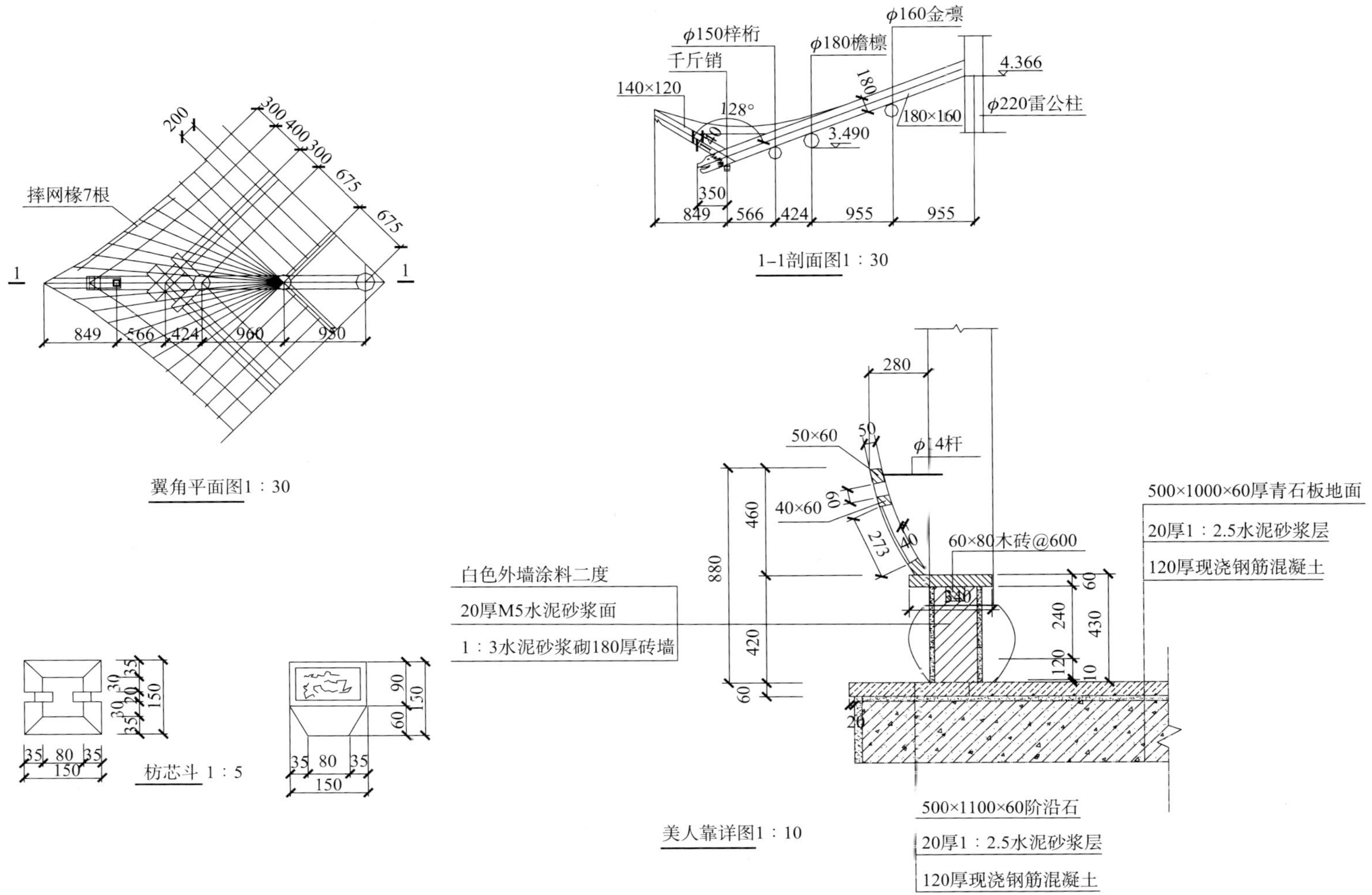

翼角平面图1：30

1-1剖面图1：30

美人靠详图1：10

枋芯斗 1：5

图 3—1—66　塔影亭施工图（二）

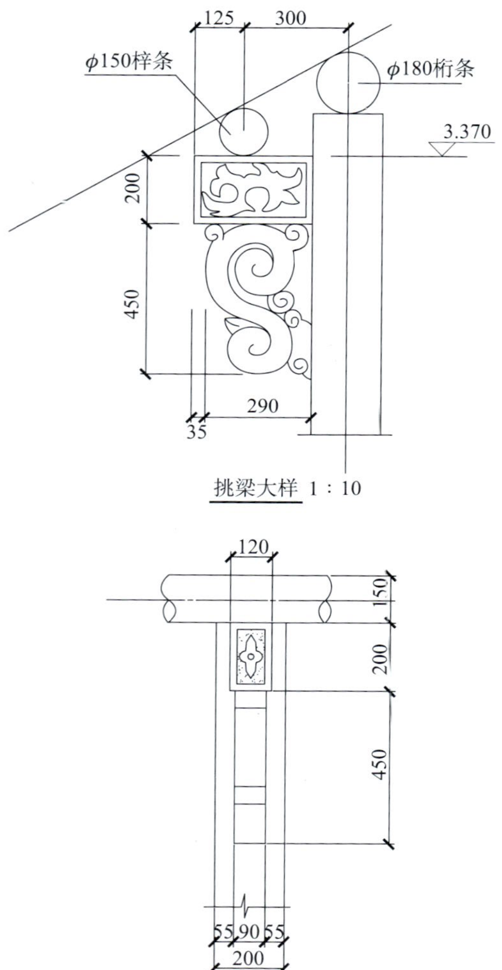

挑梁大样 1：10

木雕牛腿 1：10

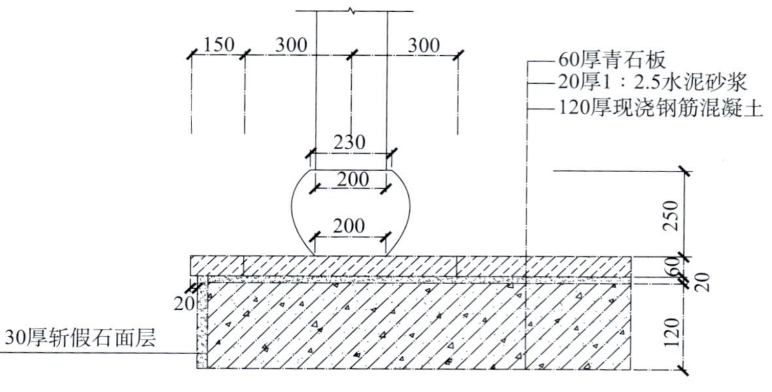

柱础立面图 1：10

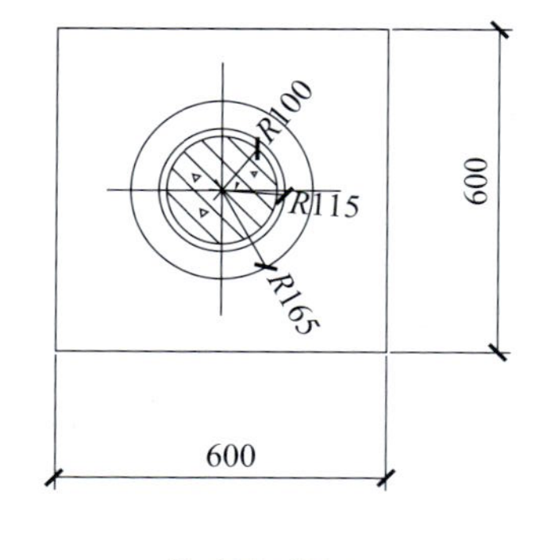

柱础平面图 1：10

图 3—1—67 塔影亭施工图（三）

2. 基础处理

根据地面放线，向外放宽 200 mm 挖槽，素土夯实，有松软处要进行加固，不得留下不均匀沉降的隐患。向上做 100 mm 厚碎石加 5% 水泥垫层；其上为现浇钢筋混凝土层，厚度 120 mm，配双向钢筋网，直径 12 mm；然后铺 20 mm 厚 1∶2.5 水泥砂浆结合层；最上面铺青石板地面。

3. 柱础与柱身

安装模板浇筑钢筋混凝土柱础（顶直径 230 mm，底直径 200 mm，最宽处 330 mm）。

在柱础上立柱。先在地面把两柱与一檐枋的榫卯拼接好，在檐枋与柱之间钉辅助性斜料木，以防止檐枋与柱之间榫卯滑动脱落和角度变化，然后抬到两柱础上，用铅锤调好垂直。依次立好四柱。

在四柱外搭脚手架。在柱顶上安置花梁头以承接上架的檐檩，各花梁头之间填以檐垫板。在四柱下部安装美人靠，四柱上部安装挂落。

4. 安装上架

在花梁头上安装搭交檐檩，在檐檩上安装抹角梁，梁上安置交金墩承接搭交金檩。在两圈檩木的交角处安置角梁，角梁由老戗、嫩戗和箴木、菱角木和扁担木构成，安装之前先在地面上拼装好。各角梁尾端由由戗与雷公柱插接，形成攒尖结构。

5. 安装屋面

安装檐椽。亭中部为 6 根正身檐椽，靠近老戗木的为 7 根燕尾檐椽。先安装好正身檐椽，末端钉一根弯曲的小连檐木，待小连檐木裁定并两端撑在两角梁侧面后，开始钉燕尾檐椽，最后按照小连檐木裁断燕尾檐椽的外端。然后将望板横铺在檐椽上。接着安装飞椽，仍然先钉正中心的 6 根正身飞椽，然后截取相应长度的大连檐木，钉牢之后，开始钉 7 根摔网椽，之后齐大连檐木外沿裁断摔网椽外端。其上铺压飞望板，由长条薄板横向依次向上钉。

6. 屋面瓦作

铺瓦从屋角开始，然后是宝顶。瓦作必须根据瓦垄瓦沟的宽度定出瓦垄线，然后依线间宽度抹水泥砂浆铺底瓦，最后是盖筒瓦。因上、下层瓦的叠放顺序是上层在上、下层在下，故大体应从滴水瓦和沟头瓦开始向上铺。

7. 做垂脊

在老戗木和嫩戗木两边的底瓦和盖瓦铺好后，合脊处用砂浆、半砖、砖碎找平，上面再砌一层砖，两边用切割成半的筒瓦条贴出弧形面，上面可再加砌一层红砖，粉刷后即可。最后完成翘角，翘角的现场性很强，因此，工匠的水平直接关系到翘角的美观。

8. 安装宝顶

宝顶可以先预制好，因比较重，需吊装到亭顶。在预制时，宝顶内的榫口一定要平

滑，雷公柱的顶面一定要裁平，不得略有倾斜，否则宝顶套上后会倾斜，微调很不容易。

9. 设色

清除木材表明毛刺、污物，用砂布打磨光滑，打底层腻子，干后砂布打磨光滑，按要求逐层涂底漆、面漆等。

评分标准

序号	项目与技术要求	配分	检测标准	实训记录	得分
1	施工图设计内容完整	20	平面图、立面图、剖面图是否完整、齐全		
2	各构件结构合理	40	各部分组成及结构、尺寸是否科学合理		
3	标注准确，制图规范	20	文字标注是否准确，是否符合制图规范		
4	构图合理，整洁美观	20	图纸构图是否合理，图纸表达是否美观		

知识链接

江苏扬州瘦西湖景区各亭的屋顶构造

江苏扬州瘦西湖景区各亭的屋顶构造如图 3—1—68 至图 3—1—76 所示。

图 3—1—68　双三角亭

图 3—1—69　四角亭（一）

图 3—1—70　四角亭（二）

图 3—1—71　四角亭（三）

图 3—1—72　圆亭

图 3—1—73　歇山顶亭及与廊的衔接

图 3—1—74　重檐八角亭（一）

图 3—1—75　重檐八角亭（二）

图 3—1—76 五亭桥上的五亭

思考与练习

1. 亭的木构架是由哪三部分内容组成的？各部分的构造如何？

2. 亭的屋顶包括哪些内容？各部分的构造及做法是什么？

3. 请为任务一中你所设计的亭绘制建筑平面图、立面图及剖面图，要求结构合理、内容完整、制图规范。

4. 请按照任务实施中传统亭的施工图及施工步骤制作亭的模型，材料不限，要求结构合理、造型美观。

任务三 现代亭的造型设计与施工图绘制

任务目标

◇了解现代亭的分类及其特点

◇了解外国亭的特点

◇掌握现代亭施工图绘制

◇了解现代亭制作步骤

任务提出

图 3—1—77 所示为某校园实训基地绿化平面图。请为该基地设计现代亭，并绘制施工图（包括平面图、立面图、剖面图及节点大样图）。要求能够按图指导施工。

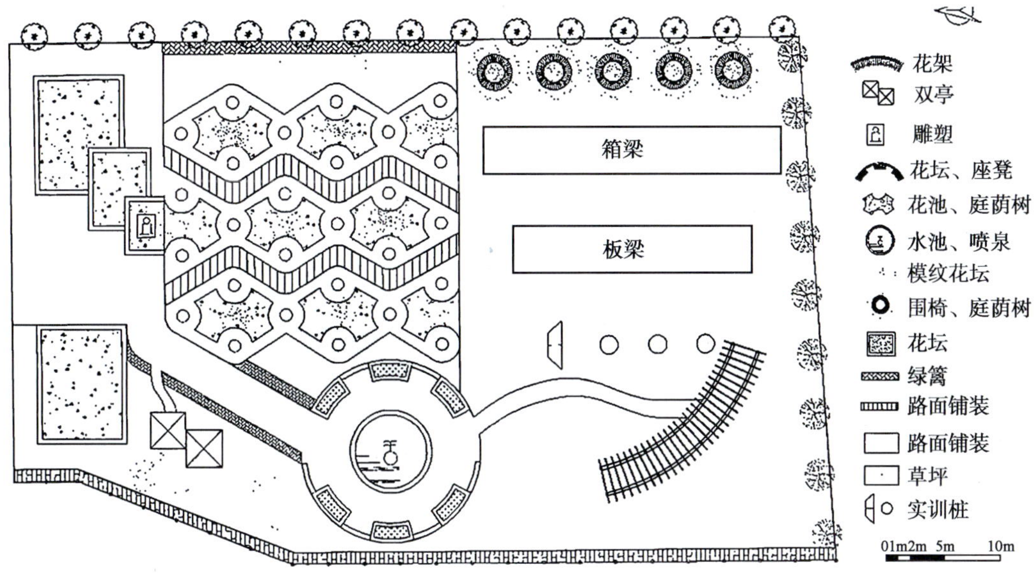

图 3—1—77　某校园实训基地绿化平面图

任务分析

设计现代亭并绘制施工图，首先要对现代亭的分类及其特点有充分的了解，此外，本着“古为今用、洋为中用”的原则，还应对外国亭有必要的了解。在此基础上，整体把握亭的布局与位置选择，充分利用基址处一切可利用的环境条件，确定亭的造型。按图指导施工，一要掌握现代亭施工图绘制方法，二要了解现代亭的施工步骤。

相关知识

一、现代亭的分类

1. 现代传统型亭

现代传统型亭是用现代的手法创造的传统亭，在比例和形式上模仿传统亭，在结构上进行简化，在细部上进行创新，使用新材料及新技术。所以，现代传统型亭是对传统亭的

继承，同时又富有时代气息（见图 3—1—78）。

图 3—1—78　现代传统型亭

2. 仿生型亭

仿生型亭就是模仿动物、植物以及其他自然物体的外形而建造的亭，如蘑菇亭、贝壳亭、牵牛花亭等（见图 3—1—79）。

图 3—1—79　仿生型亭

3. 生态型亭

生态型亭是采用对生态环境没有破坏的技术与材料（如茅草、竹子等），或可循环利用或可再生材料（如金属、玻璃等）建造的亭。它不仅符合环保要求，而且在形象、质感上易与自然环境相融合（见图 3—1—80）。

图 3—1—80　生态型亭

4. 解构组合型亭

解构组合型亭是指用解构的手法将亭的构成元素重新组合，并进行变构而形成的新亭（见图 3—1—81）。

图 3—1—81　解构组合型亭

5. 图腾型亭

通过亭的造型来表达图腾和历史文脉，如帽子在原始社会中作为部落图腾出现，故而不同形式的帽亭具有不同的文化象征意义和地域文化识别性（见图 3—1—82）。

图 3—1—82　图腾型亭

6. 虚实相生型亭

虚实相生型亭是指具有亭的外形轮廓而不一定是亭的亭。虚实相生型亭以虚代实，它可以是景窗，也可以是景门，还可以是亭的一部分（见图 3—1—83）。

图 3—1—83　虚实相生型亭

7. 现代创新型亭

现代创新型亭突破传统亭的造型，寻求观念、结构上的大胆创新，与周围环境组合，构造新的意境（见图 3—1—84）。

图 3—1—84　现代创新型亭

8. 海派风韵型亭

海派风韵亭是指在充分了解西方亭的思想观念的基础上，借鉴其建造技法和表现形式，并固守中国特色，按照中国人的审美与欣赏方式创造的有文化内涵的亭（见图 3—1—85）。

图 3—1—85　海派风韵型亭

9. 新材料结构型亭

新材料结构型亭中最具有代表性的是膜结构亭。膜结构亭是一种全新形式的亭，是集建筑学、结构力学、材料科学与计算机技术为一体的新型的景观建筑（见图 3—1—86）。

图 3—1—86　膜结构亭

二、外国亭

1. 亚洲亭

（1）朝鲜亭　中朝两国一衣带水，自古以来交往频繁，在经济、文化的交往中包含了建筑、园林之间的相互渗透与影响。

平面上，中国亭和朝鲜亭平面形状均以方形、三角形、圆形为最基本形状。立面上，中国古亭立面分为亭顶、亭身和亭基三部分，而朝鲜古亭立面包括亭顶、亭身、台基和础石四部分。色彩上，朝鲜亭和中国亭近似，均以灰、青、红、绿、紫、黑、褐为基本色，而灰、红、绿为最基本色。由于色彩的不同搭配与组合，构成了各种不同的色彩氛围（见图 3—1—87）。

图 3—1—87　朝鲜亭

（2）日本亭　中国造园艺术随佛教进入日本后，日本造园艺术成为东亚造园体系中的重要一员。日本亭作为园林中的建筑形象，也被认为是中国古代唐式亭的派生和拓展，主要表现在亭的造型、结构、立体轮廓、线脚上，蕴含于亭名、匾额及其他的中国唐宋文物摆设及装饰中。淳朴、清素是日本亭建筑特有的魅力。

在材料运用上，日本亭常使用天然材料如竹、木、草、树皮、泥土和毛石等，往往直接展露出亭的结构和构造，表现出材料的物理特性，从而充分展现其自然材料的质感和色泽。

在色彩运用上，日本亭多以低调为主，相对来讲重造型轻色彩，格调主要以白、灰色相间，突出其造型的轻快、幽静的感觉。

在结构和构件上，日本亭建筑造型以洗练简约、优雅洒脱见长，亭顶起坡较缓。亭如果是原木结构，其间就巧妙地配置些格架、竹帘等构件，体现简单、朴实的传统风格。

日本古典亭还有一个特点是其周边往往配置石灯笼、石洗手钵、竹水勺等小品，这是与亭的静心、休息和候茶等功能相适应的（见图 3—1—88）。

图 3—1—88　日本亭

（3）东南亚亭　东南亚大多数国家在中世纪时受中国和印度文化影响较深，中国的木构架建筑和印度的佛教建筑及印度教建筑大量传入后，经当地人民改造而最终形成各自的风格。东南亚的泰国、马来西亚、越南、菲律宾等国园林之中的亭，在形式上有与中国中原地区的亭相同的，而更多的是与中国的东南边境地区的亭有颇多相似之处。因受当地气候条件和传统影响，东南亚地区亭的一大特色是富有地域气息的造型，如深远的出檐、多折且多层的屋面组合，有时气势恢宏，有时轻巧动人（见图 3—1—89）。

图 3—1—89　东南亚亭

（4）中亚与西亚亭　中亚与西亚国民多信奉伊斯兰教，建筑具有其宗教特征（见图 3—1—90）。

2. 伊斯兰亭

伊斯兰园林是世界园林艺术三大主流之一，其园林建筑的立面一般比较简洁，墙面多半为沉重的实体，大门和廊子多用各式拱券组成，这也是伊斯兰教建筑的主要特征。

在伊斯兰园林中亭子有两种位置形式：一种是大型建筑的辅助建筑，独立于主体建筑；另一种是依附于或作为建筑整体的一部分。亭的特色十分鲜明，尤其是在细部装饰上，一是拱券和穹顶的多种多样的花式，二是大面积的表面图案装饰（见图 3—1—91）。

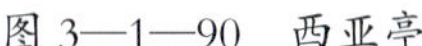
图 3—1—90　西亚亭

图 3—1—91　伊斯兰亭

3. 欧洲亭

欧洲亭造型规则，简洁中透出一股浪漫，往往善于表现精美的细部造型，在形式建构方面多数具有统一肌理，整体空旷但又能体现其内在的“实”。由于地理环境、历史文化等诸多因素的影响，使得欧式园林建筑设计继承了传统的文化气息——实用、美观。

欧式园林一般都巧妙利用山川地貌特点，整体规划具有空间广阔、环境优美、可容纳大量人群等独到之处。欧洲亭往往处于中轴线、端点等控制性的位置上（见图 3—1—92）。

图 3—1—92　欧洲亭

三、现代亭施工图举例

参见图 3—1—93 至图 3—1—95。

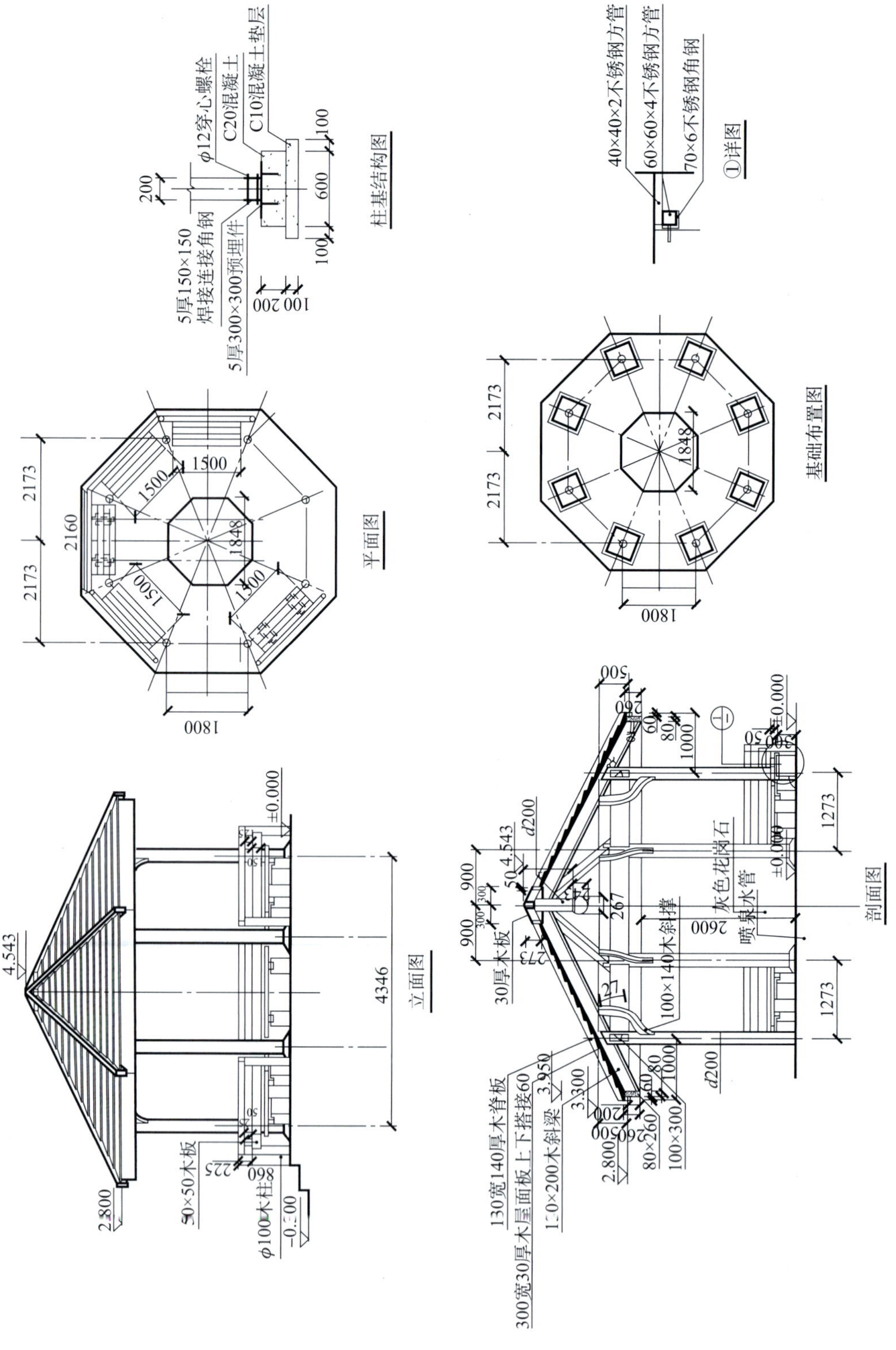

4.543
2.800
50×50木板
φ100木柱
-0.300
±0.000
225
860
50
4346
立面图

2173
2173
2160
1500
1500
1500
1500
1848
1800
平面图

φ12穿心螺栓
C20混凝土
C10混凝土垫层
5厚150×150焊接连接角钢
5厚300×300预埋件
200
100
600
100
100 200
柱基结构图

2173
2173
1848
1800
基础布置图

40×40×2不锈钢方管
60×60×4不锈钢方管
70×6不锈钢角钢
①详图

130宽140厚木脊板
300宽30厚木屋面板上下搭接60
120×200木斜梁
30厚木板
100×140木斜撑
灰色花岗石
喷泉水管
d200
4.543
3.950
3.300
2.800
900 900
300 300
80×260
100×300
2600
1273
1273
1000
±0.000
剖面图

图 3—1—93　八角木亭

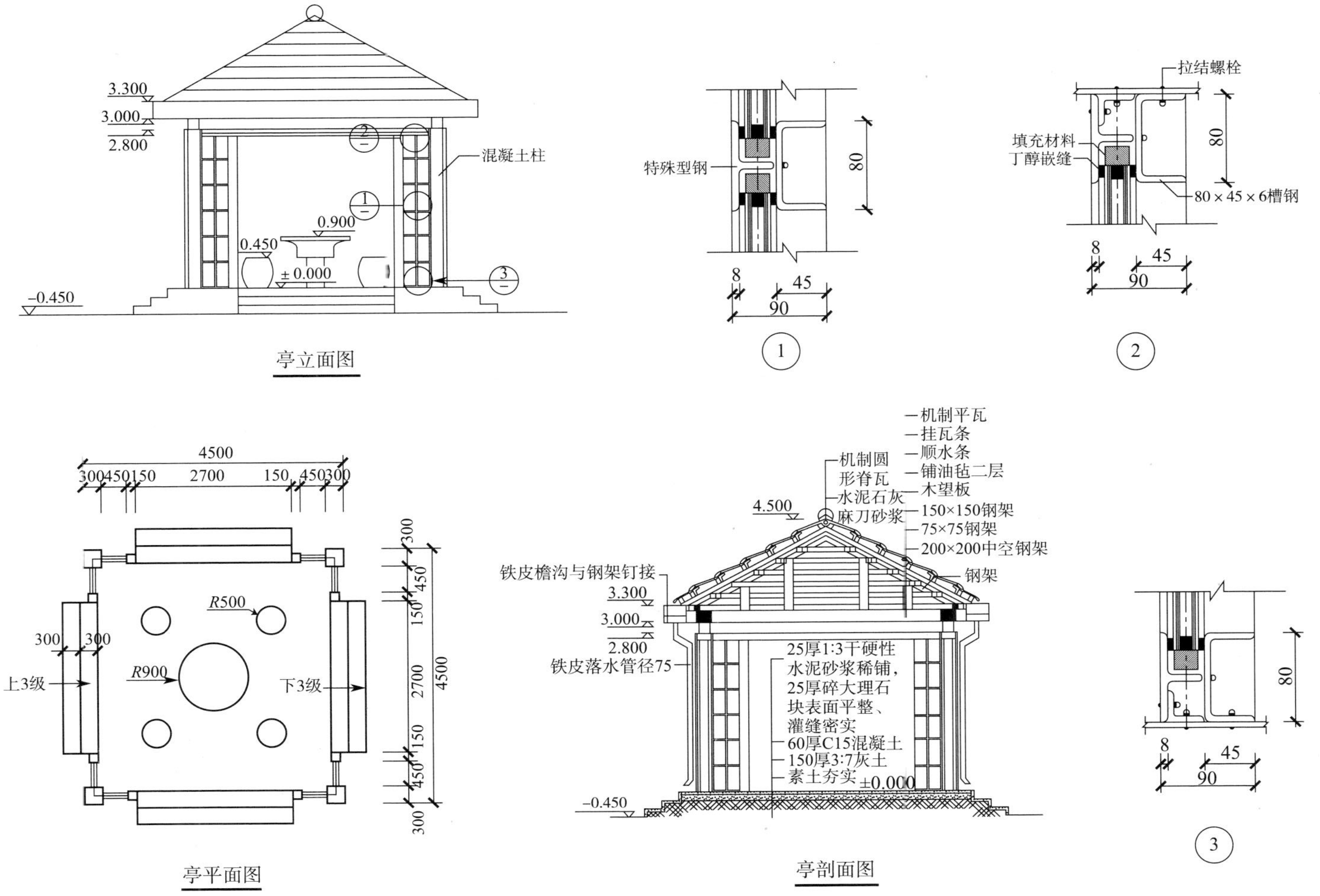

图 3—1—94　混凝土组合构架亭

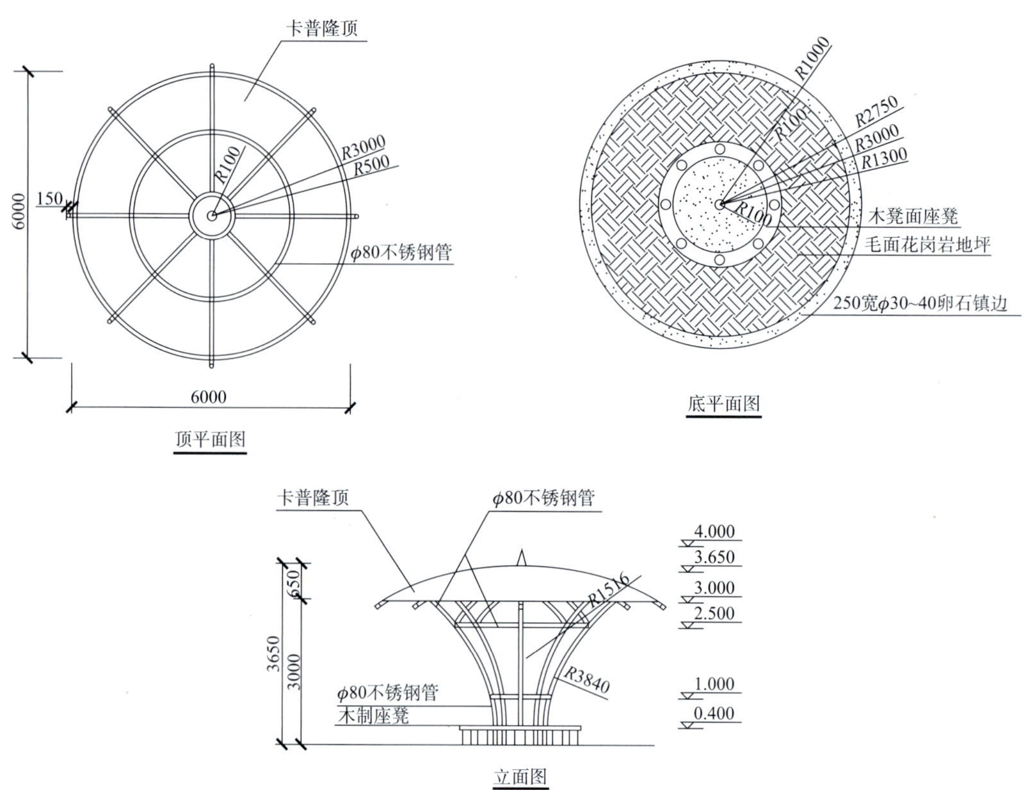

图 3—1—95　轻钢—钢管组合式构架亭

任务实施

一、绘制现代亭的设计方案

设计方案应注意亭的透视表现，尽量选择能够表现亭全貌的角度，效果图着重表现亭的造型、色彩、材质等，并以简要的环境要素进行适当烘托。

图 3—1—96 所示为现代亭的设计方案效果图样例。

二、多方案比较，确定最终设计方案

本任务最终确定亭为两个造型一致、高低错落的双亭。双亭中各亭为木结构坡顶方亭，立柱由 4 根小柱组成中心组合柱，支撑坡顶，柱周围设围凳。

双亭的设计方案电脑效果图如图 3—1—97 所示，环境整体设计方案手绘效果图如图 3—1—98 所示。

三、绘制双亭施工图

采用 CAD 绘制亭的平面图、立面图、剖面图及节点大样图，要求图面结构完整，构

图合理，清洁、美观，图例、文字标注和图幅符合制图规范。

按平面图→立面图→剖面图顺序绘制亭施工图。图纸平面尺寸用毫米（mm）表示，标高以米（m）为单位。本方案确定的绘图比例为 1 : 20 和 1 : 30。

1. 绘制平面图

绘制亭顶平面图、铺装平面图及基础平面图，表现亭的平面形状、平面尺寸关系与做法等。

先绘制出平面轴线，再绘制外围线和构造线，然后进行尺寸标注与材料标注，并标示出相应的地面标高，绘制剖切符、剖切方向及向图索引。

图 3—1—96　现代亭的设计方案效果图样例

图 3—1—97　双亭设计方案电脑效果图

图 3—1—98　环境整体设计方案手绘效果图

2. 绘制立面图

立面图表达亭立面效果。先绘制地面线，再绘出柱、座凳、屋面等构造线，注意把握亭的尺度及各部分比例关系，确定亭及各部分高度，然后标注亭立面的相应尺寸及必要的标高等。

3. 绘制剖面图

剖面图按亭正投影绘制，表示出亭的构造、尺寸及材料。剖面图以地面线为基准向上绘制柱、座凳、屋顶，并绘制投影方向可见的其他构造及构配件等，最后加粗地坪线，标示各部分的构造尺寸及材料，并注明标高。

绘制亭顶、座凳、基础详图及大样，并进行相应的尺寸及材料标注。

双亭的施工图如图 3—1—99、图 3—1—100 所示。

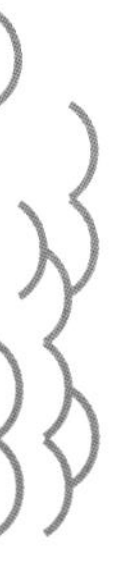

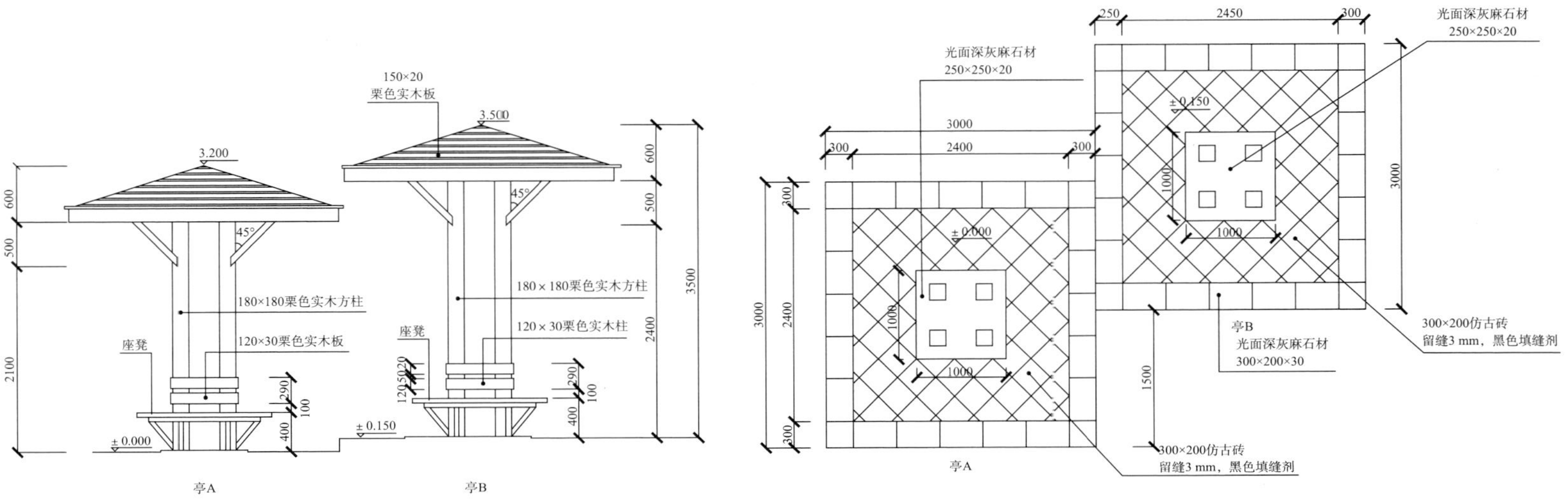
150×20
栗色实木板
3.500
3.200
600
500
2100
2400
3500
45°
180×180栗色实木方柱
120×30栗色实木板
180×180栗色实木方柱
120×30栗色实木柱
座凳
座凳
290
100
400
1205020
±0.000
±0.150
亭A
亭B
光面深灰麻石材
250×250×20
光面深灰麻石材
250×250×20
250
2450
300
3000
300
2400
300
±0.000
±0.150
1000
1000
1000
1000
3000
2400
3000
300
300
1500
亭B
光面深灰麻石材
300×200×30
300×200仿古砖
留缝3 mm，黑色填缝剂
300×200仿古砖
留缝3 mm，黑色填缝剂
亭A

立面图　　　铺装平面图

图 3—1—99　双亭施工图（一）

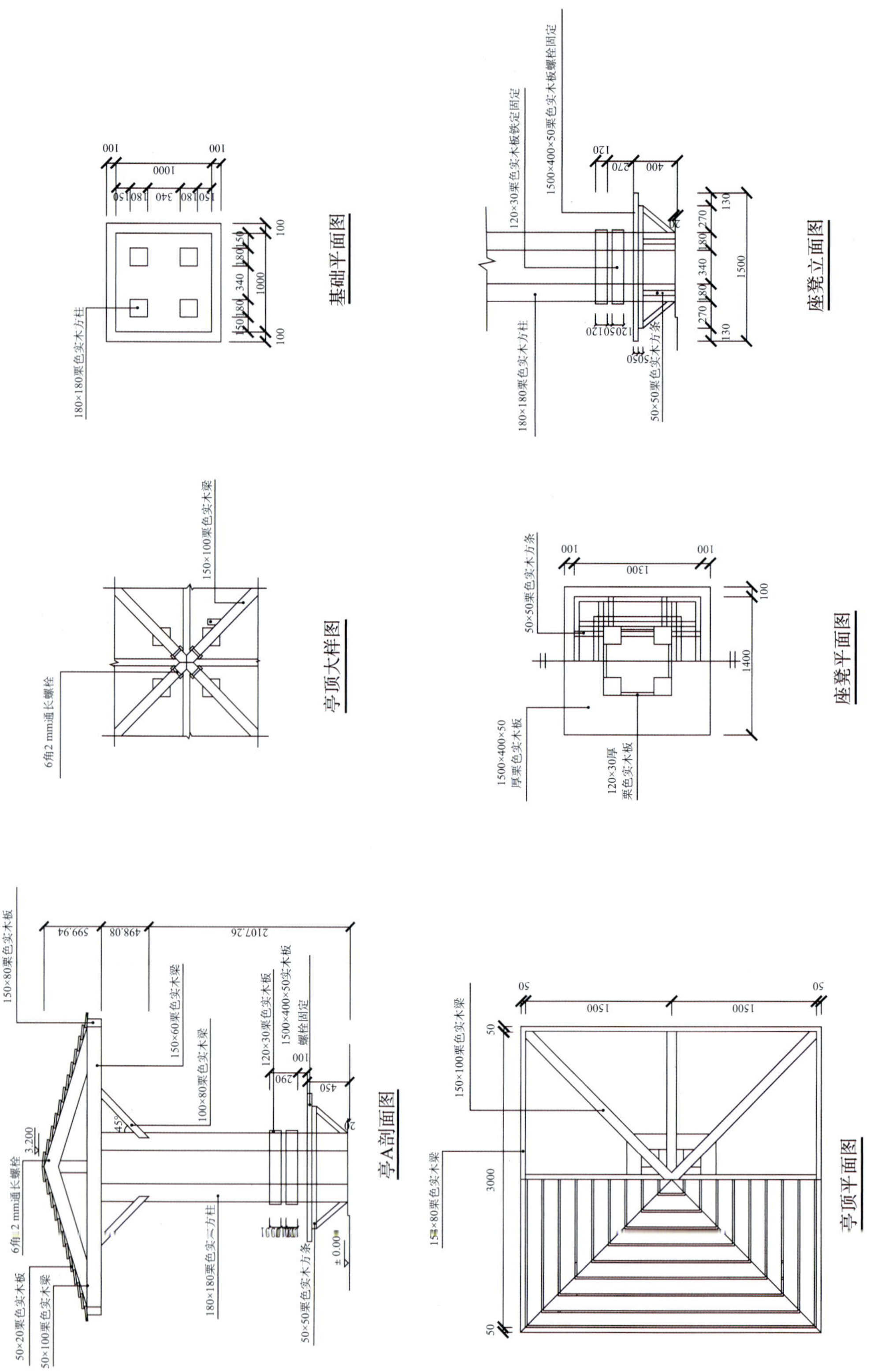

50×20栗色实木板
6角2 mm通长螺栓
3.200
150×80栗色实木板
50×100栗色实木梁
599.94
498.08
45°
150×60栗色实木梁
100×80栗色实木梁
180×180栗色实二方柱
2107.26
120×30栗色实木板
1500×400×50实木板
螺栓固定
290
100
50×50栗色实木方条
±0.00
450

亭A剖面图

6角2 mm通长螺栓
150×100栗色实木梁

亭顶大样图

180×180栗色实木方柱
100
150 180 340 180 150
1000
100

基础平面图

15■×80栗色实木梁
150×100栗色实木梁
50
3000
50
1500
1500
50

亭顶平面图

1500×400×50
厚栗色实木板
50×50栗色实木方条
120×30厚
栗色实木板
100
1300
100
1400
100

座凳平面图

180×180栗色实木方柱
120×30栗色实木板铁定固定
1500×400×50栗色实木板螺栓固定
120 50 120
50 50
50×50栗色实木方条
120
270
400
270 180 340 180 270
130
130
1500

座凳立面图

图 3—1—100　双亭施工图（二）

四、施工前的准备工作

1. 施工人员应为具有一定经验的园林工程技术人员和技术工人，熟悉相关的施工技术规范及设计图纸。

2. 根据设计要求选出符合质量要求的施工机具与施工材料，建立健全施工方案和质量保障体系。

在材料准备过程中，木材规格、品种、数量都应符合施工图的相关设计要求。木、板等材料不可有虫蛀及腐朽等问题，螺栓受剪面接连的地方不可有裂纹，方木及原木的含水率应不高于 25%，并根据相关要求做防腐、防火、防蛀等处理。

3. 开挖基坑需经监理工程师验收合格。基础施工前，应排出基坑内积水。施工过程应严格根据相关施工技术规范及施工设计要求进行。

五、双亭的施工步骤

1. 定点放线

根据设计图纸和地面坐标系统的对应关系，用测量仪器把亭子的位置和边线测放到地面上。

2. 基础处理

根据地面放线，向外放宽 300 mm 挖槽，素土夯实。向上做 120 mm 厚碎石加 5% 水泥垫层；其上为现浇钢筋混凝土层，厚度为 120 mm，配双向钢筋网，直径为 12 mm；然后铺 20 mm 厚 1∶2.5 水泥砂浆结合层；最上面铺 300 mm × 300 mm 仿古砖及 300 mm × 200 mm × 20 mm 和 250 mm × 250 mm × 20 mm 的光面花岗岩石材（详见图 3—1—100 中的铺装平面图）。

3. 安装下架

浇筑钢筋混凝土柱基础，其上立柱，柱基础有一定的埋深，并用金属预埋件将木柱固定于混凝土中。在柱顶上安置梁，梁与柱之间钉斜料木，以防止梁与柱之间角度变化。柱与梁用榫卯、螺栓、螺钉等固定（见图 3—1—101）。

4. 安装上架

在十字搭交梁中心处立雷公柱，安置角梁及屋面承重梁，各梁两端分别搭接在十字搭交梁和雷公柱上，以榫卯、角钢、螺栓、螺钉等连接固定，形成亭子的上架攒尖结构（见图 3—1—102）。

图 3—1—101　安装亭的下架

图 3—1—102　安装亭的上架

5. 安装屋面

预先在地面上按屋面形状钉屋面板条，板条叠放顺序是上层在上，下层在下。安装好后裁切整齐。分别做好四片屋面，安装在屋顶梁架结构上（见图 3—1—103）。

6. 安装座凳

制作座凳及靠背所需的木方、板条及其榫卯结构，做到形态符合要求、尺寸准确，并安装于四柱周围（见图 3—1—104）。

图 3—1—103　安装亭的屋面

图 3—1—104　安装亭的座凳

7. 设色

清除木材表明毛刺、污物，用砂布打磨光滑，打底层腻子，干后砂布打磨光滑，按要求逐层涂底漆、面漆等，严禁漏刷、脱皮、透底，做到表面光亮、光滑、线条平直（见图3—1—105）。

图 3—1—105　亭的设色

评分标准

序号	项目与技术要求	配分	检测标准	实训记录	得分
1	造型美观	30	亭的造型是否美观、新颖、实用		
2	效果图表现美观	20	效果图表现是否美观、明确		
3	施工图内容完整	30	平面图、立面图、剖面图是否完整、齐全		
4	制图规范	20	文字标注是否准确，是否符合制图规范		

知识链接

现代亭造型及细部结构实例

现代亭及其细部结构实例如图 3—1—106 所示。

思考与练习

1. 现代亭的种类包括哪些？各有什么特点？

2. 设计一个现代亭，绘制其建筑透视效果图及施工图，要求造型简洁、美观、比例合理、制图规范。

3. 在现代亭施工图举例中，任选一个亭的施工图进行抄绘。

图 3—1—106　现代亭及其细部结构实例

课题二

廊的设计与施工

建筑物成组群布置是中国传统建筑的特征之一。廊和园墙及其他造园要素把各单体建筑组织起来，从而形成了空间多变、层次丰富的建筑群体。

廊是一种“虚”的建筑形式，上有屋顶，周无围蔽，下不居处，通常是指屋檐下的过道或独立有顶的通道。廊是供人漫步行走、防雨防晒的立体的路，是建筑与室外空间相联系的过渡与缓冲空间。在造园中，廊是园林规划组织空间的重要手段，它通过一系列的路线、柱框、景窗、景门等的布局安排，对游人的游览起着规定性的引导作用，是造园者把其创作意图强加给游人的行动路线，而这种无言的强制，要使游人在探奇寻幽中自觉接受，方为成功之作。计成在《园冶》中记载：“廊基未立，地局先留，或余屋之前后，渐通林许。蹑山腰，落水面，任高低曲折，自然断续蜿蜒，园林中不可少斯一

断境界。”

廊既能引导视角多变的导游交通路线，又可划分景区空间，丰富空间层次，是中国传统园林建筑中的重要组成部分。现代园林景观中的廊，其形式和设计手法日趋丰富，它既是联系不同景观空间的一种通道式建筑，又是组织人们游览、观赏、休息及划分景区空间的建筑。

任务一　廊的造型设计

任务目标

◇掌握廊的特点

◇了解廊的作用

◇掌握廊的不同类型及各自的特点

任务提出

图 3—2—1 所示为新中式景观中景墙的设计。请根据其环境风格，设计一游廊，要求造型简洁、通透，并与景观环境相协调。

图 3—2—1　新中式景墙

任务分析

进行廊的设计，首先要对廊的特点和作用有整体的把握，其次要掌握不同类型的廊各自有什么特点，它们是如何与环境相配合的。通过廊的设计及效果图表现，进一步提高园林建筑的设计与表现能力。

相关知识

一、廊的特点

1. 形式的通透性

廊的立面多由立柱、漏窗、空窗、门洞等组成，一排或两排列柱顶着一个不太厚实的屋顶，形式开敞、明朗通透。在廊的一侧可透过立柱之间的空间观赏到廊另一边的景色，像一层“帘子”一样，似隔非隔，若隐若现，把廊两边的空间有分又有合地联系起来，起到一般建筑物达不到的效果。

2. 单元“间”的连续性

廊的基本单元为“间”，由“间”的重复连续组成长短不一的廊，廊在平面上可直可曲。如北京颐和园的长廊由273间组成，全长728 m，为我国园林第一长廊。此外天津宁园、江苏无锡蠡园等，也都是有近百间的长廊。

3. 平面布局的长线性

如果把整个园林作为一个“面”来看待，那么，亭、榭、厅、堂、轩、馆等建筑物在园林中就可以被视为“点”，而廊、墙、园路等可以被视为“线”。通过这些“线”的联络，使各分散的点相互联系而成为有机的整体。通过“点”“线”“面”的巧妙结合，创造出多姿多彩的景观效果，使全园的结构和谐统一。

4. 基址选择的随意性

廊适于多种园林基址。由于廊的体态轻巧、结构简单，只要稳固地安下4根柱子，一间间简单的梁柱结构的廊即可建成，因而廊的基址选择具有很大的随意性。《园冶》中记载：“可曲可直……随形而弯，依势而曲，或蟠山腰，或穷水际，通花渡壑，蜿蜒无尽……”廊的建造几乎不受基址限制，逢山爬山，遇水涉水，均可因地制宜。

5. 空间的多变性

廊通过内外空间的围透融合，形成了廊本身的起、承、转、合的或开敞、或封闭、或半封闭的丰富的内外空间布局。我国江南园林曲廊有丰富的空间变化，有时利用墙角尽端离开墙一段距离，形成一个小天井空间，栽竹置石构成小景，使廊有不尽之意。

二、廊的作用

1. 联系建筑

在园林中，常用廊联系各单体建筑组成群体建筑空间。中国木结构体系的建筑物，一般个体建筑的平面形状都比较简单，通过廊、墙等把一栋栋的单体建筑物组织起来，形成了空间层次上丰富多变的建筑群体，也将园林中各景区、景点联系成有序的整体，使各式建筑主次分明、错落有致，即使零散布置，也不显得杂乱无章。在皇家宫苑、寺庙园林、私家园林中，都可以看到这种手法的运用，这也是中国传统建筑的特色之一。在我国南方多雨的地区，廊更为普遍地应用在园林建筑之间，能够很好地为行走其间的人遮阳、防雨（见图 3—2—2）。

图 3—2—2 云南昆明世博园苏州园以廊联系各单体建筑

2. 组织空间

我国的园林，为满足不同的功能要求和创造出丰富多彩的景观气氛，通常用廊、墙等把单一的庭园划分为两个以上的局部空间，把全园的空间划分成大小、明暗、开敞、封闭、横长、纵深等有配合、有对比、有节奏的空间体系，彼此互相衬托，形成各具特色的景区（见图 3—2—3）。

图 3—2—3 江苏扬州何园以廊分隔组织园林空间

廊既划分空间，也围合空间，并在围中有透，通过立柱、漏窗、空窗、门洞等形式形成围透结合、隔而不断的空间效果。江南古典园林中常用此法，巧妙地创造出各种室内外交融的小庭园，其空间流畅而生动。

3. 组廊成景

廊的平面可由“间”自由组合，形式又开敞通透，宜与室外环境空间相融合，尤其是善于与各种不同的地形地貌相结合，与自然融为一体。廊也可独自成景，其列柱、横楣、座凳栏杆等在游览中构成一系列框景，增加了景观层次，增强了园林趣味，使游人在步移景异中欣赏一系列的景观序列。同时，廊因造型别致、曲折迂回、高低错落，加上丰富的色彩及建筑彩画，本身也构成了丰富的园林景观（见图 3—2—4）。

4. 实用功能

廊具有一系列的长度，具有连续而有序排列的特点，能适应一些展出的要求。古典园林常在廊的一面墙上展出书法、字画和石刻。现代园林在廊的一面墙上开设橱窗展出工艺品、雕塑、模型等，或以花格博古架的形式展出花卉、盆景等装饰品（见图 3—2—5），也可利用廊的形式展出旅游商品等作为广告宣传。

图 3—2—4　江苏南京总统府中的廊自成一景

图 3—2—5　廊内展出的盆景

三、廊的类型

廊的类型多种多样，其分类方法也有很多。按照廊的立面形式可将廊分为双面空廊、单面空廊、复廊、双层廊、暖廊和单支柱廊；按照廊的位置可将廊分为平地廊、爬山廊和水走廊；按照廊的平面形式可将廊分为直廊、曲廊、回廊等；按照廊的顶部构筑形式可将廊分为屋式廊、构架廊、透光廊、简支式单体组合廊等。

1. 按照廊的立面形式分类

（1）双面空廊　双面空廊又称空廊或双面画廊，是指只有屋顶用柱支撑、四面无墙的廊，双面空廊是最基本、运用最多的廊，在园林中既是通道又是游览路线，还可分隔空间，因此不论是在景观层次深远的大环境中，还是在曲径通幽的小空间中均可运用。当人们顺着廊这条导游路线行进时，廊的两侧都有景可赏，而两侧景色的主题可相应不同。如北京颐和园长廊（见图 3—2—6）、江苏苏州拙政园廊（见图 3—2—7）等。

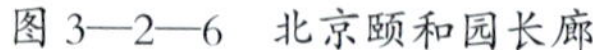

图 3—2—6　北京颐和园长廊

图 3—2—7　江苏苏州拙政园廊

（2）单面空廊　单面空廊又称半廊，廊的一侧通透面向园林主要景色，廊的另一侧为墙或建筑所封闭。若被单面空廊分隔的相邻空间需要完全隔离时，则作封闭实墙处理（见图 3—2—8）；若宜形成隔中有透、似隔非隔的两个空间，则可透过空窗、漏窗、什锦灯窗、格扇、空花格及各式门洞等形成半封闭的景观效果（见图 3—2—9）。单面空廊的屋顶有时做成单坡状，以利于排水。

图 3—2—8　江苏苏州寒山寺单面空廊

图 3—2—9　江苏南京莫愁湖景区单面空廊

（3）复廊　复廊又称内外廊，是指在双面空廊的中部设墙，墙上开设空窗、漏窗，形成两侧都是单面空廊的廊。在复廊内分成两条走道，所以廊本身较宽，从廊的这一边可以透过空窗、漏窗看到廊另一边的景色，两侧景色互借。这种复廊，要求在廊两边都有景可观，而景观又在各不相同的园林空间中。此外，同一段复廊，游人可以在内外走两次，等于延长了交通路线的长度，也增加了游人的游兴，达到使园林小中见大的目的，如江苏苏州狮子林复廊（见图 3—2—10、图 3—2—11）。

复廊还可使分隔的两侧空间都不暴露生硬的围墙，如果复廊设在园林与园外空间的界墙处，可使园内外景色的围墙感弱化。例如江苏苏州沧浪亭东北面的复廊，建在分隔园内外空间的界墙处，使得园林内外都减弱了围墙感。此外，这段复廊还妙在借景，沧浪亭本身园中无水，但北部园外有河有池，因此，园林布局尽可能将建筑物移向南部，而在园林北部则顺着弯曲的河岸修建空透的复廊，西起园门、东至观鱼池，以假山砌筑河岸，使山、水、建筑结合得非常紧密，游人还未进园即有“身在园外，仿佛已在园中”之感。进园后在曲廊中漫游，行于临水一侧可观水景，好像河、池仍是园林不可分割的一个部分，透过漏窗，隐约可见园内苍翠古木丛林。反之，水景也可从漏窗透至南面廊中。通过复廊，将园外的水和园内的山互借，手法极妙（见图 3—2—12、图 3—2—13）。

图 3—2—10　江苏苏州狮子林复廊左侧

图 3—2—11　江苏苏州狮子林复廊右侧

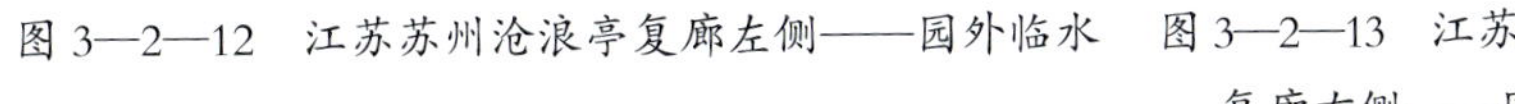

图 3—2—12　江苏苏州沧浪亭复廊左侧——园外临水

图 3—2—13　江苏苏州沧浪亭复廊右侧——园内庭园

（4）双层廊　双层廊又称楼廊或阁道，具有上下两层结构，可联系不同标高的建筑和景物，以增加廊的气势、观景层次和赏景路线。由于它富于层次上的变化，因此也有助于丰富园林建筑的立面体轮廓。

如江苏扬州的何园，用双层折廊划分了前宅与后园空间，楼廊高低曲折，回绕于各厅

堂、住宅之间，成为交通纽带，经复廊可通全园。园中有水池，池边安置有戏亭、假山、花台等。通过楼廊的上下立体交通可多层次地欣赏园林景色（见图 3—2—14）。

图 3—2—14　江苏扬州何园双层廊

（5）暖廊　暖廊是设有可装卸门窗的廊，既可以防风雨又能保暖隔热，是最适合北方寒冷地区及有保温要求的建筑，如为植物盆景等展览用的廊（见图 3—2—15）。

图 3—2—15　江苏苏州耦园暖廊

（6）单支柱廊　单支柱廊是只有中间一排支柱支撑屋顶的廊（见图 3—2—16、图 3—2—17）。这种廊多采用钢筋混凝土结构，结合新材料、新技术，造型轻巧、通透，是现代园林绿地中常见的一种建筑形式，如画廊、宣传廊等。

2. 按照廊的位置分类

（1）平地廊　平坦的地形，廊应配合环境争取变化。在园林的小空间中或小型园林建廊，常沿界墙及附属建筑物以“占边”的形式布置（见图 3—2—18）。形制上有在庭园的一面、二面、三面和四面建廊，在廊、墙、房等围绕起来的庭园中部组景，形成园林构图中心，组成四面环绕向内的内聚性空间，形成中心庭园的较大空间和动势向心的视线集中

图 3—2—16　居住区单支柱廊

图 3—2—17　景区单支柱廊

的焦点。稍大一些的园林，如江苏苏州拙政园、沧浪亭、狮子林等，沿着园林的外墙布置环形的廊也是常见的手法（见图 3—2—19）。这种廊除了起导游路线与避免日晒雨淋的作用外，还在形象上打破了高而实的外墙墙面的单调感，增加了风景的层次和空间的纵深。

近年来，在新建绿地的开阔空间常见造型各异的新式游廊，这类廊主要着眼于利用廊围合与组织空间，并常在廊两侧柱间设置座椅提供休息，廊的平面围合方向则面向主要景观。

图 3—2—18　江苏苏州耦园平地廊

图 3—2—19　四川成都杜甫草堂平地廊

（2）爬山廊　在山地不同高程的建筑用廊连接成通道，此类廊称为爬山廊。爬山廊可避雨防滑，也可借以丰富山地建筑的空间构图。廊的屋顶和基座有斜坡式和层层跌落的阶梯式两种：地形坡度大者常采用斜坡式，梁柱间不能保持直角正交，每间形成平行四边形（见图 3—2—20）；坡度不是很大的地形，廊的结构为了仍可做成直角，也可分段建成阶梯式（见图 3—2—21）。

（3）水走廊　水边或水上建廊一般称为水走廊，供欣赏水景及联系水上建筑之用。水走廊可分为岸边廊、水上廊和桥廊。

图 3—2—20　云南昆明金殿风景区爬山廊

图 3—2—21　江苏扬州瘦西湖爬山廊

1）岸边廊。岸边廊是位于岸边的水走廊。在水岸曲折自然的情况下，廊大多沿着水边成自由式布局。园林水体的驳岸可作为水边廊的基础，廊柱间座凳栏杆又正好是水边安全防护设施。为了求得水上倒影与近临水面效果，廊应尽可能贴近水面，如能部分挑于水面之上，临水景观效果更好，还可以更好地满足游人的亲水需求（见图 3—2—22、图 3—2—23）。

图 3—2—22　江苏南京瞻园岸边廊

图 3—2—23　江苏苏州沧浪亭岸边廊

2）水上廊。水上廊是凌驾于水上的水走廊。水上廊以露出水面的石台或石墩为基，廊基一般宜低不宜高，最好使廊的底板尽可能贴近水面，并使水经过廊下互相贯通（见图 3—2—24）。人们漫步于水上廊，环顾左右，宛若置身水面之上，别有风趣。如江苏苏州拙政园西部水上廊，不只挑于水面之上，而且地面标高做得略有起浮，人行其上如行在水波之上，时左时右，时高时低，变幻着观景的角度与视野，非常有趣（见图 3—2—25）。

3）桥廊。桥廊是在桥上建廊，可供游人休息、游览。桥的造型在园林中比较特殊，它横跨水面，能在水中形成倒影，分隔水面似水上长虹，别有风韵，桥上设廊更可为园林景观锦上添花（见图 3—2—26）。如江苏苏州拙政园的小飞虹桥廊，形态纤巧而优美，在划分空间层次、组织观赏路线上起着重要的作用（见图 3—2—27）。

图 3—2—24　江苏南京莫愁湖水上廊

图 3—2—25　江苏苏州拙政园水上廊

图 3—2—26　四川成都都江堰景区桥廊

图 3—2—27　江苏苏州拙政园小飞虹桥廊

3. 按照廊的平面形式分类

（1）直廊　直廊是在平面上呈直线形布置的廊，造型简单，施工方便，常与榭、亭等组合，形成组合廊，以丰富建筑造型，打破单调感。直廊宜短不宜长，且要注意与山石、花木等其他造园要素的结合布置，以避免产生生硬单一的感觉（见图 3—2—28、图 3—2—29）。

图 3—2—28　浙江宁波月湖公园直廊

图 3—2—29　江苏苏州西园寺直廊

（2）曲廊　曲廊也称折廊，廊的平面有曲折变化。曲廊可不断改变视景方向，创造多角度的视景空间，可收到移步换景的景观效果（见图 3—2—30）。

（3）回廊　回廊是在平面上环形布置一周的闭合廊，可为曲折回廊或圆形回廊，一般可结合古树名木及假山、水池等自然景观共同造景（见图 3—2—31）。

图 3—2—30　浙江宁波月湖公园曲廊

图 3—2—31　江苏扬州何园回廊

4. 按照廊的顶部构筑形式分类

（1）屋式廊　屋式廊是指具有密实、不透光的实屋顶的廊，屋顶可为歇山顶、卷棚顶、平顶等。屋式廊注重造型与色彩的设计，尤其是立面效果（见图 3—2—32）。

（2）构架廊　构架廊顶部采用类似花架的构筑形式，通透明朗，注重造型效果，遮阴和避雨等实用功能较弱（见图 3—2—33）。

（3）透光廊　透光廊的顶部采用透光、密实的透明材料，通透而现代（见图 3—2—34）。

（4）简支式单体组合廊　简支式单体组合廊由两柱一梁式的简支体组合而成，注重视觉上渐进渐深的造景效果（见图 3—2—35）。

图 3—2—32　屋式廊

图 3—2—33　构架廊

图 3—2—34　透光廊

图 3—2—35　简支式单体组合廊

任务实施

一、确定设计思路

新中式景观是将中国传统元素融合进现代造园中，将现代元素和传统元素有机地结合在一起的景观，因此配合已有的景墙设计方案，廊的设计在风格和色彩上应与其整体协调。

二、绘制廊设计方案

绘制设计方案时要注意廊的透视表现，选择能够表现廊全貌的角度，以彩色铅笔、马克笔或钢笔淡彩表现，或以电脑效果图进行表现，配合环境要素，重点表现廊的造型、色彩、质感等。廊的手绘效果图实例如图 3—2—36 所示。

图 3—2—36　廊的手绘效果图实例

三、多方案比较，确定最终设计方案

廊的最终方案效果图如图 3—2—37 所示。

图 3—2—37　廊的最终方案效果图

评分标准

序号	项目与技术要求	配分	检测标准	实训记录	得分
1	廊的造型	50	廊的造型美观、新颖、实用，并与校园环境易于协调		
2	效果图表现	50	效果图表现美观明确、透视准确、角度合理，能够很好地表现出廊的结构、材料和色彩等		

思考与练习

1. 廊的特点是什么？
2. 廊在造园中的作用有哪些？
3. 按照不同的分类方法可将廊分为哪些类型？各种类型的廊有哪些不同的特点？

任务二　廊的施工图绘制

任务目标

◇掌握廊的尺度与材料

◇掌握廊的施工图绘制的方法

◇掌握廊的空间设计的方法

任务提出

绘制廊的施工图一套（包括平面图、立面图、剖面图及节点大样图）。

任务分析

绘制廊的施工图，首先要了解廊的体量与尺度要求，了解廊的结构与常用的材料，并掌握廊的空间设计应注意的问题。

相关知识

一、廊的体量与尺度

廊是由左右两根廊柱和一顶屋架组成一副排架，再由枋木、檩木、横楣、座凳将若干副排架连接成的整体长廊（见图 3—2—38）。

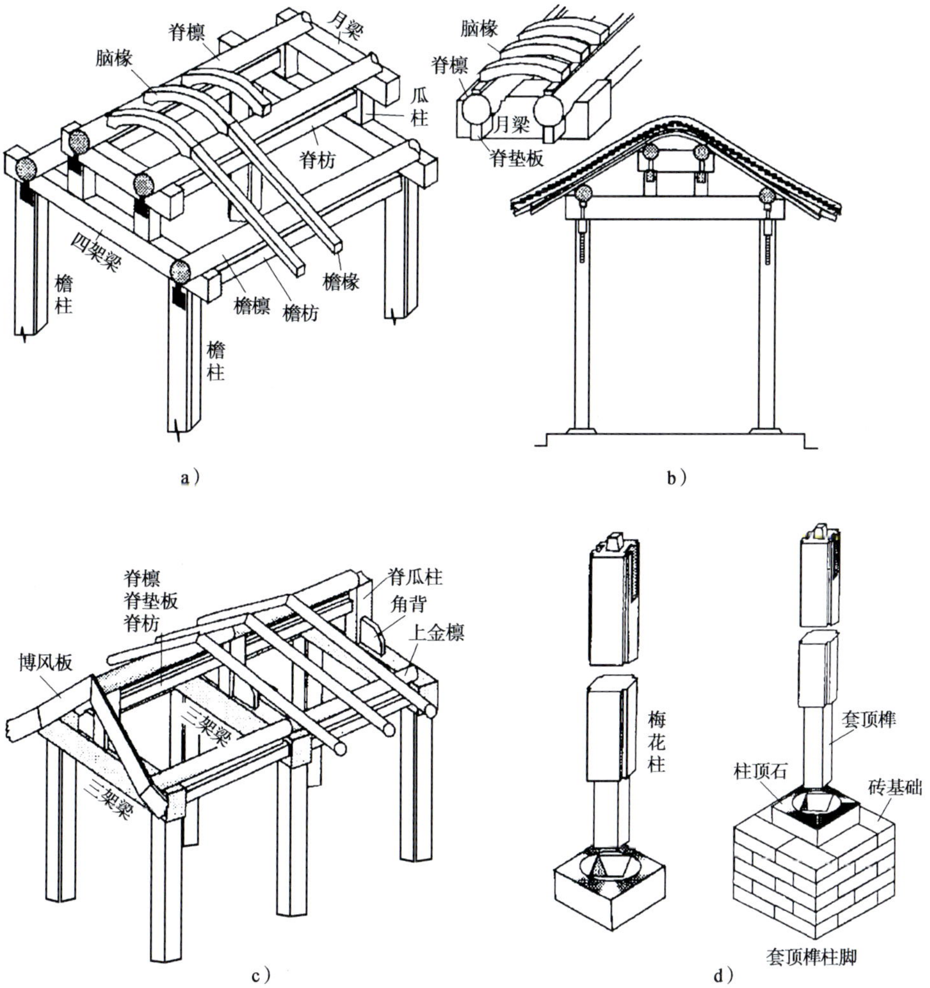

图 3—2—38　廊的木构架

a）卷棚式木构架　b）卷棚式廊剖面图　c）尖山式木构架　d）廊柱构造

1. 园林建筑中的游廊，可采用卷棚式屋顶或尖山式屋顶，其中尖山式木构架最简单，而卷棚式显得更易融入园林环境之中。

2. 廊的开间不宜过大，宜在 3 m 左右，进深 2 ~ 3 m，高 3 m 左右。

3. 游廊的廊柱，多做成梅花形截面的方柱，也可做成圆形或六边形截面，柱径一般为 20 ~ 40 cm，柱高为 11 倍柱径，但不低于 3 m。

由于视觉错觉，同样大小的柱子，会感到方形要比圆形大出 1/4，因而当廊开间较窄时，方柱会使人感觉构架粗笨。同时，为防止伤及行进中的游人，即便采用方柱，也应将方柱柱边棱角做成圆角海棠形或内凹成小八角形。这样，一方面可减少视觉上的错觉，另一方面柱子边角线条圆顺、流畅，亲切宜人。

4. 设挂落于廊檐，下设高 1 m 左右的栏杆或在廊柱之间设 0.5 ~ 0.8 m 高的矮墙，上覆砖板、椅面或美人靠背与之相匹配。

5. 廊的木柱脚不能直接埋入地下，因木材在地下很容易受潮腐烂，因而要做成馒头榫与柱顶石连接。园林中的廊多为长廊，必须每隔 3 ~ 4 间将柱脚做成套顶榫，穿过柱顶石，埋入地下基础内。

二、廊的结构与材料

传统廊多为木结构，屋顶多为坡顶或卷棚顶。现代园林中，廊多为钢筋混凝土结构，且平顶居多，常与园林中其他建筑小品如亭、架等相结合。

1. 木结构

木结构廊多为斜坡顶梁架，结构简单，梁架上为木椽子、望砖和青瓦，或用“人”字形木屋架、筒瓦、平瓦屋面。有时由于仰视要求，可用平顶作部分或全部掩盖，显得简洁大方。采用卷棚结顶做法在传统廊中更为常见。

木结构亭、廊组合有利于发扬江南传统的园林建筑风格。亭顶做法灵活自由，歇山顶、攒尖顶、卷棚顶都易于相互搭接，与曲廊连成整体，造型活泼，错落有致。当全部采用小青瓦木结构结顶时，建筑体形更玲珑小巧，视线通透，倍感亲切（见图 3—2—39）。

2. 钢筋混凝土结构

钢筋混凝土结构廊多为平顶与小坡顶，用纵梁或横梁承重均可。屋面板可分块预制或仿挂筒瓦现浇，有时可争取做成装配式结构。除基础现浇外，其他全部预制。柱内配筋直径不小于 8 mm，箍筋直径不小于 4 mm，间距不大于 250 mm 为宜（见图 3—2—40）。

3. 钢结构

钢或钢木组合构成的长廊也较常见，它轻巧、灵活、机动性强，颇受欢迎。钢结构廊顶结构构架基本上同木结构。除柱用钢管可仿竹外，其他均用轻钢构件，有时廊顶覆石棉瓦亦可，并用螺栓联结。出于经济的考虑，也有部分使用木构件的（见图 3—2—41）。

图 3—2—39　木结构廊

图 3—2—40　钢筋混凝土结构廊

图 3—2—41　钢结构廊

三、廊的空间设计

1. 运用廊或障或漏分隔空间

要因地制宜结合自然环境，利用廊创造出各种空间效果。廊平面迂回曲折，可以划分大小不同的园林空间，丰富空间层次；墙角尽端划出小天井，使尽端有不尽之感（见图 3—2—42）；围墙以廊相加也减弱了园外之感；还有的在廊的墙面一侧装有镜子来扩大空间感。

2. 出入口平面扩大处理和立面重点强调

廊的出入口是人流集散的要地，出入口通常设在廊的两端或中部某处，应将其平面及空间作适当扩大，以疏导人流及满足其他活动需要。在立面及空间处理上也应作重点强调，以突出其美观效果（见图 3—2—43）。

图 3—2—42 廊沿墙转折形成小天井

图 3—2—43 廊出入口平面扩大处理和立面重点强调

3. 内部空间处理

廊内部空间设计是廊在造型景致处理上的重要内容。狭长的直廊，空间单调，多折的曲廊在内部空间上可产生层次变化。此外，在廊内适当位置做横向隔断，也可增加廊的曲折变化及空间层次的深远感，廊内设月洞门、花格隔断及漏窗、花窗等均可达到同样的效果（见图 3—2—44）。也可采用将植物种植到廊内，或使廊内地面上升（见图 3—2—45），或丰富廊内屋顶装饰（见图 3—2—46、图 3—2—47）等手法丰富廊内部的空间变化效果。

图 3—2—44 江苏苏州狮子林廊内的门洞

图 3—2—45 江苏南京莫愁湖公园廊内地面上升

图 3—2—46　四川成都都江堰桥廊内部装饰

图 3—2—47　辽宁沈阳植物园欧式廊内屋顶装饰画

4. 立面造型可亭、廊、架结合

亭、廊、架组合是我国园林建筑特色之一，廊结合亭、架可以丰富立面造型。亭作为廊的重点地段，通常平面做扩大处理。设计时要注意建筑组合的完整性与主要观赏面的透视景观效果，使亭、廊、架具有统一的风格（见图 3—2—48）。

5. “间”的灵活运用

廊以相同的单元“间”组成，但我国传统形制南、北略有不同。北方传统为四檩卷棚屋架、筒瓦屋顶，廊内无顶棚，没有雕刻而多施苏式彩画。南方私家园林廊的形制不统一，屋顶有一面坡、两面坡和小青瓦屋面，内部不施彩画但多做成砖棚顶，用料比较细小，梁柱间架撑木以增加其强度（见图 3—2—49）。

图 3—2—48　江苏南京总统府东花园内亭、廊结合

图 3—2—49　江苏南京瞻园廊“间”的灵活运用

6. 装饰与功能结构密切结合

中国建筑装饰是与功能结构密切结合的，廊当然也不例外。檐坊下有挂落，古式多用木做，雕刻精细，新式多样式简洁、坚固；廊下布置座凳栏杆，既能休息、防护，又与上

面挂落相呼应构成框景效果。南方园林中，为防止雨水溅入及增加廊的稳定性，常将座凳做成实体短墙（见图 3—2—50）。一面有墙的廊，在墙上尽可能开些漏窗、花窗，达到取景、采光、通风的效果（见图 3—2—51）。

传统廊的色彩，南方与建筑配合多用深褐色为主的素雅色，而北方以红绿色为主色配合苏式彩画的山水人物丰富装饰内容。新建的廊多用水泥材料，以浅色为主，以取得明快的色调。

图 3—2—50　江苏南京瞻园廊座凳为实墙

图 3—2—51　江苏南京莫愁湖公园廊上的花窗

7. 新材料创造新造型

新材料、新结构的使用给园林中廊的造型提供了多种可能。用钢筋混凝土结构可以将廊做成古代的形式，但做成平顶更方便简洁，且与近代建筑配合适宜，可以不施装饰（见图 3—2—52）。廊的平面利用新材料可以做成任意曲线，立面采用新结构可以做成各种薄壳、折板等丰富多彩的造型。廊有统一单元性，钢筋混凝土结构可实现单元标准化、制作工厂化、施工装配化（见图 3—2—53）。

图 3—2—52　黑龙江哈尔滨斯大林公园廊

图 3—2—53　江苏南京绿博园石油园中的游戏廊

此外，利用新型轻质高强复合材料可以做成悬索、钢网架等造型各异的廊。因为廊只有防雨遮阳而没有保温要求，这给用新材料做顶提供了方便，可以利用复合材料弯曲自由的特点做成各式新颖美观的廊的造型（见图 3—2—54、图 3—2—55）。

图 3—2—54　复合材料廊

图 3—2—55　新型折板顶廊

四、廊的施工图设计

1. 中式长廊施工图实例（见图 3—2—56 至图 3—2—59）

2. 欧式长廊施工图实例（见图 3—2—60）

任务实施

一、识图

能够看懂图纸中廊的平面图、立面图、剖面图及节点大样图的相应尺寸标注、材料标注及线形标注等内容。

二、绘制廊施工图

采用 CAD 绘制廊的平面图、立面图及剖面图，要求：图面结构完整，构图合理，清洁美观；图例、文字标注和图幅符合制图规范。

按平面图→立面图→剖面图顺序绘制廊施工图。图纸平面尺寸用毫米（mm）表示，标高以米（m）为单位。

1. 绘制廊平面图

绘制廊平面展开图及顶平面图，表现廊的平面形状、平面尺寸关系与做法等。

先绘制出廊平面以一点为中心的放射轴线，再绘制外围线和构造线，然后进行尺寸标注与材料标注，并加粗外围轮廓线。

2. 绘制廊立面图

立面图表达廊立面效果。先绘制地面线，再绘出柱、梁及屋面等构造线，注意把握廊的尺度及各部分比例关系，确定廊及各部分高度，然后标注廊立面的相应尺寸及必要的标高等。

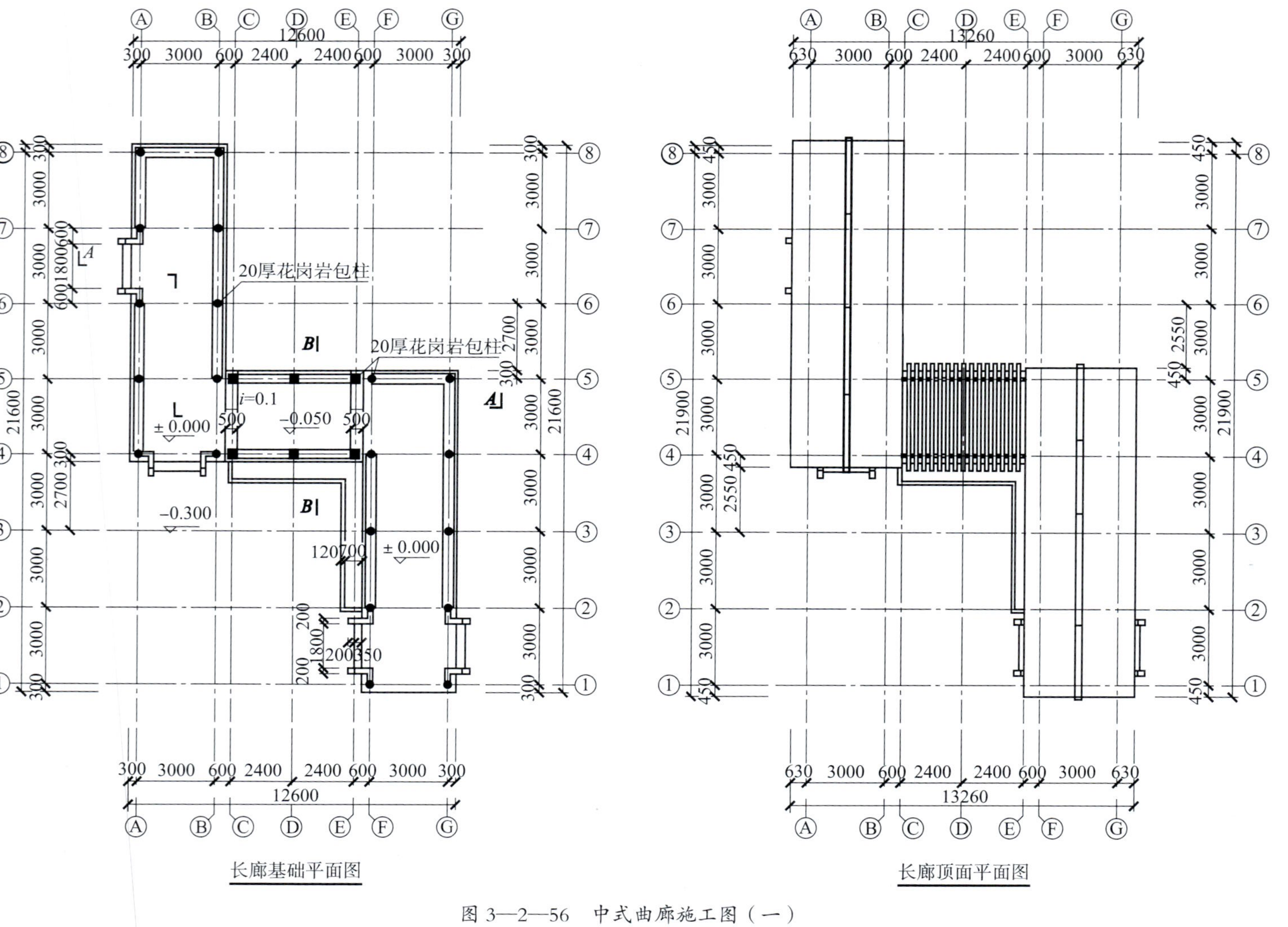

图 3—2—56 中式曲廊施工图（一）

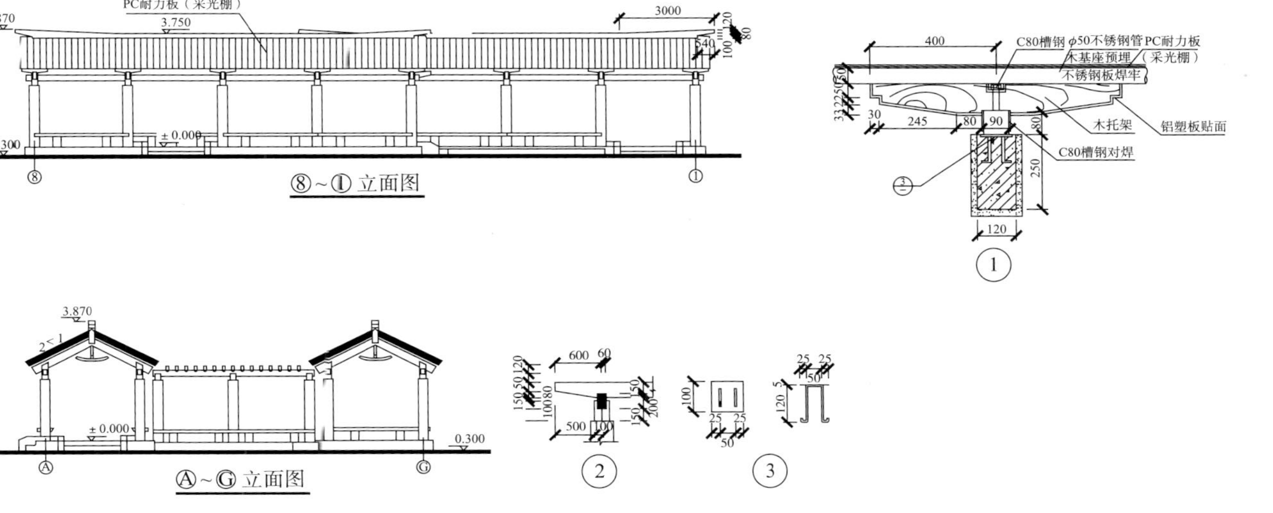

说明：1. 本工程设计图中的尺寸除注明者外，均以毫米（mm）为单位，标高以米（m）为单位。

2. 花架柱外贴花岗岩饰面颜色为浅色调的棕色或褐色。
3. 外露铁件外刷防锈漆两道，浅灰色调和漆一道。
4. 花架条、梁外刷两度白色乳胶漆。
5. 廊架所用的木座凳表面用桐油浸刷一道，刷调和清漆两道。
6. 地面做法：
   a. 50 mm厚花岗岩铺面；
   b. 30 mm厚1∶2.5干硬性水泥砂浆坐浆；
   c. 80 mm厚C15素混凝土；
   d. 100 mm厚级配碎石或碎砖垫层；
   e. 回填土。
7. 预埋件扁钢均为5 mm厚，锚筋均为ϕ6。
8. 钢筋与扁钢为贴角电焊。

图 3—2—57　中式曲廊施工图（二）

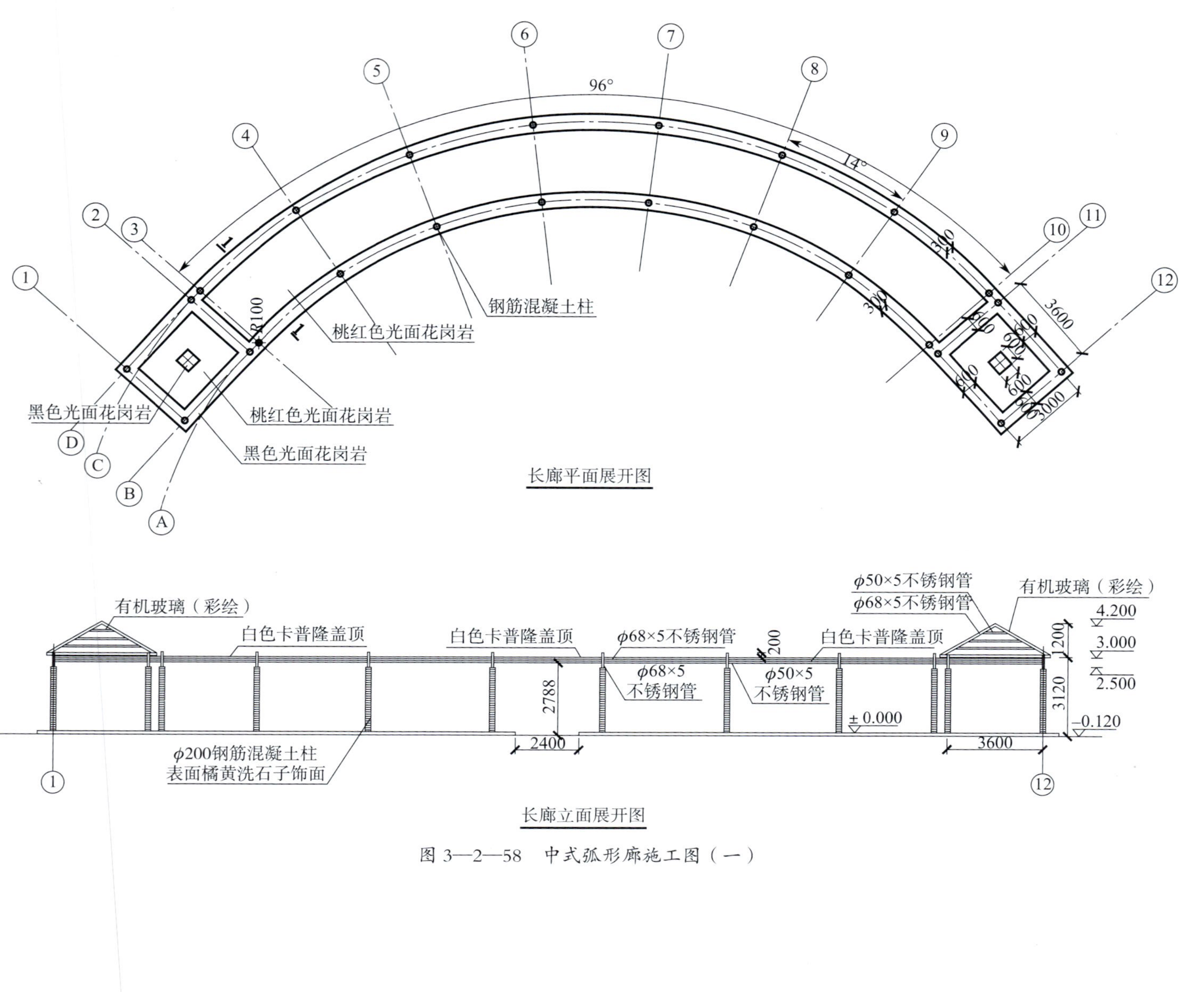

图 3—2—58 中式弧形廊施工图（一）

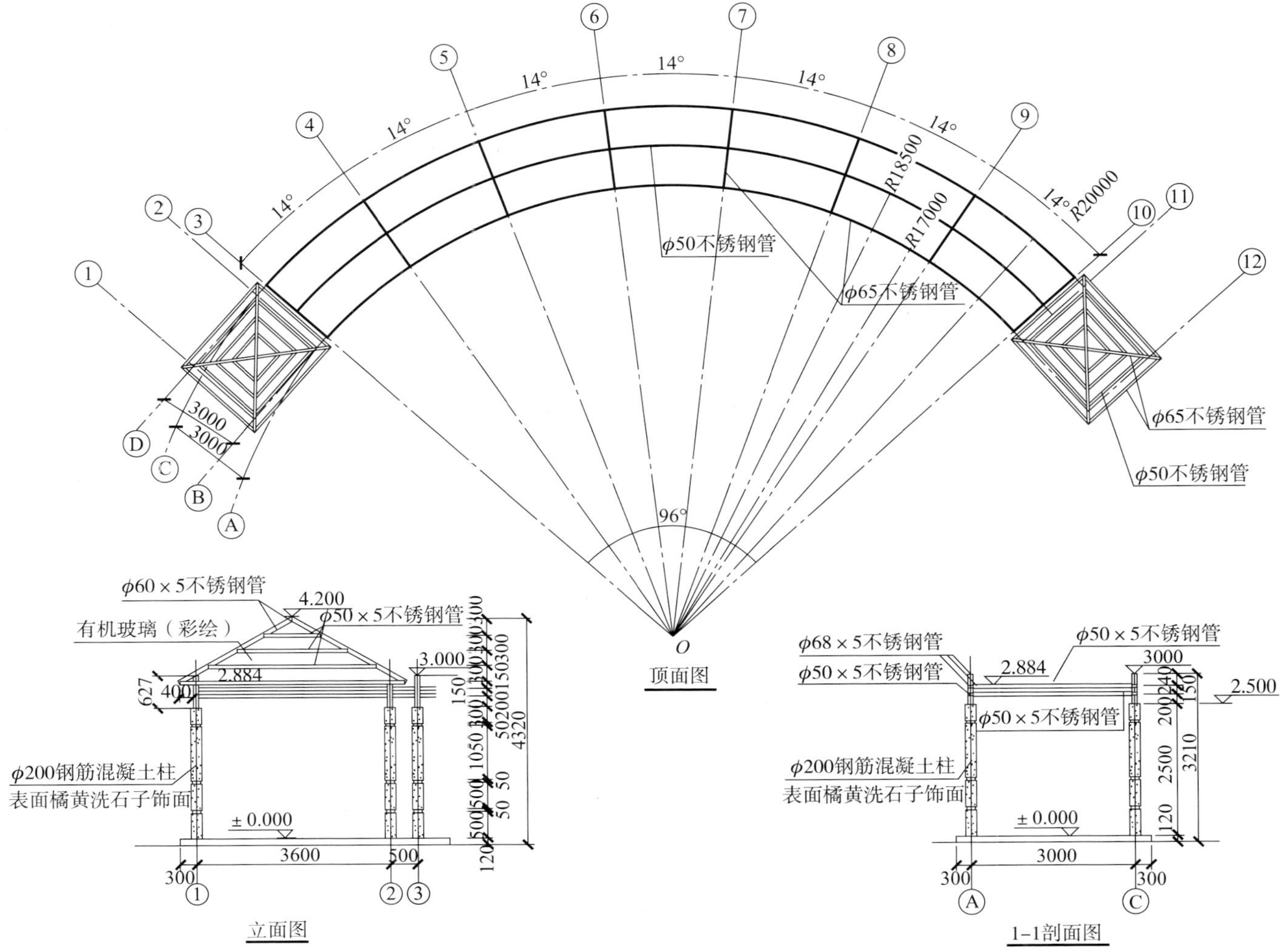

图 3—2—59　中式弧形廊施工图（二）

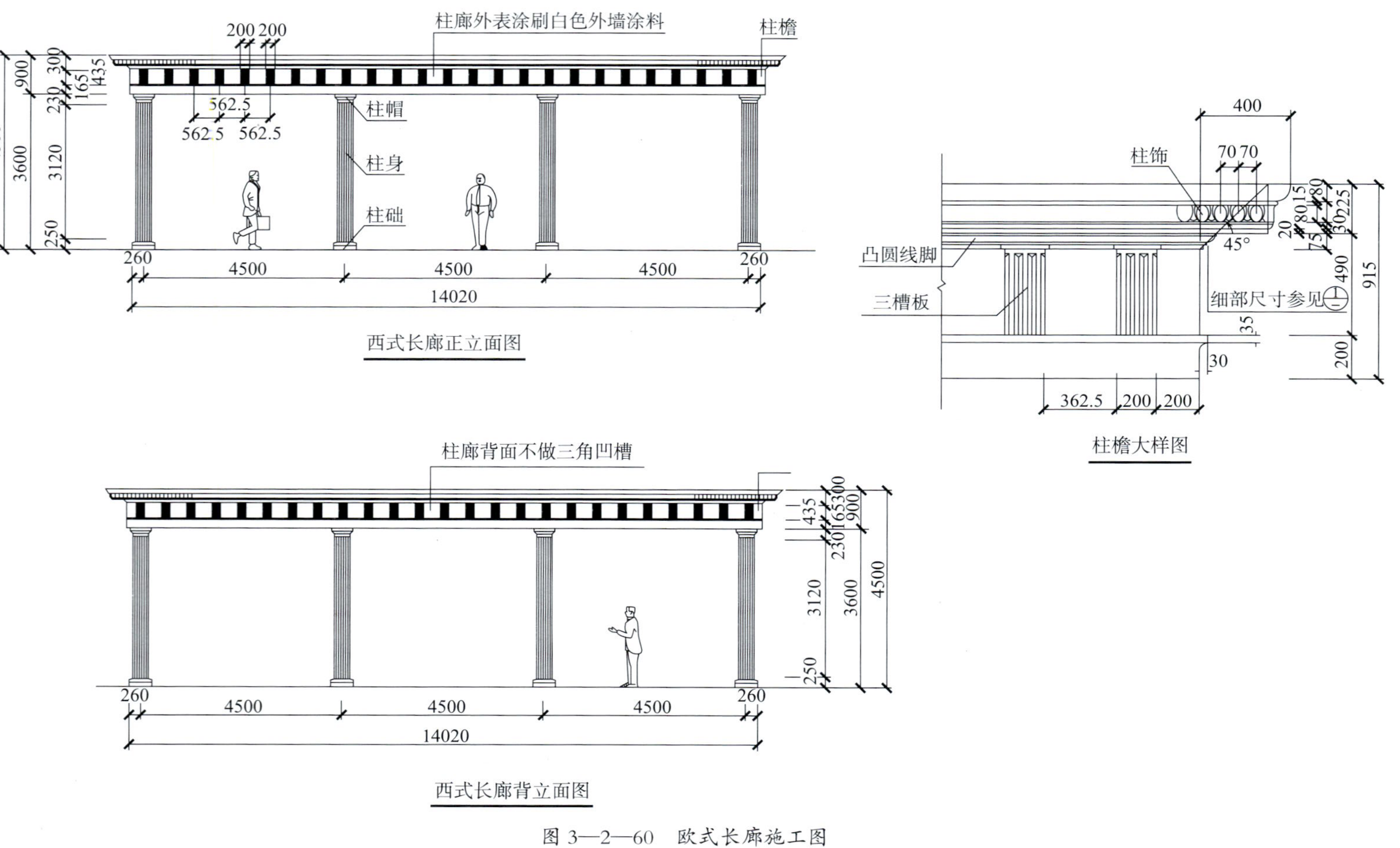

图 3—2—60 欧式长廊施工图

3. 绘制廊剖面图

剖面图按廊正投影绘制，标示出廊的构造、尺寸及材料。剖面图首先以地面线为基准向上绘制柱、梁、屋顶，并绘制投影方向可见的其他构造及构配件等；最后加粗地坪线，标示各部分的构造尺寸及材料，并注明标高。

评分标准

序号	项目与技术要求	配分	检测标准	实训记录	得分
1	内容完整	40	平面图、立面图、剖面图是否完整		
2	制图规范	40	是否符合制图规范，尺寸标注是否准确		
3	整洁、美观	20	图纸表达是否整洁、美观		

知识链接

廊实例欣赏

廊实例欣赏如图 3—2—61 所示。

图 3—2—61 廊实例欣赏

思考与练习

1. 廊的体量与尺度有什么要求?
2. 廊的空间设计应注意的问题有哪些?

课题三
花架的设计与施工

花架是指在园林绿地中进行植物造景时，用以支撑攀缘植物藤蔓的一种棚架式建筑小品。因所用的攀缘植物多以观花为主，如紫藤、凌霄等，所以这种建筑小品习惯上称为花架。

任务一 花架的造型设计

◇了解花架的特点与作用
◇掌握花架的类型及各自的特点

◇掌握花架的位置选择原则
◇掌握花架的设计要点

任务提出

请设计一个花架造型。要求造型美观、富有时代感，既能满足造景功能，又能满足休息需求，且能很好地与周围环境相协调。

任务分析

设计花架，首先要对花架的特点和作用有所了解，其次要掌握各种类型花架的位置选择原则，掌握它们是如何与环境尤其是与植物相协调的。通过花架的设计及效果图表现，进一步提高园林建筑的设计与表现能力。

相关知识

一、花架的特点

花架是极富园林特色的园林建筑，是以植物材料为顶的廊，是建筑与植物结合的最好的建筑形式之一。它既具有廊的功能，又比廊更接近自然，更能融合于环境中。花架造型灵活、富于变化，又因植物而倍添生气，因此成为园林景观中不可缺少的要素（见图 3—3—1）。

图 3—3—1　花架是建筑与植物结合的最好的建筑形式之一

花架整体造型比亭、廊等建筑小品更为空透，其最大的特点是顶部只有梁枋结构，没有屋面覆盖，可以透视天空。所以，花架不仅立面空透，而且顶部也是空透的。花架既可以通风透气，有利于植物生长，又可以让植物的花序、果实垂挂下来，供人观赏，如紫藤的花序、观赏葫芦等，景观效果别具特色。

二、花架的作用

1. 作长线布置时，能起到廊的作用

花架与廊一样，能划分和组织空间，增加景观层次和深度，发挥建筑空间的联系作用，形成导游路线（见图 3—3—2）。

图 3—3—2　花架起到廊的作用

2. 作点状布置时，能起到亭的作用

独立式花架可像亭一样形成伞形休息空间，为游人提供庇荫的休息场所，并可成为局部环境空间的主景（见图 3—3—3）。

图 3—3—3　花架起到亭的作用

3. 造景功能

花架如同亭、廊，本身具有较高的观赏价值。花架布置更灵活，造型富于变化，结构简洁、明快，可形成新的观赏视点。花架又不同于亭、廊，其空间更为通透，特别是由于绿色植物及花果自由地攀缘和悬挂，花架成为一种具有生机的园林建筑。

花架在现代园林中除供植物攀缘外，还经常与其他建筑小品结合，形成一组内容丰富的小品建筑，如布置座凳、墙面开设景窗、周围点缀山石等，形成新的吸引游人视线的景观（见图 3—3—4）。

图 3—3—4　花架的造景功能

三、花架的类型

1. 单片式花架

单片式花架是最简单的网格式花架，其主要的作用是为攀缘植物提供支架，在高度上可根据需要而定，在长度上可以任意延长，材料可以用木条或钢铁制作，也可预制单元，任意拼装。因为花架材质较轻，所以可以布置在面积较小的环境内，特别是布置在一些小庭园或屋顶花园上。单片式花架的植物选择以观花植物为主，如藤本月季、金银花、多花蔷薇等，如果植物叶形或株形较好，也可使用（见图 3—3—5）。

图 3—3—5　单片式花架

2. 独立式花架

独立式花架在园林中一般作为独立观赏的景物，顶部为空透格状。独立式花架在造型上要求较高，花架顶盖是由攀缘植物的叶与蔓组成，形式舒展新颖、别具风韵。这种花架因形体、构图集中，一般布置在视线的焦点处，因为其具有较好的观赏效果，因此攀缘植物布置不宜过多，只要达到装饰和陪衬的效果即可（见图 3—3—6）。

3. 直廊式花架

直廊式花架的形体及构造与一般廊花架相似，只是不需要实屋顶，造型上更侧重于顶架的变化，顶架有平架、球面架、拱形架、坡屋架、折形架等。这种花架是在园林中最为常见的形式，又可以分为梁柱式花架、墙柱式花架、单排柱花架、拱门及钢架式花架。

（1）梁柱式花架　有两排列柱的花架称为梁柱式花架，它是园林中应用最多的花架形式之一。这种花架是先立柱，再沿柱子排列的方向布置梁，在两排梁上按照一定的间距布置花架条，两端向外挑出悬臂，在梁与梁之间布置座凳或花窗隔断，不但为游人提供休息场所，还具有良好的装饰效果（见图3—3—7）。

图3—3—6　独立式花架

图3—3—7　梁柱式花架

（2）墙柱式花架　墙柱式花架是一种半边为墙、半边为柱子的花架，或者有时两边都为墙面。柱子的排列方向与墙面平行，柱上架梁，在墙顶和梁上再设置小枋。这种形式的花架在划分园林封闭或开敞空间上更为自如，造景趣味类似单面空廊。侧墙一般不作实墙，而是做花窗、花格、隔断或窗洞，使环境空间隔而不断，内外相互渗透，意境更为含蓄幽深（见图3—3—8）。

（3）单排柱花架　只有一排柱子的花架称为单排柱花架。柱顶设有一列纵梁，梁上架设比梁柱式和墙柱式花架还要短小的枋，并向左右两侧伸出，成为挑出较长的悬臂，常为不对称挑出，一侧较长，一侧较短，较长的悬臂通常朝向主要的景观空间和休息活动空间（见图3—3—9）。

图 3—3—8　墙柱式花架

图 3—3—9　单排柱花架

（4）拱门及钢架式花架　在花廊的甬道多采用半圆拱顶或拱门钢架式花架。人行其中，情趣盎然。材料多用钢筋、轻钢或混凝土（见图 3—3—10）。

图 3—3—10　拱门及钢架式花架

4. 组合式花架

花架与亭、廊等有顶建筑组合，形成一种更具有观赏性的组合式建筑（见图 3—3—11）。这种组合要求要结合实际，安排好个体之间的位置，同时在体量上要注意平衡。组合式花架可为游人提供雨天活动场所。

图 3—3—11　组合式花架

四、花架的位置选择

花架在园林布局时，可根据需要和环境条件设置，一般主要安置在以下几个位置：

1. 建筑广场、游憩绿地、草坪边缘

花架可布置在建筑广场、游憩绿地、草坪边缘等较开阔的地方或景色较平淡地段，在视线的焦点或轴线的端点处安置，形成局部环境的构图中心（见图 3—3—12）。

图 3—3—12　花架布置于建筑广场、游憩绿地、草坪边缘

2. 环绕花坛、雕塑、山石等

环绕花坛、雕塑、山石等布置圆形花架，可以为中心的景观提供良好的观赏点，或起到烘托中心主景的作用（见图 3—3—13）。

图 3—3—13　环绕布置圆形花架

3. 临水

花架沿园林水体布置，平面可设计成流畅曲线，立面也可以相应地设计成连续的拱形或波折式。花架部分有顶，部分化顶为棚，投影于地面上效果更佳（见图 3—3—14）。

图 3—3—14　临水布置花架

4. 地形起伏处

花架本身可随地形的变化而变化，形成一种类似爬山廊的效果。这种花架在远处观赏效果更佳（见图 3—3—15）。

图 3—3—15　地形起伏处布置花架

5. 园林或庭园的角隅处

花架可以依附于其他建筑形式，也可以独立式布置，前者属于建筑的一部分，是建筑空间的延续，在此布置可以起到扩大空间的作用。在功能上除供植物攀缘或设桌凳供游人休憩外，也可以只起装饰作用。如果花架半边沿着墙面来设置，还可以在墙面上结合开设一些窗洞，使其更富有情趣，同时也对划分封闭或开敞的空间起到良好的作用，造园趣味类似半廊（见图 3—3—16）。

图 3—3—16　园林或庭园的角隅处布置花架

6. 与亭、廊、大门相结合

花架与亭、廊、建筑入口、售货亭等相结合，可以形成一组内容丰富的建筑小品，使之更加活泼和具有园林的性格。为取得对比又统一的构图效果，常以亭、榭等建筑为实，而以花架的平立面为虚，突出变化中的协调。

五、花架的设计

1. 柱与枋的造型与选材

设计应用时，花架形式的变化处理重点在于柱与枋的造型与选材。

在现代城市环境景观中，花架柱子构造主要采用钢筋混凝土预制或现浇，梁材也大多采用钢筋混凝土预制，但在形式及断面大小上依然保持木材的既有风格，即扁平的长条形，断面为矩形。钢结构花架有时采用木质枋。

花架枋头处理手法多样。早期使用木枋时，多做曲折纹样。现代水泥预制枋枋头一般不做纹样，只做简单的逐渐收小处理，形成有上挑感的悬臂，显得简洁、轻松。枋较小时也可不做变化处理，而直接水平伸出，亦显简洁、大方（见图 3—3—17）。

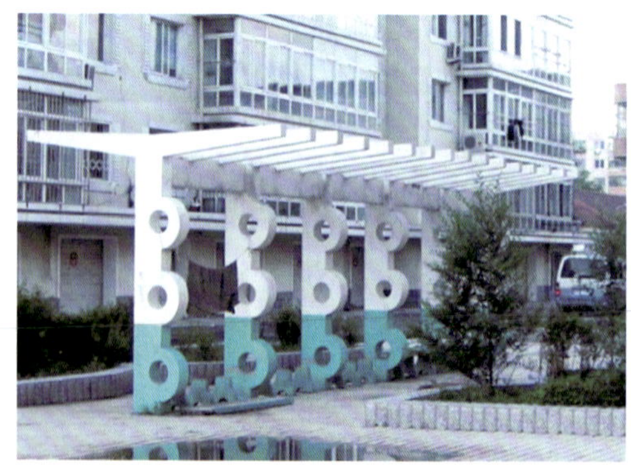

图 3—3—17　柱与枋的造型与选材

2. 花架与植物的搭配

花架要与相应的植物材料相适应，配合植株的大小、高低、轻重、枝干的疏密来选择格栅的宽窄粗细，还要与结构合理、造型美观的要求相统一。种植池有的放在架内，也有的放在架外；有的种植在地面，也有的可能高置（见图 3—3—18）。

图 3—3—18　花架与植物的搭配

3. 花架尺度与空间

花架尺度要与所在空间和观赏距离相适应，每个单元或间的大小又要与总体量配合。长而大的花架开间要大些，临近高大建筑的花架也要高些（见图 3—3—19）。

图 3—3—19　花架尺度与空间

4. 花架造型

花架式样要与环境建筑相协调。如西方柱式建筑，花架也可用柱式的造型；配合中国坡顶建筑，花架可配以起脊的椽条；新建的园林花架可设计新颖的造型，更增添景观效果（见图 3—3 -20）。

5. 花架应适于近观需要

花架常为植物所覆盖，因此有时远观的轮廓倒不是很重要的，多以近观露出的花纹为

主，因而要注意花架的质感。如花架上面椽头探出部分的端部处理，应有统一轻巧的造型；下面柱子及座凳材料的质感，与形式的配合要恰当。为了结构稳定及形式美观，柱间要考虑设花格与挂落等装饰，同时也能有助于植物的攀缘。另外，还可以在格栅上做些空中栽植池，便于种植吊篮或垂盆植物（见图 3—3—21）。

图 3—3—20　花架造型

图 3—3—21　花架应适于近观需要

任务实施

以彩色铅笔、马克笔或钢笔淡彩手绘表现花架造型，或绘制电脑效果图。注意花架的透视表现，最好选择能够表现花架全貌的视角，重点表现花架的造型、色彩及质感，配合环境要素，并以植物加强效果表现。花架手绘效果图实例如图 3—3—22 所示。

图 3—3—22　花架手绘效果图实例

评分标准

序号	项目与技术要求	配分	检测标准	实训记录	得分
1	造型设计	50	造型美观、新颖、实用，并与校园环境易于协调		
2	效果图表现	50	效果图表现美观明确、透视准确、角度合理，能够很好地表现出花架的结构、材料和色彩等		

思考与练习

1. 花架有什么特点?
2. 花架的作用是什么?
3. 花架的类型及各自的特点是什么?
4. 花架通常布置在哪些位置?
5. 花架的设计要点是什么?

任务二　花架的施工图绘制

任务目标

◇掌握花架的尺度
◇掌握花架的结构与材料

任务提出

绘制花架施工图一套（包括平面图、立面图、剖面图及节点大样图）。

任务分析

绘制花架施工图，首先要了解花架的尺度要求，了解花架的结构与材料特点，掌握花架的设计要点，通过对花架完整施工图的识读与抄绘，进而能够完成花架的施工图设计，并能按图指导施工。

相关知识

一、花架的尺度

1. 花架高度

花架的高度控制在 2.3～2.8 m，这样有亲切感，实际应用中一般采用 2.3 m、2.5 m、2.7 m 等尺寸。

2. 花架开间与进深

花架开间一般设计在 3～4 m 之间，如果开间太大，构件就显得笨拙臃肿。花架进深跨度通常采用 2.7 m、3.0 m、3.3 m 等尺寸。

3. 花架与绿化应相互配合

在庇荫的绿植长成之前，花架本身也要耐看。花架除体量、比例得当外，还应重视构件的线脚花纹装饰，柱的截面也应尽量避免四四方方，以带圆角为宜。

二、花架的结构与材料

1. 竹木花架

竹木花架是由竹、木以传统的梁架方式建成的花架（见图 3—3—23）。竹木花架优点是制造简便、经济，在风雨中不摩伤植物，质感、肌理也很自然纯朴，与植物容易协调统一；缺点是易受风雨侵蚀，不够经久耐用，需要经常维护。另外，竹木材料没有足够的强度及断面尺寸，因而制作花架时，往往使梁柱之间保持较小的间距。

图 3—3—23　竹木花架

2. 砖混花架

砖混花架是以砖或石块砌筑柱身，在柱上架设木梁或钢筋混凝土过梁的花架（见图 3—3—24）。这种花架的砖柱或石柱不加粉饰，具有持久和自然美的格调，也可用砖砌，做水磨石或水刷石面层。

图 3—3—24　砖混花架

3. 钢筋混凝土花架

钢筋混凝土花架是由钢筋、水泥、沙石等材料建造的花架（见图 3—3—25），可以现浇，也可预制，通常先预制构件（柱、梁、枋等）后再进行现场安装。花架面层可用水磨石、大理石或马赛克饰面，也有用花岗岩做柱。这种花架在现代庭园中应用普遍，不但坚固持久，而且色彩明亮，多为白色、米色等浅色调，与环境对比强烈，景观效果突出，建造施工方便，无须经常维护。

图 3—3—25　钢筋混凝土花架

4. 金属花架

金属花架是由各种型钢材料建造的花架（见图 3—3—26）。利用钢材等金属可以任意弯折、可以制成各种曲线形或钢架形的花架，又因为花架荷载不大，可以用空心管材。钢花架结构更为轻巧、坚固、耐用，常漆成白色、绿色或黑色，与植物及周围环境协调统一。有的钢花架与其他材料结合，突出一种近似雕塑的造型感。但钢质花架造价较高，还需经常保养，以防生锈（不锈钢除外）。另外，需要注意防止金属花架对植物的嫩叶造成灼伤。

图 3—3—26　金属花架

三、花架的施工图设计

花架的施工图实例见图 3—3—27 至图 3—3—31。

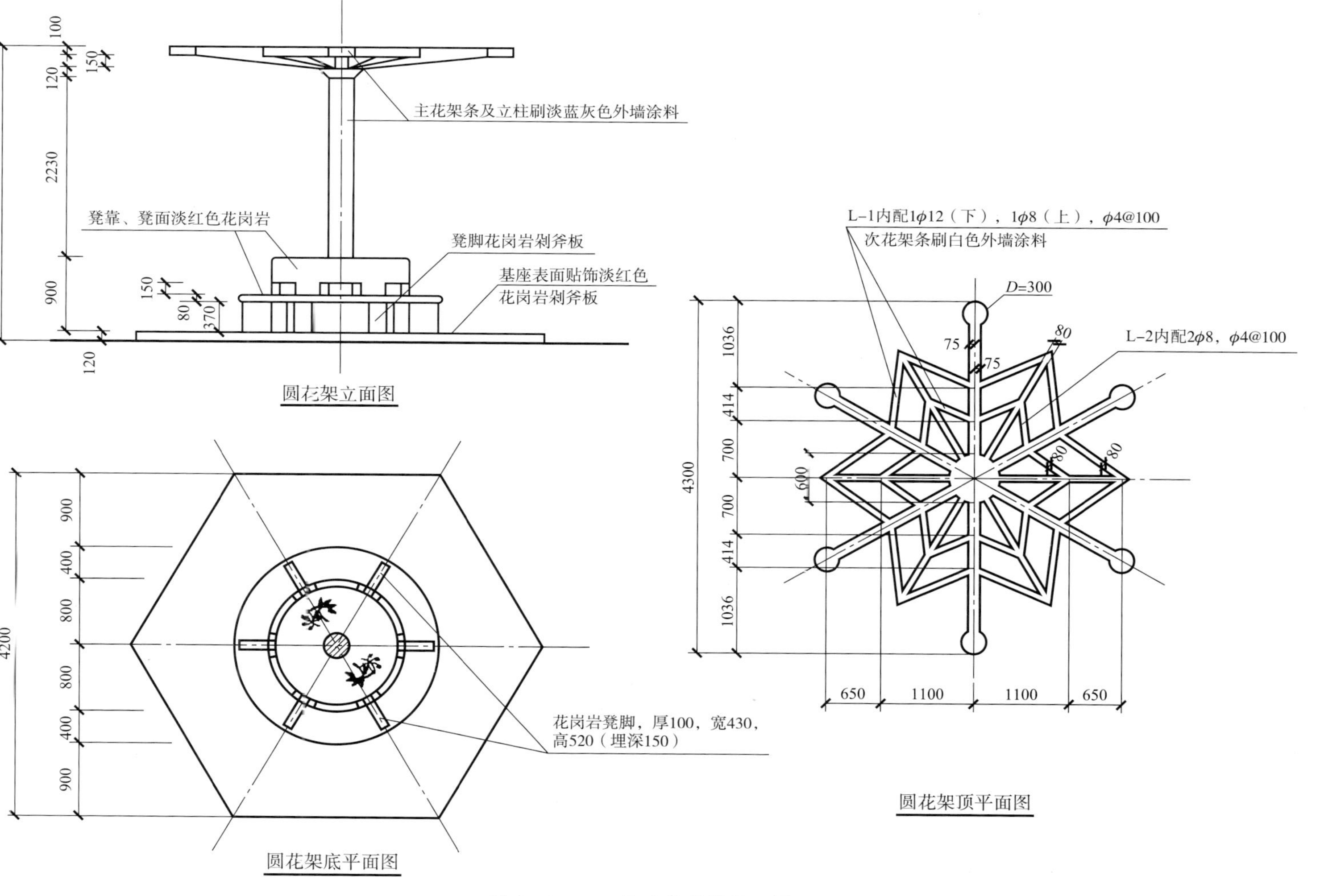

图 3—3—27　独立式花架施工图

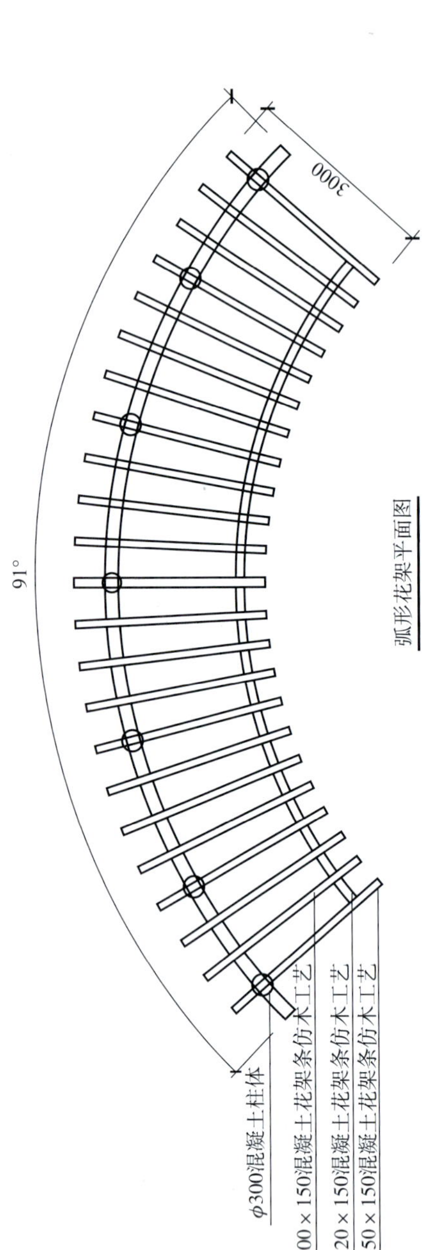

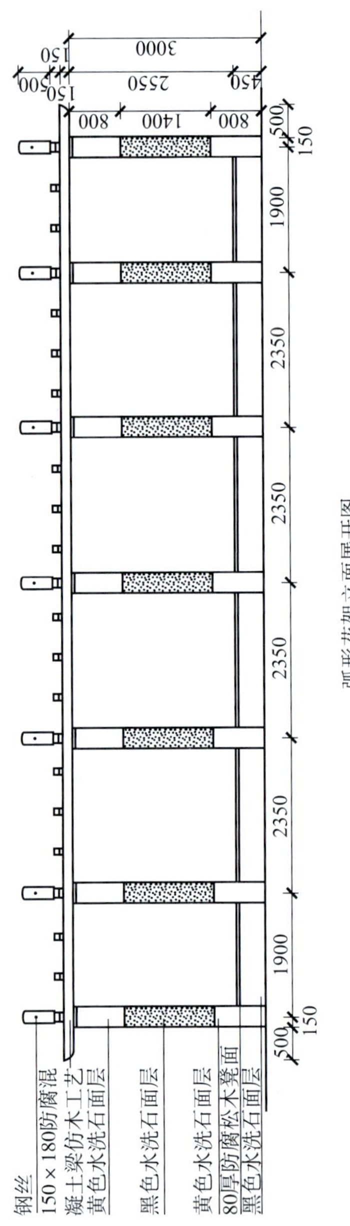

图3—3—28　单支柱弧形廊式花架施工图（一）

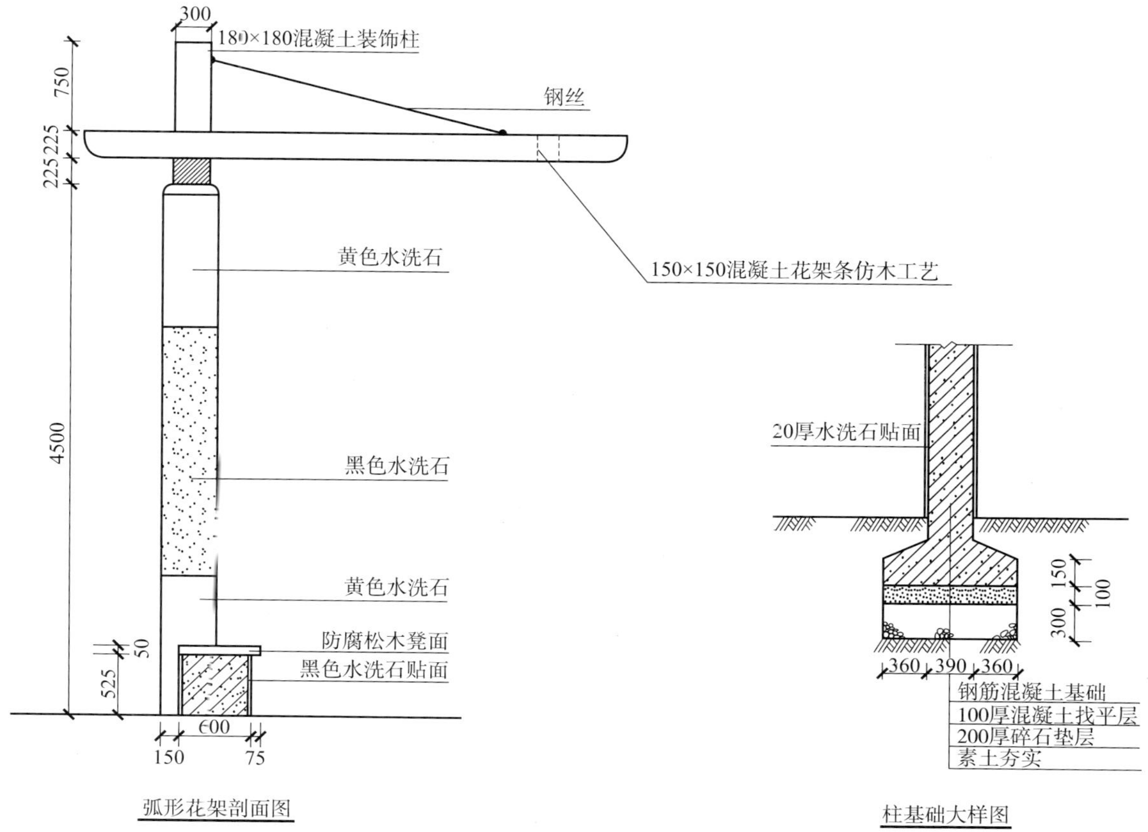

300
180×180混凝土装饰柱
750
钢丝
225
225
150×150混凝土花架条仿木工艺
黄色水洗石
4500
黑色水洗石
黄色水洗石
50
防腐松木凳面
525
黑色水洗石贴面
150
600
75

弧形花架剖面图

20厚水洗石贴面
150
100
300
360
390
360
钢筋混凝土基础
100厚混凝土找平层
200厚碎石垫层
素土夯实

柱基础大样图

图 3—3—29 单支柱弧形廊式花架施工图（二）

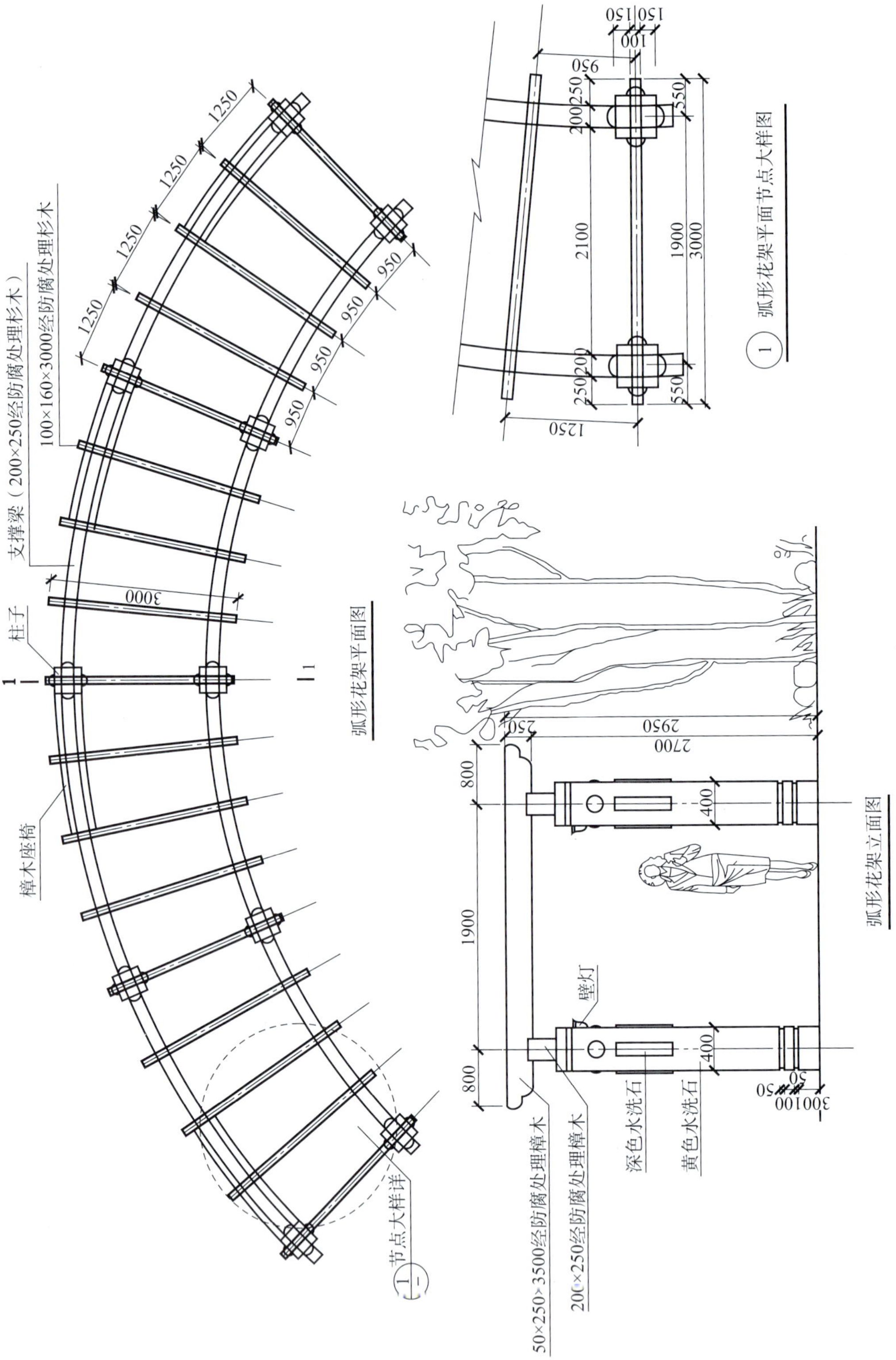
支撑梁（200×250经防腐处理杉木）
100×160×3000经防腐处理杉木
柱子
樟木座椅
节点大样详 1
1250
1250
1250
1250
950
950
950
950
3000
1 1
弧形花架平面图
950
150
150
100
250
200
2100
200
250
550
1900
3000
550
1250
1 弧形花架平面节点大样图
250
2950
2700
800
1900
800
400
400
50
30
100
50
壁灯
50×250×3500经防腐处理樟木
200×250经防腐处理樟木
深色水洗石
黄色水洗石
弧形花架立面图

图3—3—30 双支柱弧形廊式花架施工图（一）

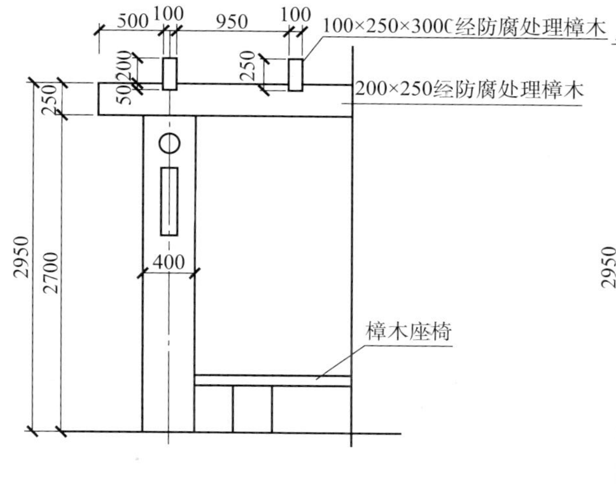

弧形花架正立面节点大样图

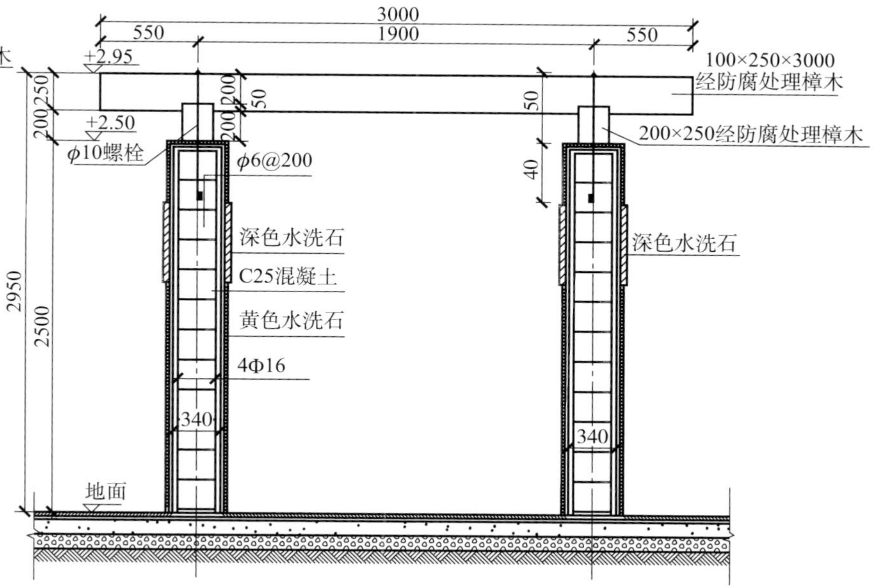

1–1剖面图

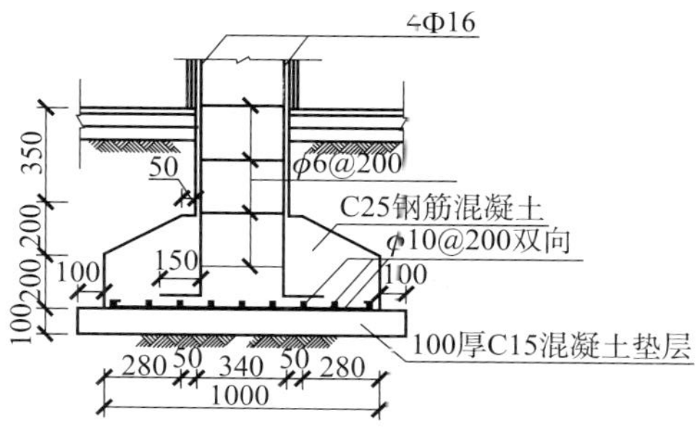

A–A剖面图

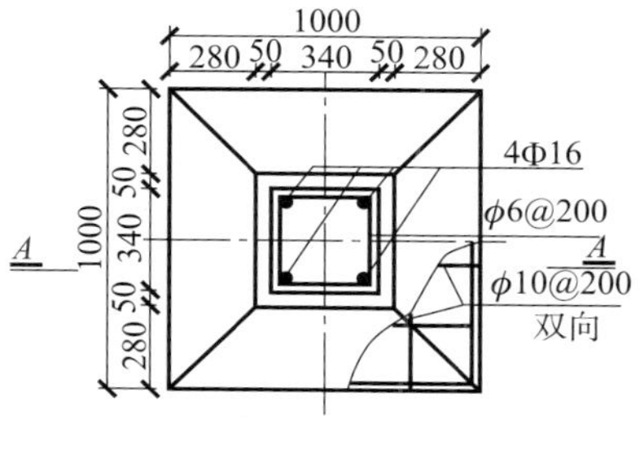

弧形花架基础平面图

说明：

1. 图注尺寸以毫米（mm）为单位。
2. 材料：混凝土C20，钢筋。
3. 基础开槽后如遇到软土，会同设计人员协商后处理。

图 3—3—31 双支柱弧形廊式花架施工图（二）

任务实施

采用 CAD 绘制花架的平面图、立面图及剖面图。要求图面结构完整，构图合理，清洁、美观，图例、文字标注和图幅符合制图规范。

按平面图→立面图→剖面图顺序绘制亭施工图。图纸平面尺寸用毫米（mm）表示，标高以米（m）为单位。

一、绘制花架平面图

绘制花架平面图及基础平面图，表现花架的平面形状、平面尺寸关系与做法等。

先绘制出花架平面轴线，再绘制外围线和构造线，然后进行尺寸标注与材料标注，并加粗外围轮廓线。

二、绘制花架立面图

立面图表达花架立面效果。先绘制地面线，再绘出柱、梁及屋面等构造线，注意把握花架的尺度及各部分比例关系，确定花架及各部分高度，然后标注花架立面的相应尺寸及必要的标高等。

三、绘制花架剖面图

剖面图要标示出花架基础及梁架的构造、尺寸及材料。

评分标准

序号	项目与技术要求	配分	检测标准	实训记录	得分
1	内容完整	40	平面图、立面图、剖面图是否完整		
2	制图规范	40	是否符合制图规范，尺寸标注是否准确		
3	整洁美观	20	图纸表达是否整洁、美观		

思考与练习

1. 花架的尺度要求有哪些?
2. 常见的花架材料有几种?

课题四
园桥的设计与施工

我国传统园林以自然山水园为基本形式，其中水面一般占有相当大的比重，因而传统园林常以处理水面见长。古人云："遇水架桥，逢山开路。"地形变化与水路相隔，需要桥来联系交通、沟通景区、组织游览路线，因而在组织水面风景中，桥是必不可少的组成要素。小桥流水成为中国园林及风景绘画的典型景色。

任务　园桥的设计与施工图绘制

任务目标

◇了解园桥的功能及类型
◇掌握园桥的设计要点
◇掌握园桥的施工图绘制

任务提出

绘制园桥施工图（包括平面图、立面图、剖面图及节点大样图）。

任务分析

园桥施工图的绘制，要在了解其功能、类型及设计要点的基础上，以平面图、立面图、剖面图及节点大样图等充分表现其造型及结构特征。

相关知识

一、园桥的功能

园桥的功能主要体现在以下三个方面：一是悬空的道路，有组织游览路线和交通的功能，并可变换游人观景的视线角度。二是凌空的建筑，不但点缀水面景色，更以其本身优美的造型和多样的形式而成为园林中重要的造景建筑。其在造景中的价值，往往超过了其交通功能。三是园桥可分隔水面空间，增加水景层次，在线（路）与面（水）之间起中介作用。

二、园桥的类型

1. 梁桥

梁桥外观平坦，便于行走和通车，也可称为平桥，独木桥是最原始的梁桥形式。梁桥一般布置在园林中的小河、溪流等较窄的水面上或宽而不深的水面上，设桥墩形成多跨的梁桥。

梁桥因所用材料不同可分为竹木梁桥、石梁桥、钢筋混凝土梁桥和钢结构梁桥。

（1）竹木梁桥　造型简单，富有天然质感，能给人轻快的感觉，经济方便，可就地取材，但易腐蚀不耐久、养护工程量较大。一般可用于园林小水面及自然风景区小面积水域之中（见图 3—4—1）。

（2）石梁桥　石梁桥多选用天然石材凿成梁、柱。有的平桥选用天然石块稍加整理作为桥板架于小水面之上，不设栏杆，只在桥端两侧置天然景石隐喻桥头，简朴雅致。一般建于盛产石材的风景区，便于就地取材，也耐久古朴，传统苏州园林中应用较多（见图 3—4—2）。

图 3—4—1　竹木梁桥

图 3—4—2　石梁桥

（3）钢筋混凝土梁桥　混凝土可塑造多样的造型纹样，内加钢筋大大提高了梁的承载能力。经久耐用，适合场合广泛，通常情况下造价高于石桥（见图 3—4—3）。

（4）钢结构梁桥　由梁和桥墩钢结构构成的桥，可以使造型既有力度又有简练、挺拔的轻快感（见图 3—4—4）。

图 3—4—3　钢筋混凝土梁桥

图 3—4—4　钢结构梁桥

对于平静而宽阔的水面，为打破一跨直线梁桥过长的单调感，可架设曲折形的梁桥。较小水面为使水面小中见大，也常使用曲折桥。曲折桥有两折、三折、多折等，一般多为钝角折曲，也有做成直角的，一般适宜交通量不大的桥。其作用不在于便利交通，而是要延长游览路线和时间，以扩大水面空间感，并在曲折中变换游览者的视线方向，从而起到移步换景的作用。江苏南京莫愁湖公园曲桥，桥低临水面，曲折迂回，步行其上，倍添水面亲切感（见图 3—4—5）。江苏苏州博物馆曲桥，桥与路面一气呵成，简洁、自然（见图 3—4—6）。

图 3—4—5　江苏南京莫愁湖公园曲桥

图 3—4—6　江苏苏州博物馆曲桥

2. 拱桥

拱桥造型优美，曲线圆润，富有动态感，在园林中更有独特的造景效果。拱桥的形式多样，有单拱、三拱和连续多拱。根据不同的环境要求选用不同形式的拱桥，满足桥面通行、桥下通航的需求。

拱券是利用小块石材建造大跨度工程的创造。它是利用天然石料的耐压特性，巧用拱券力学原理，使石材相互挤压达到跨水目的，对两边桥台基础除压力外还有侧推力，需有坚固的基础与地基。北京颐和园的玉带桥弧形高拱，宛若玉带，用汉白玉和青石砌筑，景色精美绝伦，成为西堤重要的风景点（见图 3—4—7）。北京颐和园昆明湖上的十七孔桥，长约 150 m，宽 8 m，远望如长虹偃卧湖上，丰富了水面层次，且中孔跨度较大便于行船，水中可见一连串拱券倒影，并有点景石刻对联“虹卧石梁岸引长风吹不断，波迴兰桨影翻明月照还空”，点染出桥景意境（见图 3—4—8）。

图 3—4—7　北京颐和园玉带桥

图 3—4—8　北京颐和园十七孔桥

3. 亭桥、廊桥

加建亭、廊的桥，可供游人遮阳避雨，同时增加了桥的形体变化。桥既有交通作用，又有游憩功能与造景效果（见图 3—4—9、图 3—4—10）。

图 3—4—9 亭桥

图 3—4—10 廊桥

4. 吊桥

吊桥是指由承受拉力的悬索作为主要承重结构的桥，又称悬索桥。吊桥整体构成了赏心悦目的抛物线。吊桥跨越能力大，尤其适用于急流深涧、高山峡谷、桥下不便建墩的环境（见图 3—4—11、图 3—4—12）。

图 3—4—11 吊桥构成了赏心悦目的抛物线

图 3—4—12 吊桥适于桥下不便建墩的条件

5. 浮桥

浮桥常利用木排或铁桶或船只，排列于水面作为浮动的桥墩使用。为防止水流冲移，可在水面下系索以固定浮动桥墩的位置。浮桥是在较宽水面通行的简单和临时性办法，可免去做桥墩基础等工程（见图 3—4—13、图 3—4—14）。

图 3—4—13　浮桥利用船只等作为浮动的桥墩

图 3—4—14　浮桥可免去做桥墩基础等工程

6. 汀步

汀步又称步石或点式桥，是在浅滩、小溪等跨度不大的水面设置石块，散点成线借以代桥，是最原始的过水形式。在园林中汀步可表现别有情趣的跨水小景，质朴自然，增添游人的亲水感。

汀步的形式有自然式和规则式两种。自然式汀步设在自然石矶或假山驳岸，最易取得自然协调的效果，又是最简便的步行过水形式，虽然只有三四块，但与自然环境十分协调，远胜其上架桥（见图 3—4—15）。规则式汀步有圆形、方形等，也可塑造荷叶、树桩等造型，可用雕凿石材或混凝土预制件建造（见图 3—4—16）。

图 3—4—15　自然式汀步

图 3—4—16　规则式汀步

汀步设置要确保安全，高度不可过高，露出水面即可，间距不可过大，表面平整防滑，基础稳固。汀步不仅用在水面，地面草坪也可应用，通常设置于人流量不大的较短的通道。

三、园桥的组成

园桥是由梁（或拱）和桥台基础两大部分组成。梁（或拱）横跨于水面之上，桥台基础是主要承担荷载的部分。水面较宽时，若梁（或拱）跨度有限，则水中可设桥墩支撑，使梁的每个分段跨度缩短（见图 3—4—17、图 3—4—18）。

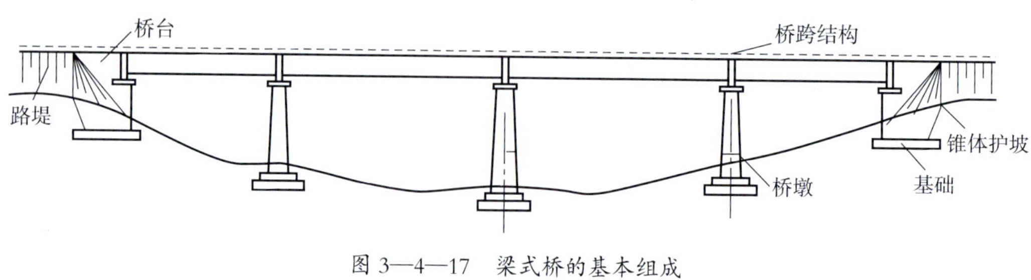

图 3—4—17　梁式桥的基本组成

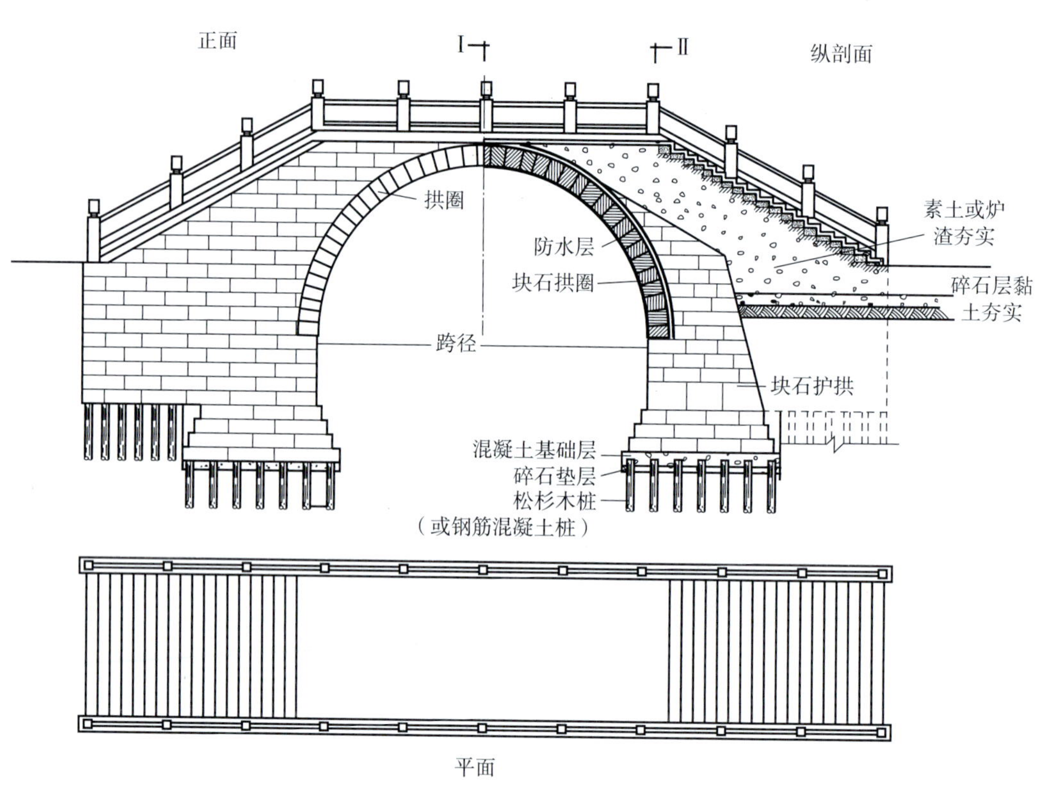

图 3—4—18　小石拱桥构造

1. 上部结构

桥的上部结构是桥的主体，包括桥面、栏杆等。要考虑当地水文地质和技术条件，选择符合跨度和载重要求的材料与结构，既保证游人的通行安全，又起到很好的点缀景色的作用。桥梁是过水道路，桥梁上部也和路面一样，在梁拱承重结构上设面层、基层、防水层等。

2. 下部结构

园桥的下部结构包括桥台、桥墩等支撑部分，是园桥的基础部分，要求坚固耐用，耐水流冲刷。桥台、桥墩要有深入地基的基础，上面采用耐水流冲刷的材料，并尽量减少对水流的阻力。

四、园桥的设计要求

园桥不等同于交通公路桥梁，在满足其交通功能的同时，还应注重其造景艺术效果。

1. 设计原则

桥梁应与水流成直角相交。桥梁的大小应与跨越的河流大小相协调，并与联络道路的样式及路幅一致。园桥应与周围环境及建筑相协调，并做到美观优雅，增添情趣。

2. 位置选择

园桥的位置应结合园林总体规划、道路系统布局、游览路线的组织、水面的划分及水路通航等要求来设置。较大水面应选窄处架桥，较小水面宜将桥设于水面一隅。

3. 造型与体量

园桥的造型与体量应与园林环境、水体大小相协调。大水面空间开阔，为突出水景效果常采用多孔拱桥，以桥的体量与水体相称，这种手法是突出园桥的建筑特征。小水面常以低临水面的单跨平桥使水隔而不断，或设平曲桥以增加景观层次，延长游览时间，使水面小中见大，这种手法是突出园桥的园路特征。而平静小水面及小溪流，常设贴近水面的小桥或汀步过水，使人接近水面，远观也不使空间割断。

4. 桥的栏杆与桥岸

桥的栏杆高度应符合安全需要，并与桥体大小、宽度相协调。如江苏苏州园林中的小桥一般只设较低的座凳栏杆，造型也很简洁，甚至有些小桥只设单面栏杆或不设栏杆，以突出桥的轻快造型。

桥与岸相接处要处理得当，以免生硬呆板，常以山石、花木、雕塑、灯具等丰富桥与岸的衔接。桥头装饰可突出桥体，增加安全性。这些装饰物兼有引导交通的作用，不可妨碍交通。

5. 交通要求

桥体尺度除考虑水体大小、道路宽度及造景效果外，还要满足其功能要求，既要满足桥上行走、通车，又要满足桥下行船的高度、坡度要求。为满足人流集散与停留观景等要求，常设置桥廊及桥头小广场。

6. 照明要求

桥上灯具具有良好的桥体装饰效果，在夜间具有指示桥的位置及照明作用。灯具可结合桥的造型、栏杆及其他装饰物统一设置，使其更好地突出桥的景观效果，尤其是夜间的景观。

五、园桥施工图

园桥施工图见图 3—4—19 至图 3—4—21。

任务实施

绘制园桥施工图

采用 CAD 绘制园桥的平面图、立面图、剖面图及节点大样图。要求图面结构完整，构图合理，整洁、美观，图例、文字标注和图幅符合制图规范。

按平面图→立面图→剖面图顺序绘制园桥施工图。图纸平面尺寸用毫米（mm）表示，标高以米（m）为单位。

一、绘制园桥平面图

绘制园桥平面图及环境平面图，表现园桥的平面形状、平面尺寸关系与做法等。

先绘制出园桥平面轴线，再绘制外围线和构造线，然后进行尺寸标注与材料标注，并加粗外围轮廓线。

二、绘制园桥立面图

立面图表达园桥立面效果。先绘制地面线，再绘出构造线，注意把握园桥的尺度及各部分比例关系，确定园桥及各部分高度，然后标注园桥立面的相应尺寸及必要的标高等。

三、绘制园桥剖面图

标示出园桥基础及构造、尺寸及材料。

评分标准

序号	项目与技术要求	配分	检测标准	实训记录	得分
1	内容完整	40	平面图、立面图、剖面图是否完整		
2	制图规范	40	是否符合制图规范，尺寸标注是否准确		
3	整洁、美观	20	图纸表达是否整洁、美观		

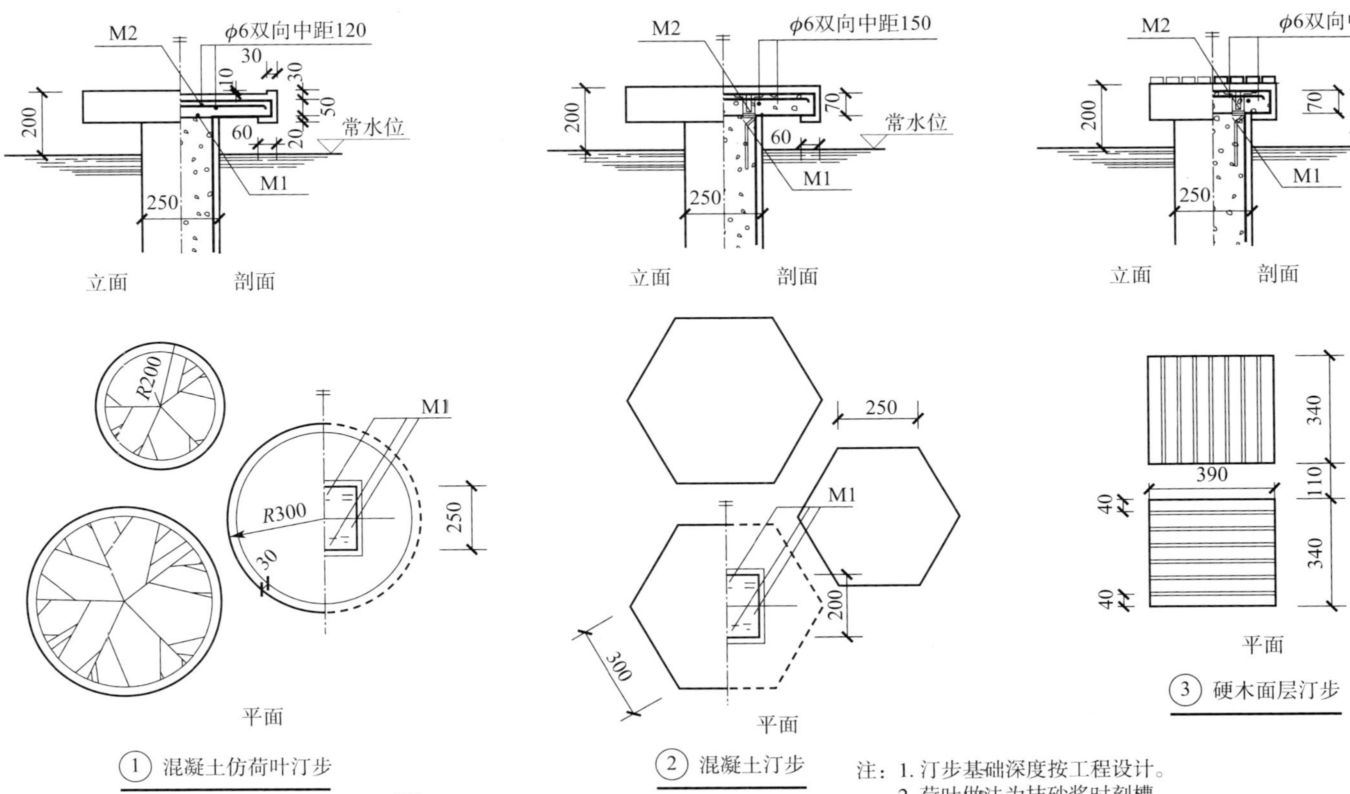

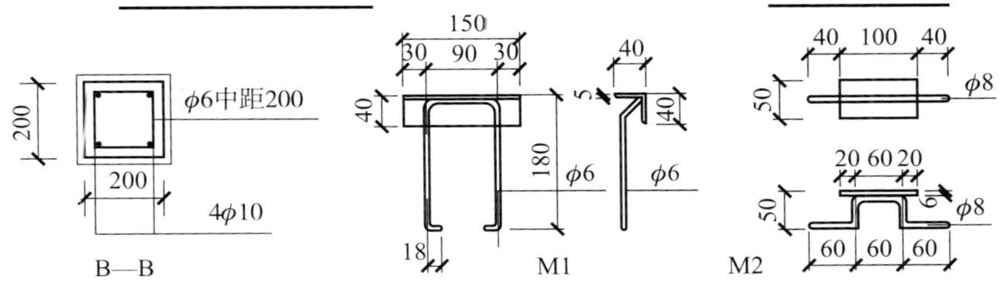

立面　剖面

平面

① 混凝土仿荷叶汀步

B—B　M1

立面　剖面

平面

② 混凝土汀步

M2

立面　剖面

平面

③ 硬木面层汀步

注：1. 汀步基础深度按工程设计。
2. 荷叶做法为抹砂浆时刻槽。
3. ②号汀步为剁斧石面层，做法为：（1）10 mm厚1：2.5水泥石子（小八厘内掺3%石屑），用斧剁两遍成活；（2）素水泥浆结合层一道；（3）18 mm厚1：3水泥砂浆找平；（4）素水泥浆结合层一道。
4. ③号汀步硬木条板面层，做法为：（1）刷油漆；（2）20 mm厚硬木条板；膏状建筑胶粘铺，两端边用钢钉固定；（3）20 mm厚1：3水泥砂浆找平。

图 3—4—19　园桥施工图（一）

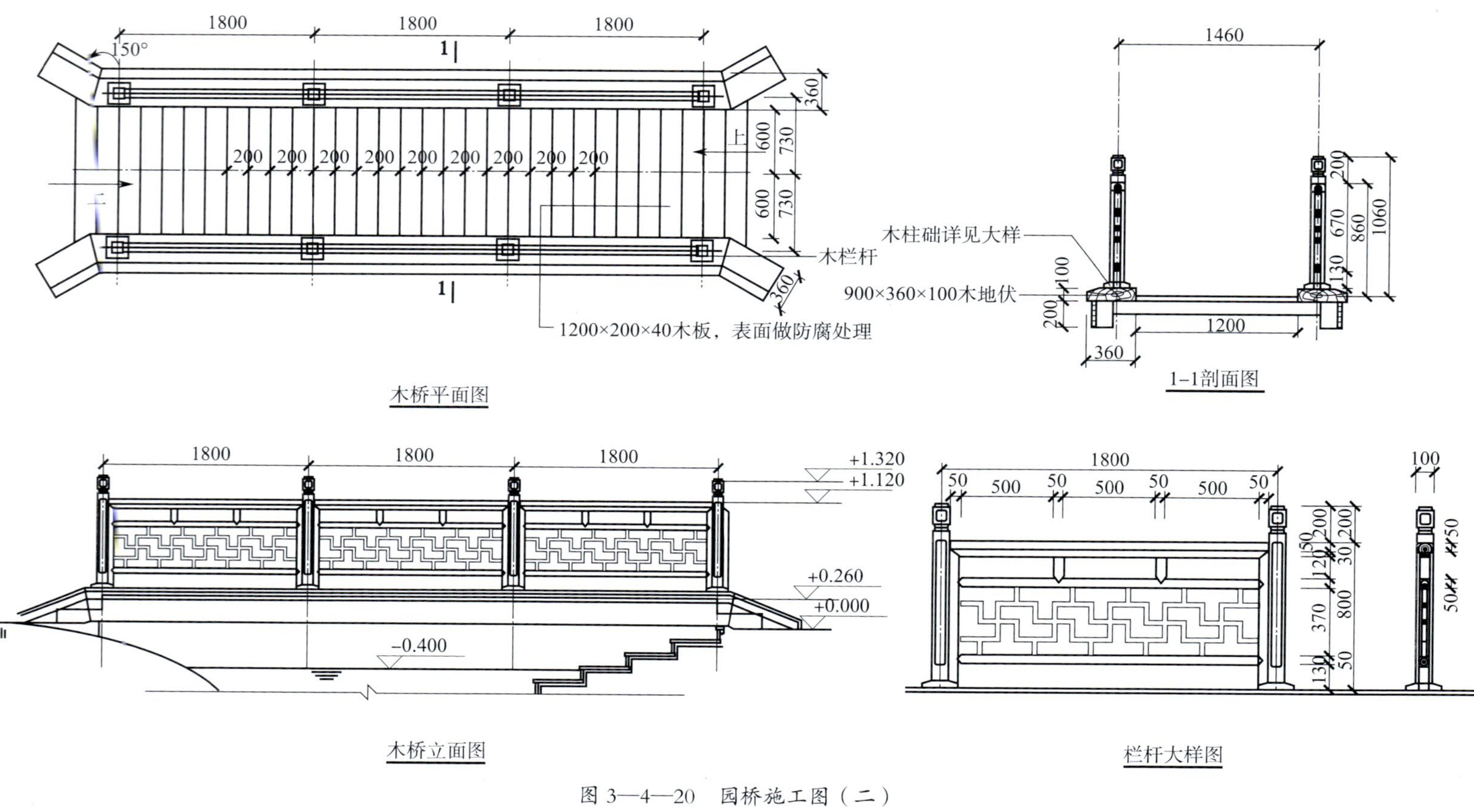

图 3—4—20 园桥施工图（二）

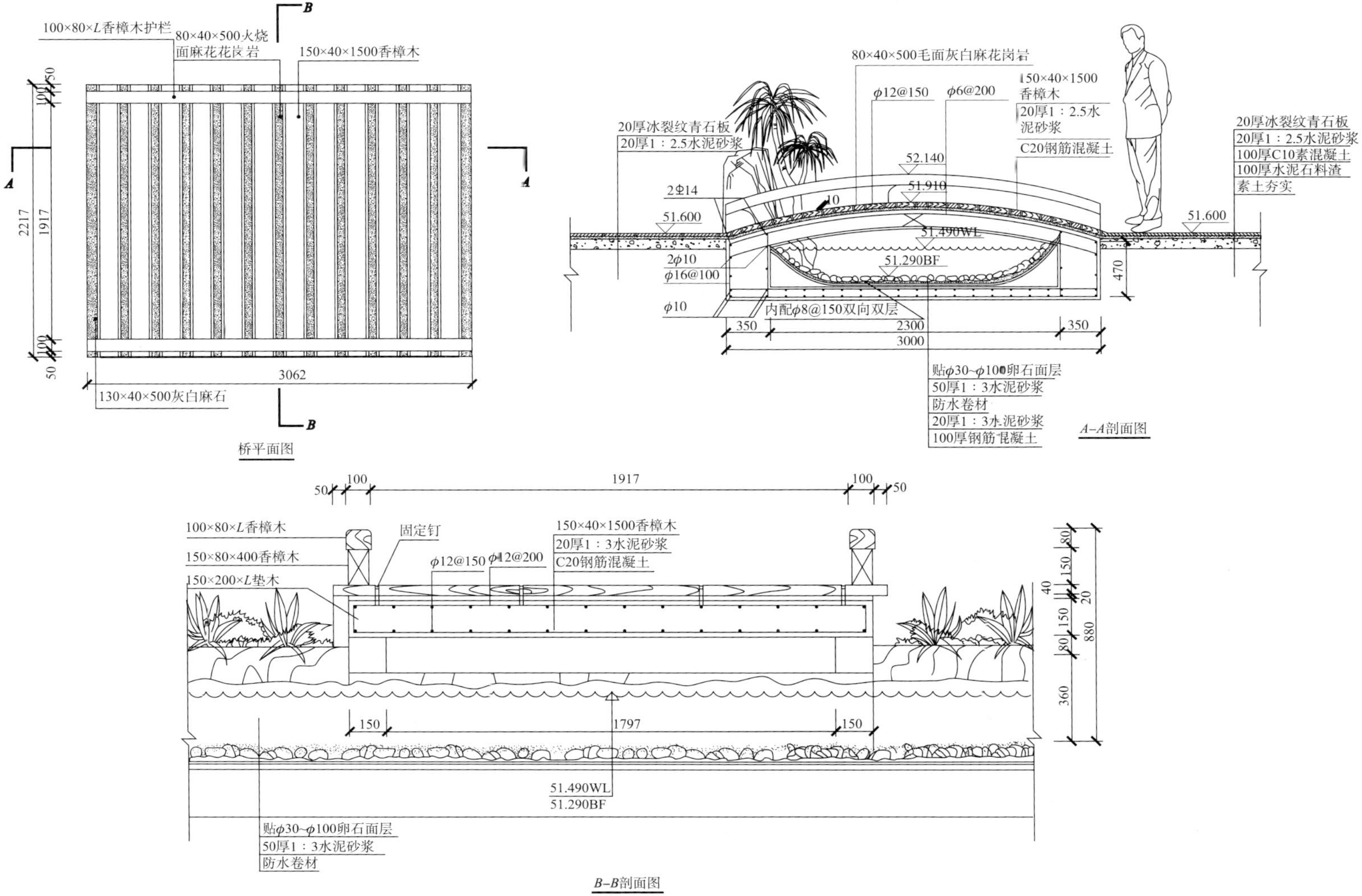

图 3—4—21　园桥施工图（三）

思考与练习

1. 园桥的功能有哪些?
2. 园桥可分为哪几种类型? 各有什么特点?
3. 园桥的组成包括哪些部分?
4. 园桥有什么设计要求?

课题五
园林大门的设计

大门是园林的重要交通空间，可以组织并引导人流和车流，同时大门是园林景观空间序列的开始，也是重要的园林景观，优美的园林大门可以给人良好的第一印象。大门的设计既要考虑园林内外交通联系的便利性和游览线路的合理性，也要反映公园的性质和特点，重视与周边环境的协调。

任务　设计园林大门

任务目标

◇了解园林大门的功能
◇熟悉常见园林大门的形式和构成
◇掌握园林大门的设计要点
◇掌握园林大门方案设计的表现技法

任务提出

某市级综合性公园以文化娱乐、休闲游览为主，兼有儿童游戏场；用地北邻城市交通性主干道，东侧为次干道，沿河东西两侧设支路；地形西南低、东北高，地形高差达 25 m。该公园以古风乐水为主题，分为文化展示区、儿童游戏区、滨水休闲区和入口广场区四部分。公园总平面图如图 3—5—1 所示。现要求为该公园的主门——南门设计主大门。大门设计要求交通方便，功能合理，造型新颖简洁，与公园性质、规模和地形、周边环境等相协调，并绘制设计方案总平面图及方案效果图。

图 3—5—1 某市级综合性公园总平面图

任务分析

设计园林大门，是在了解园林大门的功能、形式的基础上，充分考虑交通功能、公园特点、周边环境、观赏要求等因素进行设计。那么，园林大门主次入口如何布局？交通如何组织？园林大门内外空间如何处理？园林大门采用什么形式、色彩、材料？如何进行方案设计的表现？

相关知识

一、园林大门的功能

园林大门的基本功能是集散交通和管理服务，但其位置特殊、显要，景观功能也不容忽视。

1. 集散交通

园林大门的集散功能体现在组织和引导疏解人流、车流方面。组织人流进出是园林大门的基本功能，大门出入口可以使游人方便地进出园林，大门的内、外广场可以提供等候、拍照留念时的逗留和集散空间。例如河南洛阳关林大门外广场（见图 3—5—2）场地开阔，为游人拍照留念、驻足休息等活动提供了充足空间。

园林大门附近常设置机动车、非机动车停车场以方便游人乘坐的交通工具停放，如旅游大巴、私家车、出租车、摩托车、电瓶车、自行车等。停车场面积和车位数视园林的规模、游客的数量等因素而定。大型景区可多设停车泊位，如河南云台山风景区的入口综合

服务区除主体山门、售验票大厅、购物中心外，还兴建了具有 5 000 个泊位的大型生态停车场，占地面积 35 万 m^2。小型园林可适当减少车位或利用周边社会停车场停放车辆。

图 3—5—2　河南洛阳关林大门

2. 管理服务

园林大门日常管理功能主要包括售票、检票、门卫、公共服务等。售票、检票功能适用于封闭管理的收费园林。门卫功能是指出入登记、更换车牌、站岗、禁止小商贩进入、夜间值守等。公共服务功能包括商品零售、公用电话、小件寄存、信息咨询等。例如河南开封的清明上河园大门管理服务功能较为齐全（见图 3—5—3），广场一侧设置了售票处、游客服务中心、休息亭廊、展廊等设施，游人购票方便，通过展廊还可了解园区概貌，如需小件寄存、信息咨询等则由游客服务中心提供服务。

图 3—5—3　河南开封清明上河园大门游客服务中心及售票处

3. 空间过渡

园林大门位于园林与城市或荒野的交界之处，是游人观赏园林空间的开始，具有强烈的空间转折和强调作用，引导空间或由繁华喧闹的街道转至宁静繁郁的公园，或由空旷荒芜的山林引入风光秀丽的景区。园林大门作为游览路线的起点，其建筑形象和风格对园林空间有预示作用。例如江苏苏州狮子林的大门（见图 3—5—4），引导游人由城市空间过渡至园林空间，大门的粉墙黛瓦则提示着园内景观的江南园林风格和特点。

4. 点缀街景和美化园景

园林大门作为园林外广场的构图中心，是城市街道景观的一部分。它以园林为背景，面向城市空间，受城市整体景观的制约，因此应服从城市景观的塑造要求，成为城市的亮丽风景。园林大门所在位置突出、显要，是游人游赏园林的第一个景物，多利用山石、水体结合建筑形成园林的重要标志性景观。陕西西安半坡博物馆大门（见图 3—5—5）采用独特的三角形作为构图主题，上部用半坡文化的典型代表——人面鱼纹作为装饰，售票管理等空间巧妙地隐藏在入口门洞两侧，造型新颖，色彩纯朴，是非常好的城市景观。

图 3—5—4　江苏苏州狮子林大门

图 3—5—5　陕西西安半坡博物馆大门

二、园林大门的分类

1. 按照建筑形式分类

传统园林大门多使用山门式、阙式、牌坊式等。现代园林大门也常采用这些传统的建筑形式，当然也不乏使用现代建筑材料和新型结构形式设计的大门。这些大门造型较为清新、简洁、明快，充分展现了时代精神。

（1）山门式　传统山门多地处山林郊野的宗教建筑入口处，作为道教和佛教建筑群序列的开始。现代园林山门多应用在主要景观轴线上，或结合地形设置在园林的起始点。例如由著名建筑师吕彦直设计的广东广州中山纪念堂（见图 3—5—6）为仿古的宫殿式建筑群，其山门式大门与中山纪念堂、中山纪念碑位于同一轴线上，三孔大拱门作为轴线的起点庄重、敦厚，宝蓝色琉璃顶又不失绚丽，与青砖蓝瓦、富丽堂皇的纪念堂建筑相互呼应。

（2）阙式　阙为立在大门两侧的独立楼式建筑，中间是进出的通道。古代阙多用于标志建筑群入口，常见于城池、宫殿、宅第、祀庙和陵墓之前。现代阙由最初的显示威严、供守望之用逐渐演变为装饰性建筑，成为大门的常用形式。阙的形式较为丰富，有单阙对立的，有大阙旁建小阙的母子阙，还有两阙之间连以门楼阁道的。河南开封清明上河园即采用仿木构型制的重檐单阙大门（见图 3—5—7），由于无横向连接构件，大门宽度灵活，设置了较宽的出入口，检票室利用阙座下的空间设置。

图 3—5—6　广东广州中山纪念堂大门

图 3—5—7　河南开封清明上河园大门

（3）**牌坊式**　牌坊造型丰富，具有明显的标志性，古代被广泛用于街道起讫点，园林、祀庙、陵墓的入口等。牌坊也是现代园林的标志性装饰建筑。牌坊按开间、造型分类，有门楼式和冲天柱式两类。门楼式牌坊的檐楼为庑殿的脊顶形式，柱顶只做到平板枋的位置。冲天柱式牌坊的立柱则超出屋顶檐楼顶部，像竖立的蜡烛。例如江苏南京中山陵入口处高大的花岗岩牌坊（见图 3—5—8）为典型的四柱三间型冲天柱式牌坊，上有孙中山先生手书的“博爱”两字。牌坊自身造型较为独立，售票、检票室最好能退让一定距离，以保持牌坊形式的完整。

图 3—5—8　江苏南京中山陵入口牌坊

（4）**柱式**　柱式大门由阙式演化而来，原来的阙身精简为独立的两柱，柱间出入口使用伸缩门、推拉门，除此以外两柱之间无其他相连的横向构件，较大体量的柱内部空间可以作为门卫或检票使用。黑龙江哈尔滨太阳岛的西部主入口大门由一大四小五个白色椭圆拱形门相连组成，为避免影响主门效果，退后一定距离结合桥体设置了柱式辅门检票，辅门两侧白色的立柱与主门色彩一致，与蓝天形成鲜明的色彩对比（见图 3—5—9）。

（5）**墙门式**　古典园林常用围墙上开门洞的方式作为出入口，园林内部也常于墙上设门洞，使园林空间串通迂回。这类园门体量一般不大，与周围环境较易取得和谐。例如江苏苏州拙政园利用围墙开设三个门洞（见图 3—5—10）供人进出，中间为主门，尺度最大，两侧为镶有“淡泊”“疏朗”字样的小门，墙面由许多方形的细砖精密拼合而成，色泽雅致，古朴气派。

（6）**屋宇式**　屋宇式大门可加前廊作为游人的休息空间，形成多开间的廊式建筑，因体量较大，适宜表现气魄雄伟的风格。如陕西历史博物馆的大门（见图 3—5—11）采用较为隆重的庑殿顶形式，出檐深远，主色为灰、蓝等淡雅的色调，整体庄严、质朴、宏伟，具有浓郁的传统文化气氛。

图 3—5—9　黑龙江哈尔滨太阳岛西部主入口大门及辅门

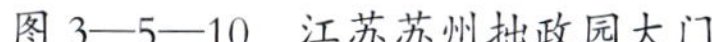

图 3—5—10　江苏苏州拙政园大门

图 3—5—11　陕西历史博物馆大门

随着技术的发展，屋宇式大门也融入了很多时代要素，上方顶盖的形式转向了更为现代的平顶、拱顶、折板顶等，立面造型也日趋丰富。

（7）其他形式　除了以上各类大门形式外，还有一类大门更强调标志性，往往利用山石或建筑小品构成入口标志，朴素自然、个性鲜明。也有的园林大门在继承传统的基础上大胆革新，利用现代建材、结构、施工技术，创造出各种造型新颖、结构合理、管理方便的大门形式。例如河南洛阳洛浦公园的大门（见图 3—5—12），以彩虹凌波为主题，优美的弧线造型将管理室巧妙地隐藏在拱架之下，左右两个竖向跳跃的拱门互相穿插，红白两色的花岗岩色彩对比鲜明，整个大门形式清新、形象完整简洁，体现了当代建筑特点。

总之，园林不论采用何种大门形式，都要与园林的性质、规模、主题、地形和城市的风貌等因素相协调，体现当代建筑风貌和地方特色。

2. 按照使用功能分类

园林大门是城市街道与园林道路衔接的交点。为便于游人进出和管理，较大的园林除主要大门外，还可设置多处园林次要大门（见图 3—5—13、图 3—5—14）和工作人员、车辆的专用门。园林的次要大门起辅助作用，主要为方便群众进园而设。园林专用大门仅对管理人员和相关车辆开放，多选择在较为僻静处设置，园内工作人员和物资运输皆可通过此门。

图 3—5—12 河南洛阳洛浦公园大门

图 3—5—13 江苏苏州拙政园次门

a) b)

图 3—5—14 河南开封天波杨府大门

a）河南开封天波杨府主门 b）河南开封天波杨府次门

三、园林大门的组成

通常情况下，园林大门建筑部分主要由出入口、售票室和检票室、门卫管理组成，场地则包含内外集散广场和各类车辆停放场所。根据园林的性质、规模和功能的不同，大门设施和组成也可适当调整。大中型园林的大门除常规功能外，还可提供商品零售、信息咨询、休息、展示等服务，办公场所有时也结合大门设置。小型园林入口可简化至只设出入口和售票、检票室。开放性的园林往往只设入口标识引导游人，例如安徽芜湖方特欢乐世界中的方特欢乐大道（见图 3—5—15）是免费观光区域，游人可以自由参观，因此以不设任何遮挡的全开放式大门标识入口空间。

图 3—5—15　安徽芜湖方特欢乐大道大门

四、园林大门的设计要点

1. 大门位置及布局

（1）影响大门位置的因素

1）城市道路交通状况。园林大门应根据城市总体规划及相关规划，研究公园在城市中的区位，分析园林周边道路的等级、功能等，尽量在人流主要来向上选取交通便利的生活性次干道或支路设置大门，避免将其设置在城市交通性主干道上。特别是园林主门，人流车流量大，游人进出频繁，更应避开交通繁忙的快速路或交通性主干道，而对交通干扰较小的次门或仅供步行入园使用的门可设置在主干道上。如特殊情况下园林主门必须设置在城市主干道上，则交通流线及停车场必须精心设计，尽量减少进出园林的人流、车流对干道交通造成的干扰。园林大门的位置须距离交叉口 80 m 以上，同时服从城市总体规划、控制性详细规划和其他专项规划的各项要求。

影响园林大门可达性的因素不仅仅是道路的通达，公交的便利和快捷程度对可达性也将产生重要影响。园林大门应选择有地铁、轻轨等快速公交服务或公共交通线路多、站点密集的地段设置，以使游人快捷、方便地到达公园。

2）周边用地的现状和规划。临近居住区的开放性公园是城市居民活动的重要场所，居民多在其中健身锻炼或休闲游憩。多方向开设园林次门可以为居民提供便利，但大门的设置地段应避免临近有危险的场所和单位。

3）园林总体布局。结合园林道路系统、功能分区和景点布局，选择位置明显、有利于组织游览空间序列、场地较为开阔平坦的地段设置大门。

4）物资运输。运输园内垃圾、货物的车辆多利用次要大门或专用门进出，也可利用园林的封闭时段由主门进出。大门的位置应方便特殊车辆的进出。

此外，园林的用地形状、地形、自然条件、气候等诸多因素也影响着园林大门的选址。

（2）大门布局　园林大门根据城市道路系统、园林的规模、环境、道路布局及游客流向、流量，可设一处或多处。大门布局要适当分散，均匀布置，方便各方向的游人。例如陕西西安大唐芙蓉园（见图 3—5—16）大门东西南北四个方向均设置大门，分布均匀，布局为“一主两次一专”，即主门一处、次门两处、专用门一处，每处大门结合特色景观区设置。

2. 大门形式的设计

园林大门形式的设计对创意要求较高，强调艺术性和观赏性。设计初始应深入分析园林主题、用地、大门功能等因素，在满足功能要求的前提下突出艺术创意。因园林的性质、规模、主题等不同，设计手法也不可一概而论。纪念性公园一般采用对称的构图手法设计大门，庄严、肃穆是此类大门的设计要求。休闲娱乐性公园的大门则追求轻松活泼的艺术效果，多采用非对称式的手法处理建筑，即使采用对称手法，其造型和格调也较为轻松。专业性公园可结合公园特性考虑，利用寓意手法设计大门，突出个性和特色。风景区大门以标识景区入口、引导游人为主，注重与景区的协调和融洽，可先在前部设置景区入口标志，随后设立售票、检票室和管理室等，如有多个分景区可另设分区入口。如河南云台山景区内就分设了潭瀑峡、泉瀑峡、红石峡、茱萸峰等多处景区分入口。

图 3—5—16　陕西西安大唐芙蓉园入口分布

3. 大门出入口设计

（1）出入口布置　一般情况下园林内部不允许社会车辆进入，所以大门出入口应主要依据人流进出需求设计，但特殊情况下消防、急救等特种车辆须进入园内，因此也应满足紧急情况下特种车辆的进出要求。即使大型园林、风景区允许自带车辆进入，出入口也应人、车分流，保证游人安全。

大门可由若干出入口组成，大小出入口结合使用。平时游人较少时使用小出入口，满足 1～3 股人流通行即可，有时也供自行车、摩托车出入，宽度需要 1.8～2 m。节假日及大型活动人流量较大时使用大出入口，特殊情况下车辆进出也使用大出入口，宽度要满足两股车流并行要求，需要 7～8 m。

出入口的布置形式（见图 3—5—17）主要有以下几种：

1）大小出入口合一，车流人流不分。适用于人流量不大的小型公园或大公园的次要入口和专用入口。建筑体量不大，附属功能较少。可利用栏杆等设施将出入口空间进一步划分，以便于检票和限制车流进出。

2）大小出入口分开，售票、管理用房设在小出入口一侧，适用于一般公园大门。

3）大小出入口分开，售票、管理用房设在大小出入口之间，可兼顾两侧售票，适用于平日、节假日及人流量较大时使用。

4）进口与出口分开设置，适用于大型公园。

5）出入口对称布局，大小出入口分开，适用于大型公园。

（2）门扇　门扇是大门的维护构件，对大门艺术形象的完整性有一定影响，因此门扇的材质、纹样、形式都应与大门的立意、风格相呼应。常见的大门按门扇开启的形式分为平开门、折叠门、推拉门等（见图3—5—18），常用的材料以金属材料为主。

1）平开门。体量较小的门适合采用平开门形式，开启较为方便，单扇门宽2～3 m，双扇门宽4～6 m。例如北京故宫的宫门多为平开门。

2）折叠门。折叠门门扇分成几折，开启方便，节省空间，每扇宽1～1.5 m，可根据需要做成多折。现代园林最常见的电动伸缩门可以视为折叠门的一种，占地空间小，美观大方，电动控制，开启方便。

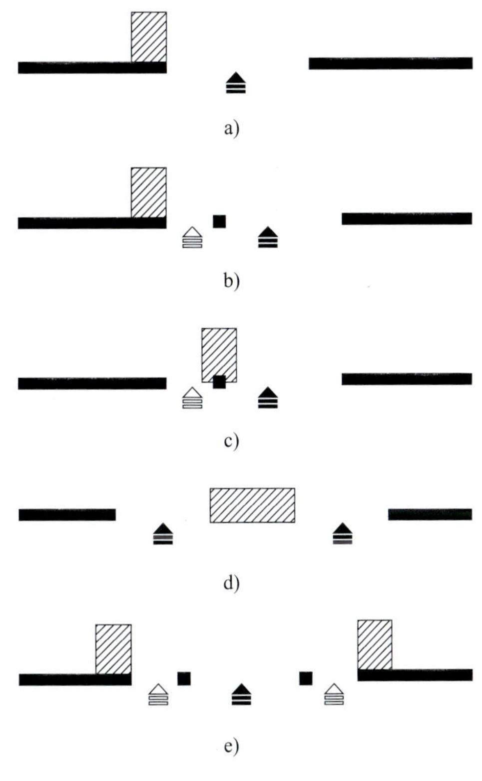

图3—5—17　出入口布置形式

a）大小出入口合一

b）大小出入口分开，售票、管理用房位于一侧

c）大小出入口分开，售票、管理用房位于中间

d）进口与出口分开设置

e）大出入口居中，小出入口分设两侧

3）推拉门。推拉门的墙后需要用充足的空间隐藏门扇，对用地空间要求要高，空间较小的用地影响门扇宽度。为节省人力，推拉门可以安装电动控制装置。

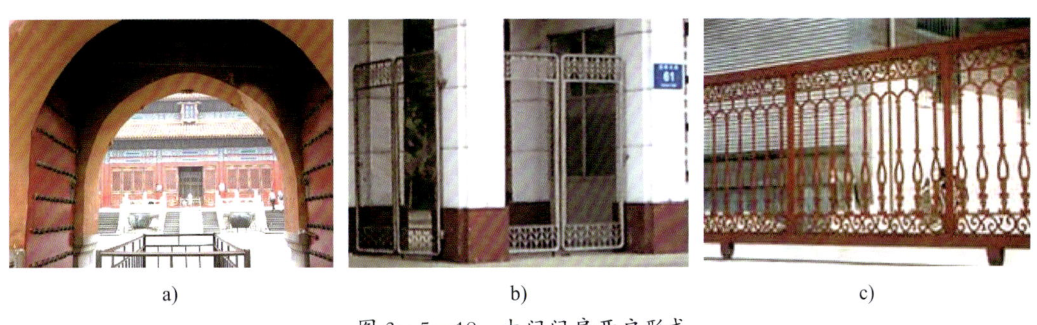

图3—5—18　大门门扇开启形式

a）北京故宫平开门　b）折叠门　c）推拉门

4. 售票与检票、门卫

（1）售票与检票　售票室的位置需结合大门的建筑形式、出入口布局、游人数量等因素布置。当游人数量较少或用地较为紧张时，售票室多与大门结合设置（见图 3—5—19）。大中型公园人流量较大，为避免购票人流与进出公园人流互相干扰，售票室多与大门分开设置。游人较少时售票室前部广场空间可稍小，如游人较多则需要较大的空间容纳购票人流的集散或以团体购票分流。

售票室的平面形状可灵活设置，矩形、方形、多边形、圆形均可。例如北京石景山游乐园内的蘑菇售票亭（见图 3—5—20），平面自由，形式卡通，符合儿童的心理需求。售票室的进深以放置桌椅后，还有相对充裕的走道空间为宜，通常单面售票进深不小于 1.7 m，双面售票进深不小于 2 m。售票窗口之间间距不小于 1.2 m。

检票须选择游人入园的必经位置，可以在室内也可以利用室外空间，人流较多时可增设临时检票口。现代科学技术的发展推动了自动售票、检票系统的应用，自动售票、检票系统克服了人工售票、检票模式固有的速度慢、财务漏洞多、出错率高、劳动强度大等缺点，同时可以很好地解决二次入场、多景点游览、园中园的问题，是未来售票、检票方式的主要发展趋势。自动售票、检票系统较为节省空间，每个入口宽 1 ~ 2 m，具体尺寸根据设备情况而定。

图 3—5—19　北京植物园大门售票室

图 3—5—20　北京石景山游乐园内的蘑菇售票亭

（2）门卫　门卫管理以警卫值班、休息为主，包括值班室、休息室、盥洗间等，可与售票、检票室临近布置，也可分开布置。门卫室宜在大门内外两个方向设门，便于人员进出。

售票、检票室和门卫室的建筑体量不大，要尽量选择较好的朝向，解决好通风、采光、遮阳、隔热和保温的问题。

5. 大门内外空间处理

（1）门外广场　园林大门门外广场是游人首先接触的地方，门前交通流量较大，尤其节假日人流、车流更为集中，门外广场有缓冲交通的作用。如北京紫竹院公园门外广场（见图 3—5—21）较为开阔，设置了座凳等休息设施供游人使用；河南开封清明上河园门外广场（见图 3—5—22）周边设置了亭廊、游客服务中心等设施。

图 3—5—21　北京紫竹院公园门外广场

门外广场应为观赏大门建筑提供充足的视距和空间。大门建筑可位于广场正中，也可偏于广场一隅，也可围合广场，不论何种形式均应以保障大门的完整艺术效果为前提。如陕西西安大唐芙蓉园门外广场（见图 3—5—23）面积广阔，大门建筑占据广场东边界，在与大门建筑正对的中轴线上结合水池以陕西独特的皮影戏为主题设置玻璃组雕，打破空间的单调感，增加景深层次，也很好地衬托出了主体建筑的高大体量。

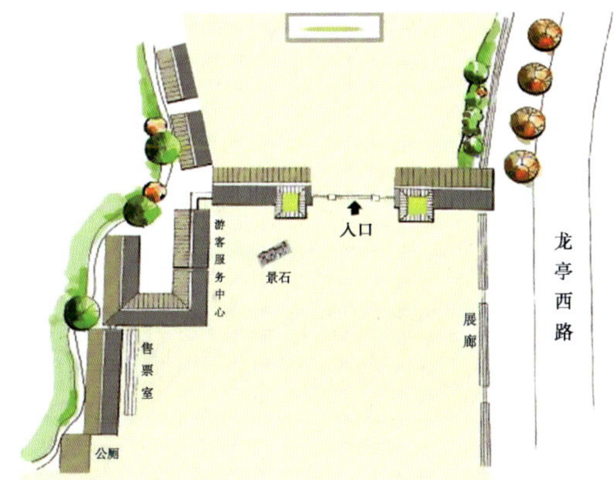

图 3—5—22　河南开封清明上河园门外广场布局

（2）门内广场　园林大门门内也需要一定的广场空间缓冲交通。门内广场既可以较为开敞，也可以较为封闭，利用照壁、水池等组成约束性的序幕空间。如北京植物园门内设置了小面积广场（见图 3—5—24），主要供游人疏散用。

图 3—5—23　陕西西安大唐芙蓉园门外广场

6. 车辆停放场地

游人使用的交通工具主要有自行车、摩托车、私家车、公共汽车、出租车、旅游大巴等。公共汽车需设置专用停靠站。出租车尽量设置专用场地以便乘客上车、下车。除此以外，其他车辆根据特点分类

图 3—5—24　北京植物园门内广场

设计停车场地，停车场地主要可分为机动车停车场和非机动车停车场两类。停车场可以结合门前广场相邻布置，也可以单独设置，但要与大门出入口联系便利，用地充足。

停车位和通道是机动车停车场的主要组成部分，机动车停放方式分为平行式（见图3—5—25）、垂直式（见图3—5—26）和斜放式（见图3—5—27）三种。平行式停车通道宽4 m，垂直式停车通道宽6 m，斜放式停车通道宽度根据角度可在4～6 m之间选择。小汽车停车位长2.8～3 m，宽5.5～6 m。单位停车面积（包括绿化、通道及出入口等在内）按每辆小汽车占用20～30 m^2，大客车占用40～50 m^2计算。停车场出入口的设置要避免大量人流穿越，车辆尽量遵循右进右出的原则。车位数大于50个时，出入口不得少于2个。出入口之间净距离不得小于10 m。图3—5—28所示为机动车停车场设计实例。

非机动车停车场主要停放自行车和电动车，出入口宽度至少3.5 m，单位停车面积按1.0～1.2 m^2计算。为防雨淋日晒，可采用车棚形式。摩托车因其体积较小、停放灵活，可与非机动车停车场地合并设置，也可分开放置。

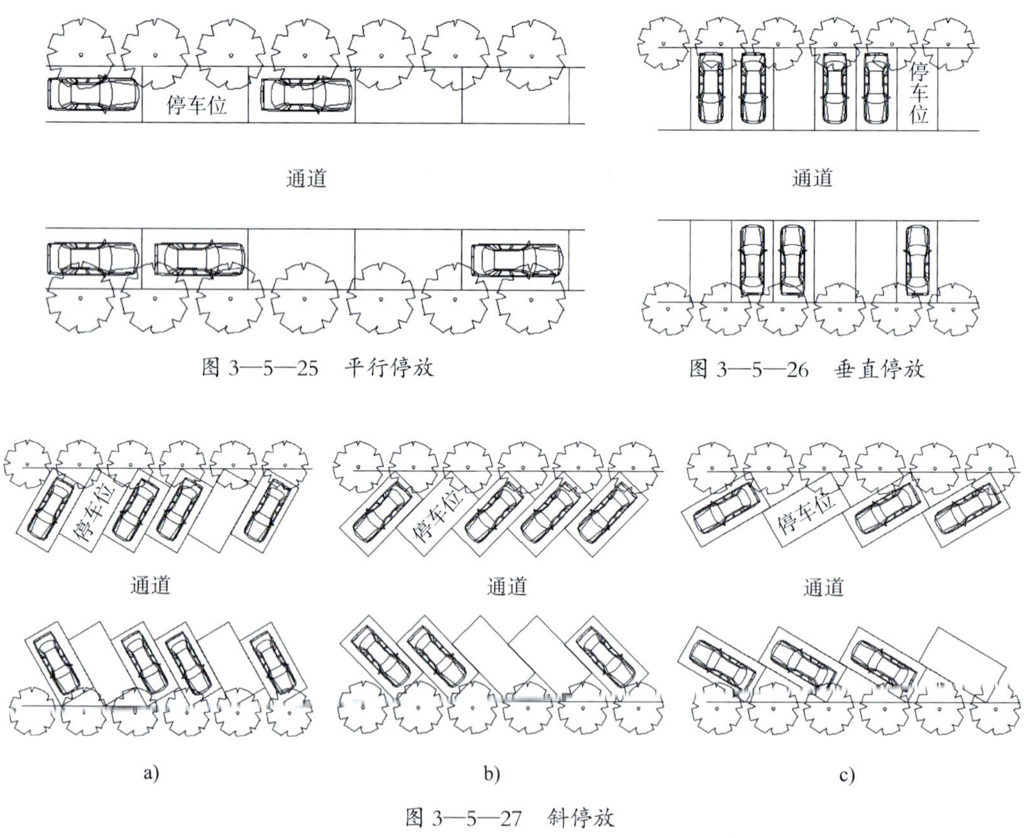

图3—5—25　平行停放

图3—5—26　垂直停放

图3—5—27　斜停放

a）30°斜放　b）45°斜放　c）60°斜放

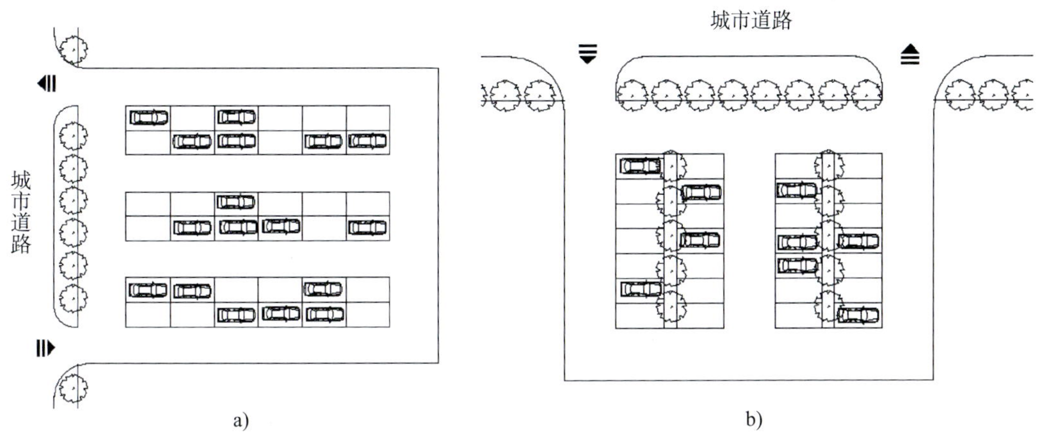

图 3—5—28 机动车停车场设计实例

a）平行车位停车场设计实例 b）垂直车位停车场设计实例

任务实施

一、分析和熟悉设计条件，确定设计立意和风格

认真分析公园规划平面图及背景条件，了解公园的性质、特点、主要游览对象，掌握公园规模、功能分区（见图 3—5—29）及主要景点布局，熟悉任务中大门的位置、用地面积及其周边环境。

公园往往通过大门的艺术处理体现出整个公园的特点和建筑艺术的基本风格，所以首先确定大门的设计立意，选择大门的主要形式和风格。本任务设计的大门紧邻公园的文化展示区，造型立意宜考虑与此区的协调统一，做到形式现代且富有文化内涵。

图 3—5—29 公园功能分区图

二、设计大门建筑平面、造型及其周边场地布局

分析大门用地的地形，规划大门各功能区基本布局，选择大门建筑的位置，设计建筑平面，包括售票室、检票室、门卫管理室、出入口的布局、大门开启形式等，设计建筑立面造型和材料。确定大门内外广场的范围，设计机动车和非机动车停车场布局。进行多个方案比较，最终选定最优方案。

本次公园主门避开城市主干道，选在与城市支路相接的较为平坦的地段上设置，大门总占地 16 000 m^2 左右，共设计有 2 个方案（总平面图见图 3—5—30、图 3—5—31），选择方案 2 作为最终方案。

图 3—5—30　大门方案 1 总平面图

图 3—5—31　大门方案 2 总平面图

大门由西侧的服务管理建筑和东侧的出入口组成。出入口分为主出入口与次出入口两部分，总长 45 m。为保持体量平衡，主、次出入口门洞宽度一致，仅从墙体高度上体现主次之分。门洞上部规则排布矩形空洞，形成虚实对比，打破墙面的厚重感。门洞下部悬挂由传统民居中选取提炼出的具有代表性的屋顶构件作为装饰符号。墙体以淡黄色为主色，石材拼花贴面，庄重不失素雅，古朴不失大气。出入口使用电动伸缩门和自动检票系统。西侧服务管理建筑面积共 650 m^2，包括售票室 15 m^2、门卫值班休息室 20 m^2、公厕 30 m^2、水泵房 40 m^2、售货亭 40 m^2、办公室 30 m^2、茶室 475 m^2。屋顶采用传统坡顶形式，墙面为仿木做法，朴素、亲切。

门外广场主要满足集散人流和观景要求，占地 6 300 m^2。门外广场分为两个高程，高差 600 mm，考虑无障碍设施，设置残疾人坡道。广场东侧结合断崖设置高达 12 m 的摩崖石刻，上镌毛主席巨幅书法，气势磅礴，是广场的主要景观。门内广场占地 1 000 m^2，结合河道廊桥和瀑布观景需要设置。广场主要采用国产花岗岩作为主要铺装材质。

门外广场南侧设置出租车停车场、私家车停车场和非机动车停车场，预留公共汽车首末站用地。各类停车场及道路占地共计 8 000 m^2。停车场采用生态型设计，铺装材料宜选择耐碱性好的草皮砖，增大停车场绿化面积。

三、设计方案总平面图、方案效果图表现

尺规绘图表现总平面图，按比例绘制建筑、广场、绿化、停车场、围墙、周边的城市道路等，停车场需表达出停车位的布置和出入口等。使用不同的铺地材质或色彩区别不同使用功能的广场空间。

绘制方案效果图时注意大门的透视表现，尽量选择能够表现大门全貌的角度，可以使用平视角度或俯视角度，重点表达大门的形式、色彩、材质，周边环境布局可适当简化。

总平面图、方案效果图可使用马克笔、彩铅等手绘或者电脑进行表现。公园大门的方案效果如图 3—5—32 所示。

图 3—5—32　公园大门方案效果图

评分标准

序号	项目与技术要求	配分	检测标准	实训记录	得分
1	建筑总体构思	15	用地条件分析正确，与公园整体风格协调，建筑形象完整统一、特征明显		
2	场地平面布局	30	交通流线明确，布局合理，尺度适当		
3	建筑平面布局、体形设计	30	使用方便，功能合理，造型简洁、大方		
4	总平面图、方案效果图	25	版式设计美观；图面表达准确完整；质感表现到位；配景选择比例协调、尺度恰当，色彩表现良好		

知识链接

园林大门形式欣赏

园林大门形式欣赏如图 3—5—33 所示，园林大门效果图欣赏如图 3—5—34 所示。

图 3—5—33　园林大门形式欣赏

图 3—5—34　园林大门效果图欣赏

思考与练习

1. 园林大门的主要功能是什么？

2. 园林大门主要由哪几部分组成？

3. 园林大门的位置选择应考虑的主要因素有哪些？

4. 常见的园林大门分几种类型？

5. 园林大门出入口的设计形式及尺寸是什么？

6. 公园大门设计练习：该公园大门用地面积 5 000 m^2，为正方形用地，边长约 70 m，紧邻城市道路。地形图如图 3—5—35 所示。设计内容包括大门建筑、出入口、集散外广场、车辆停放场等部分。

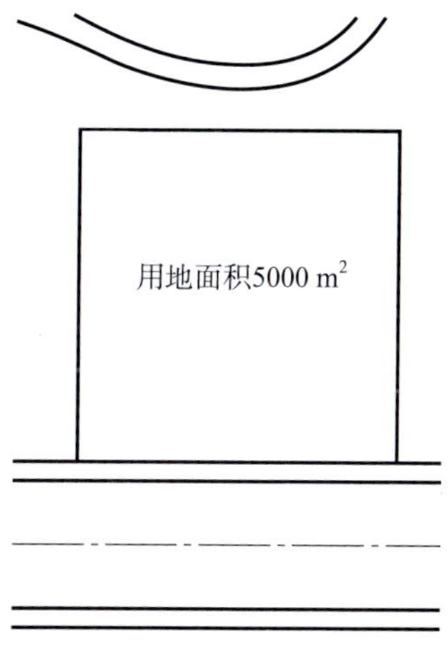

图 3—5—35　公园大门地形图

（1）总建筑面积 40 ~ 50 m^2，包括售票检票室、门卫管理室、休息室、公厕等。售票检票室（口）形式、面积自定，可根据需要增加商亭、游客服务中心等功能。

（2）出入口。选择合适的出入口形式，处理好与停车场之间的交通流线，考虑与其他建筑空间的结合方式。

（3）集散外广场。满足人流集散需要。

（4）车辆停放场。包括机动车车位 40 个、自行车车位 100 个、出租车等候区、公交站点等。

设计方案要求绘制总平面图（比例 1 : 500）、建筑效果图（比例自定）、设计说明（包括设计意图，建筑的布局、用途及建筑面积等）等。图纸表达方式不限。

课题六
售货亭的设计

售货亭，顾名思义，是以售货为功能的亭式建筑，与小卖部功能相同，二者都是为游客提供零售商品的场所。因小卖部与售货亭属同义语，本书统称为售货亭，意指园林中担负商品零售功能的小型建筑。售货亭建筑形式多样，不拘泥于独立的亭子形式。

任务　设计售货亭

任务目标

◇了解售货亭的功能

◇熟悉常见售货亭的类型及基本组成

◇掌握售货亭的设计要求及方法

◇掌握售货亭方案设计的基本内容和表达方法

任务提出

某市开放式的滨河公园总面积约 18 000 m^2，用地长约 360 m，宽度 44～75 m 不等，地形较为平坦，总平面图如图 3—6—1 所示。现为该公园设计售货亭，要求使用方便、造型优美、与周边环境协调，并绘制设计方案平面图及方案效果图。

图 3—6—1　某市滨河公园总平面图

任务分析

在了解园林的性质、功能布局和主要服务对象的基础上，确定售货亭的数量和位置，充分考虑园林道路系统、周边环境、地形等因素，设计售货亭的形式。那么，售货亭的造型和风格如何与公园协调？售货亭建筑平面如何布局？售货亭造型与观赏视点的关系如何处理？外墙面和屋顶采用什么色彩、材料？设计方案如何进行表现？

相关知识

一、售货亭的功能

公园或风景区为方便游人游园，常设一些商业性服务设施。此类设施主要为游人提供饮料、食品等小百货以及旅游工艺纪念品、土特产、书报等，一般称之为售货亭。

售货亭建筑体量不大，但数量不少，是现代园林必不可少的组成部分。它既能满足游人的消费需要，是公园服务体系的重要组成，又能结合山水意境展示园林主题、地方特色、历史文化、风俗民情等，是点缀园林环境的重要手段，同时也可以结合其他设施为游人提供休息、赏景和娱乐的场所。

二、售货亭的布局

售货亭的布局要考虑园林总体规划，根据园林的区位、规模、性质、景点布局及游人

数量等因素合理安排，要因园而异、因需而设。

1. 售货亭的数量及规模

售货亭的数量及规模主要受到园林规模、游人数量、管理方式、区位等因素影响。

规模较大的园林景点多，活动设施丰富，游人需花费较长时间游览，而游人在园内逗留时间越长，所需要的服务设施越多，这其中也包括对商业设施——售货亭的需求。售货亭在零售商品的基本功能之外，可扩大规模、增加功能，例如兼卖易加工的热食，提供临时就餐、休息的场所，使其成为餐饮、休息等服务设施的有益补充。例如陕西西安大唐芙蓉园园内景点众多，加之各种表演活动，使得游人平均逗留时间超过 4 ~ 6 h。其园内各项服务设施非常完善，其中规划了 12 处售货亭（见图 3—6—2），每处建筑面积 20 m^2 左右，均临近重要景点或主要游览线路。主要景区售货亭的分布密度比其他区域稍大，如核心景区紫云楼附近设置了 3 个售货亭。园林规模较小时，游人停留时间短，相应的售货亭数量可以减少甚至不设。

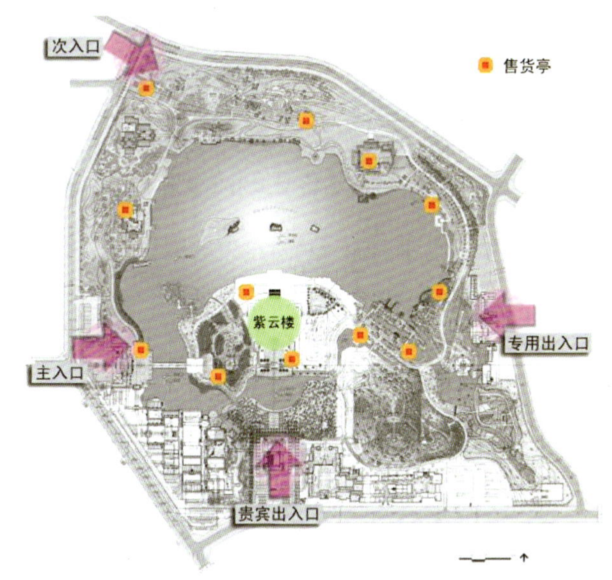

图 3—6—2　陕西西安大唐芙蓉园售货亭分布图

园林与城市的区位关系也影响到售货亭的数量和规模。如果园林在城市内部或城市近郊，附近商业服务设施发达，游人可方便地利用城市商业设施，园林售货亭主要是临时应急购物使用，其数量、规模不宜太多、太大，满足游人基本购物需求即可。反之，当园林远离城市时，则可适当地增加售货亭数量，并增大规模。

封闭管理的收费公园游人进出需验门票，游人一旦进园很难再使用园外的零售设施，因此与同等规模的免费开放公园相比，售货亭数量可稍多。

售货亭的数量及规模还受到游人数量、园内其他服务设施布局等因素的影响。综合公园或作为城市重要旅游景点的专类公园，游人往往较多，售货亭可相应增加。而当园内餐饮、休憩等服务设施系统不完善时，也可增设售货亭适当补充完善园林餐饮、休憩功能。

2. 售货亭的位置选择

售货亭应系统考虑整体布局，尽可能地均匀分布，以满足合理的服务半径要求。售货亭的位置应选择游人便于寻找、人流量较大的地方，方便游人购物，还应考虑货运的便利。

（1）使用方便　售货亭应根据园林总体布局，选择游人必经地段、客流量大的景点附近和游人驻足停留方便的地方设置，如园林主次要出入口处、主要游览道路附近、广场等活动场地一侧、主要景点附近、游人综合服务中心等。例如河南开封清明上河园的售货亭（见图 3—6—3）均选在游人主要游览线路上，还设置了坊市合一的民俗街供游人选购纪念品，同时也利用流动货担（见图 3—6—4）出售特色食品等小型商品。设置在园林入口处或临近城市街道的售货亭可以考虑内外结合，兼顾对园外营业。

图 3—6—3　河南开封清明上河园售货亭

图 3—6—4　河南开封清明上河园流动货担

（2）便于物资运输　售货亭应与园林大门和运输通道联系便利，以利于进货和杂物的输出。

三、售货亭的类型与基本组成

1. 售货亭的类型

根据销售的主要商品的类型，售货亭大致可分为百货类、工艺纪念品类和花木鸟鱼类三类。

（1）百货类　百货类售货亭出售食品、饮料、电池、香烟等小百货（见图 3—6—5），是园林中最常见的类型。此类售货亭占售货亭总量的比例最大，大型园林或风景区可多处设置。

（2）工艺纪念品类　以具有地方特色、民族特色的工艺品作为主要经营物品的售货亭（见图 3—6—6）属于工艺纪念品类售货亭。售货亭可同时兼售风景图片、导游图、旅游指南、景点介绍等相关书籍、图片，增强旅游的文化内涵和纪念意义。如陕西秦始皇兵马俑博物馆内的纪念品商店所售物品主要分为三类，一类为玉镯等饰品，一类为仿兵马俑的各种工艺品，一类则为与兵马俑相关的历史、考古、文物等方面的书籍和画册等。

（3）花木鸟鱼类　结合花房、温室、展馆设置的售货亭可展出、售卖花木、盆景、鸟类、鱼类，既向游人宣传了饲养知识，又丰富了园林内容。

图 3—6—5　百货类售货亭

图 3—6—6　河南开封清明上河园纪念品商铺

2. 售货亭的面积

小型售货亭一般面积为 3～10 m^2，最简单的自动售货机占地面积不足 1 m^2。较大的售货亭面积可达 20～50 m^2，特殊情况下面积还可增加。

3. 售货亭的基本组成

售货亭通常由营业厅、办公管理值班室、更衣室、卫生间、简易加工间、库房、杂务院等几部分组成（见图 3—6—7）。

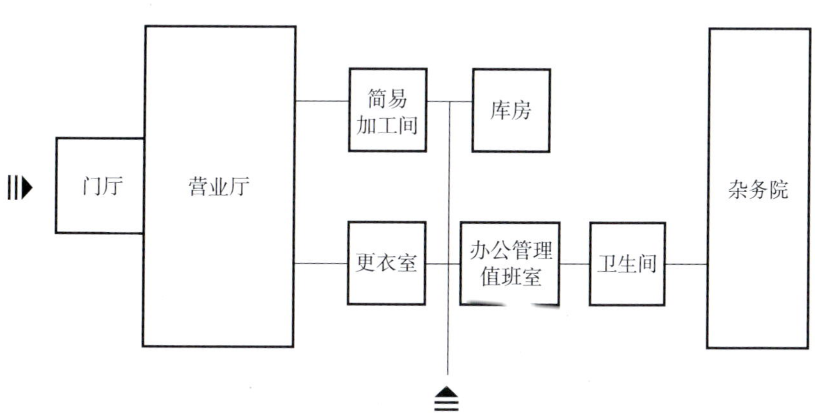

图 3—6—7　售货亭基本组成

（1）营业厅　营业厅是售货亭经营的基本空间，主要包括售品柜台、收银台和必要的交通空间。售货方式有室内售货和窗口售货两种。室内售货的售货亭规模稍大，经营品种较全。窗口售货方式适用于小型售货亭，经营人数为 1～2 人。

（2）办公管理值班室、更衣室、卫生间　大型售货亭货物较多，为安全保管商品，可设管理室供夜间值班人员使用，也可设更衣室、卫生间为工作人员提供便利。小型售货亭不设这些空间。

（3）简易加工间　售货亭可开辟相对独立的空间进行食品的简易加工，如饮料分装、

食品加热等。如售货亭面积有限，也可使用小型设备在柜台设置简易加工空间。

（4）库房　售货亭需要有一定的储藏面积，以便存放商品。小型售货亭往往不设独立库房，而是利用柜台下面或室内角落空间作为物品堆放之处。大型售货亭可设独立库房储藏商品。

（5）杂务院　如用地条件允许，大型售货亭可设置杂务院，主要是堆放杂物和存放货物。

因规模、经营项目不同，售货亭组成部分可以据实际情况增减。售货亭附带其他功能时，除以上组成部分外可增加相应功能空间，例如兼有小型室外茶室功能时，还应增设洗涤、备茶、烧水等空间。

四、售货亭的设计要点

1. 设计要求

售货亭是园林中为游客服务的重要商业设施，建筑形式既要有商业建筑特色，又要体现园林主题、当地特色和文化传统。例如陕西西安大唐芙蓉园的售货亭（见图 3—6—8）提炼唐代建筑的斗拱构件作为主要装饰符号，建筑的颜色、材质与园内主要景观建筑一致，形式古朴，韵味浓厚，堪称售货亭的成功之作。

售货亭的体量、风格、色彩、材质应与环境融为一体，明确售货亭与景点的主从关系，避免喧宾夺主、破坏景观的完整性。如上海世纪公园以大面积的草坪、森林、湖泊为主，体现了人与自然的融合，享有“假日之园”的美称，其内的售货亭（见图 3—6—9）采用仿木材料，造型清新自然，迎合了公园的休闲风格。

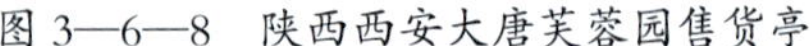

图 3—6—8　陕西西安大唐芙蓉园售货亭

图 3—6—9　上海世纪公园售货亭

2. 建筑形式

售货亭的形式应结合地形、朝向、高差、交通等要素设计，可为独立建筑，也可结合其他建筑设置。

独立设置的售货亭，面积不宜过大，强调单体造型的完整性，可与庭园以及草地、小广场结合，既便于经营管理，又满足景观眺望的需求。

售货亭与其他服务项目结合设置可组合成较大的建筑体量，有利于形成丰富的庭园空间和活泼的建筑体形。当售货亭与餐厅或茶室、冰室等结合设置时，售货空间作倚角处理或靠近入口和收款处统一安排。售货亭也可附设于大门建筑中或游乐设施入口处，或者与休息敞厅、敞廊结合，便于游客在休息与赏景之余使用。组合设置时应兼顾各类建筑空间的使用功能。例如陕西西安秦始皇兵马俑博物馆将各类工艺品、纪念品、日用品、饮食的售货空间（见图 3—6—10）组合在一起，设在建筑的底层，由统一的入口进入，避免了零散的商业建筑对园林环境的影响和破坏。

图 3—6—10　陕西西安秦始皇兵马俑博物馆内综合建筑中的底层商业

近几年，售货亭出现了新的发展趋势。趋势之一是以现代连锁商业的便利店形式代替传统售货亭。便利店商品种类丰富，食品保鲜好，价格便宜，服务细致、人性化，这是传统售货亭所不具备的。趋势之二是自动售货机在园林中逐渐普及。自动售货机以其占地小、管理方便等特点成为未来小型售货亭的发展方向。

3. 平面布局及造型设计

（1）平面布局　独立设置的售货亭平面灵活，多使用三角形、扇形、长方形等单个或多个几何形体组合变形而成。售货亭临近道路时，须退后道路一定距离留出场地，供购物的游人逗留。如临近广场或景点设置时，应设在广场一隅或景点的次要观赏方向，避免影响广场的主要活动空间或景物的观赏。

规模较大的售货亭最好设置堆放杂物的小院子，杂物院尽可能地隐蔽或栽种树木进行遮掩，这样既能整齐有序地堆放货物，又能保持环境的清洁卫生，不影响园林的景观效果，创造良好的休息、赏景环境。

（2）造型设计　售货亭的造型应能反映商业建筑特点，富有时代感。售货亭新颖活泼的造型、独特鲜明的性格可以成为点缀园林环境的重要手段。较大的公园或风景区中，售货亭经常做成标准设计，成为引导游人的标志性建筑。如山东济南园博园中的流动售货车及售货亭均做成标准设计（见图 3—6—11）。

屋顶是售货亭造型处理的重点，可应用卷棚、坡顶（见图 3—6—12）、平顶、折板、弧形、波浪等多种屋顶形式，形成或传统、或现代、或自然、或奢华的建筑风格。例如上海街头绿地中的售货亭（见图 3—6—13），方形的平面构图简单规则，平屋顶轻盈舒展，

大尺度开窗轻巧通透，以黑白两色为主，局部使用红色活跃气氛，色彩明快雅致，建筑整体造型简洁、大方，充满了现代商业建筑气息。

图 3—6—11　山东济南园博园流动售货车及售货亭

图 3—6—12　坡顶售货亭

图 3—6—13　上海街头绿地售货亭

售货亭室内净高度不宜低于 2.4 m。利用窗口售货时，窗户要兼顾采光和售货的需求，窗台高度可控制在 1 m 左右，太高或太低都不利于人们购物；门的宽度要满足工作人员和货物进出的要求，不宜低于 1 m，门高 2.1～2.6 m。室内售货时窗户主要满足采光需求，门的宽度可根据售货亭的规模、人流量等因素适当加宽。

售货亭对朝向的要求不高，但也应尽量避免西晒，适当设置遮阳防雨设施。北方季节变化明显，售货亭最好能适应季节变化，冬季售货亭的窗户朝南或在室内销售，夏季朝北营业或室内外结合。

4. 主要材料

售货亭尽量使用当地常用建筑材料，这样既富有当地特色，又可降低造价。一般墙体和屋顶可使用石、砖、混凝土等材料，外墙可采用片石、玻璃、喷涂等装饰材料。简易的售货亭可用竹木、不锈钢、帆布、铁皮、塑料等材料建成。

售货亭也可应用现代新型材料，如广东广州天河公园售货亭瓦面、墙面采用双面彩钢聚苯乙烯夹芯板，隔热保温、冬暖夏凉，可反复装卸，方便、灵活。新型建材的使用必将使售货亭的形式更加丰富多样。

任务实施

一、分析和熟悉售货亭设计条件，确定设计立意和风格

了解公园的区位、规模、性质、特点、使用对象等，熟悉公园功能分区及主要景点分布，分析公园各类设施分布规划，从而确定售货亭的总体布局和位置。考虑公园日人流量是否有周期性等因素，确定售货亭的规模，划定用地范围。注重售货亭的设计立意、风格，使其造型与整个公园的基本格调协调。

设计任务中的滨河公园面积不大，以市民日常健身、休闲、散步功能为主，游人逗留时间不会太长，因此全园设一处能提供饮品、食品的小型售货亭即可。售货亭位置选择在主入口一侧的园路旁，游人使用方便，也可形成良好的对景。售货亭风格应以轻巧灵活、简洁大方为设计目标，实现建筑与环境的良好结合。

二、确定售货亭建筑造型及其周边场地布局

选择主入口南侧的园路旁地形较为平坦、适于游人停留的地段设置售货亭。道路宽 2 m，售货亭退后道路 2 m，亭前设置铺装场地作为购物逗留空间，减少对道路行人的干扰。售货亭主立面朝向西南侧，面向人流主要方向。

售货亭开间 5 m，进深 3 m（不含挑檐），建筑面积 15 m^2。采用窗口售货方式，窗台高 0.9 m，窗长 2.7 m，高 1.6 m。因售货亭朝向西南，窗口前设长 3 m、深 1.5 m 的挑檐作为遮阳。屋顶采用坡屋顶形式，墙体采用仿木做法，建筑造型尽量营造自然清新的风格。

三、设计方案总平面图、方案效果图表现

总平面图主要表达售货亭的周边环境、用地范围及建筑平面形状、大小、位置等。尺规绘图表现总平面图，按比例绘制建筑、场地、周边道路、植物绿化等。选择适当位置绘制指北针和比例尺。滨河公园售货亭设计方案总平面图如图 3—6—14 所示。

图 3—6—14　售货亭设计方案总平面图

绘制方案效果图注意售货亭的透视表现，尽量选择能够表现售货亭全貌的角度，

多使用平视角度，重点表达售货亭形式、色彩、主要材质等。周边环境布局可适当简化，配景色彩需以烘托售货亭形体为主，不宜喧宾夺主。售货亭方案效果图如图 3—6—15 所示。

总平面图、方案效果图可使用马克笔、彩铅等手绘或者电脑进行表现。

图 3—6—15　售货亭方案效果图

评分标准

序号	项目与技术要求	配分	检测标准	实训记录	得分
1	建筑立意	15	与公园整体风格协调，建筑形象完整统一、性格鲜明		
2	建筑平面、立面设计	45	功能合理，使用方便，尺度正确，造型美观		
3	场地平面布局	15	场地充足，交通方便		
4	设计方案总平面图、方案效果图	25	形式正确，尺度恰当，质感表现到位，配景比例协调，图面完整，版式美观，色彩协调		

知识链接

售货亭样例

售货亭实例如图 3—6—16 所示，手绘售货亭欣赏如图 3—6—17 所示。

图 3—6—16　售货亭实例

图 3—6—17　手绘售货亭欣赏

思考与练习

1. 售货亭的主要功能是什么？

2. 影响售货亭规模和数量的因素主要有哪些？

3. 售货亭分为哪几类？

4. 售货亭主要由哪几部分组成？

5. 售货亭的设计要点有哪些？

模块四

园林建筑整体设计

任何一种建筑设计都是为了满足某种物质和精神的功能需要，采用一定的物质手段来组织特定的空间。但由于园林建筑在物质和精神功能方面的特殊性，用以围合空间的手段与要求，以及设计手法和技巧，与其他类型的建筑迥异，概括起来主要有以下几个方面，即园林建筑环境要素的营造、立意、选址、布局、空间组合形式及处理手法、尺度与比例、色彩与质感。

课题一
园林建筑的环境与布局

园林建筑是园林环境与建筑有机结合的产物，园林建筑的选址与布局均要与周围园林环境相协调。通过富有创意的园林建筑设计立意、恰当选址、合理布局，并处理好园林建筑与山石、植物、水体等要素的关系，为园林建筑的细化设计打下坚实的基础。

任务　掌握园林建筑的环境分析与合理布局

任务目标

◇掌握园林建筑与环境因素的分析与利用方法

◇了解园林建筑立意的重要性

◇掌握园林建筑的选址方法与原则，合理布局园林建筑类型

任务提出

图 4—1—1 所示为某居住区组团绿地，绿化面积 5 000 m^2。请根据其环境及功能需要，完成景观设计方案，要求园林建筑类型丰富、布局合理，能满足使用功能。

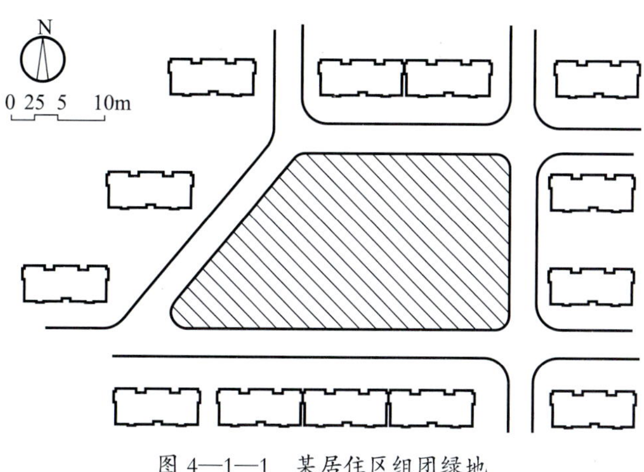

图 4—1—1 某居住区组团绿地

任务分析

对给出的某一基址，如何根据园林建筑与其环境因素的关系及其功能需求，进行各类建筑的合理布局呢？这就涉及园林建筑环境要素营造、建筑立意、建筑选址、合理的建筑布局原则等问题。

相关知识

一、园林建筑环境要素的营造

山、水、植物和建筑是园林的四大组成要素。在研究园林建筑环境的营造时，要着眼于如何正确处理好建筑与地貌、山石、水体、植物的关系，乃至与风土、民俗等“软环境”的关系，最终取得和谐一致的效果。

1. 园林建筑与山石

园林建筑在与山石关系的处理上，讲究随形就势。从选址上看，或立于山巅（如河北承德避暑山庄古俱亭），或鞍于山脊（如安徽九华山百岁宫），或伏于山腰（如四川青城山古常道观），或卧于山谷（如四川峨眉山清音阁建筑群）。即使在范围较小的市井之地，私家园林在人工堆砌的假山之上，对园林建筑也进行了巧妙地处理，如江苏扬州个园拂云亭立于黄石秋山之上（见图 4—1—2）。从园林建筑与山体环境处理的设计手法看，或悬挑，或吊脚，或跌落，或整平。总而言之，建筑的位置要在不同环境条件下灵活应变（见图 4—1—3）。

需要指出的是，建筑的位置和建筑形制、功能需求是密切相关的。例如游人登山途中驻足休憩之所，往往选择亭类建筑。中国古代在建筑（群）选址上常讲究“风水”，可以理解为经验的总结。西方也很关注经验的总结和应用，如意大利台地园。因为意

大利境内多山地和丘陵，夏季谷底和平原闷热而山区丘陵却凉爽宜人，因此大多数意大利园林都选择背风朝阳的山坡，如菲埃索罗庄园等。如果追根溯源，早在古罗马时期，罗马人在建造园林的时候就习惯性选择在坡地上建造庭园，在地形的处理上也是将自然的坡地切成规整的台层，进而布置其他建筑或小品，这些就是意大利台地园的先驱。

因此，设计园林建筑首先应关注地形与地势，或顺势而为，或叠山置石。

a)

b)

图 4—1—2　建筑选址应随形就势

a）四川青城山古常道观　b）江苏扬州个园秋山拂云亭

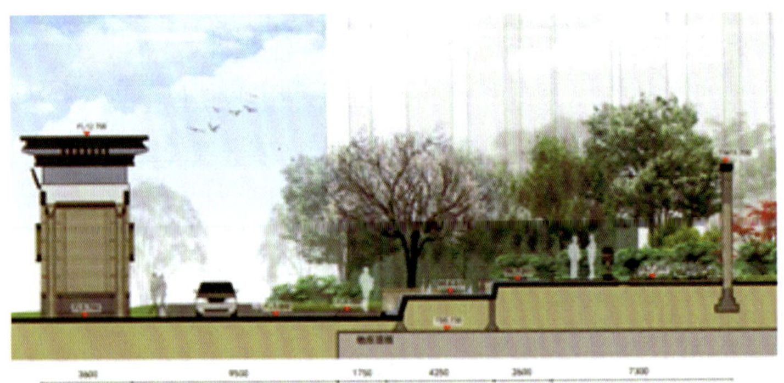

图 4—1—3　入口处根据地势设置照壁

2. 园林建筑与水体

水体景观是园林中必不可少的一个部分。古今中外因为水景而闻名于世的园林比比皆是。

意大利的兰特庄园一共三层台地，从顶层尽端的水源洞府开始，先是将汇集的山泉送至八角形泉池；再沿斜坡，用水阶梯把水引入第三层台层，以溢流式水盘的形式送入一个半圆形的水池；之后将水引入长条形水渠，在二、三层台层交汇处形成帘式瀑布，从而流入第二层台层上的圆形水池；最后在第一层台层中，以水池环绕的喷泉为水景的高潮。而这一系列的水景都集中在庄园的中轴线之上，在植物与雕塑等园林要素的配合之下形成经久不衰的美景。再看著名的法国凡尔赛宫苑，32 处主要园林景点中，水体景观占 40% 以上，包括镜面水池、运河、各类喷泉、跌水、浴场等。

在中国，园林建筑与水，虽然不似外国园林那般处理手法，但是从建筑与水体关系的处理上看，讲究建筑与水体相互依存，以满足人的亲水性心理需求。中国古典园林建筑或建筑群选址布局通常有三种情况：第一种建在水体之中或孤岛之上，如湖心亭；第二种建于水边，依岸而作，面向水域，如水榭（见图 4—1—4）；第三种横跨于水面之上，有长虹卧波之势，既有交通作用，又有观景功能，如横跨水面的桥、桥亭、桥廊、水阁等皆属此类。北京颐和园的十七孔桥、江苏扬州瘦西湖的五亭桥（见图 4—1—5）等便是此类水景处理方式的典型建筑。从设计处理手法来看，较多的是让建筑物三面临水而凸于水中，或让建筑物伸出平台架于水上，也有让建筑物一面临水或两面临水的情况。

此外，东西方园林都常常把水引入庭园中。总而言之，建筑需要和水景共同创造出丰富的水景空间。在现代园林中，新技术、新材料的运用使得水景处理更加多姿多彩。在庭园或室内仿自然做喷泉、滴泉、瀑布、溪流等，使空间显得十分灵巧生动，具有很强的感染力（见图 4—1—6）。

图 4—1—4　舫与水榭和水景共同创造出丰富的水景空间

图 4—1—5 庭园水景使空间更富感染力

图 4—1—6 广东广州白天鹅宾馆室内水景

3. 园林建筑与植物

园林植物是营造区域小环境必不可少的因素。古今中外的造园家，虽然处理的艺术手法不同，但是都很注意植物的种植和搭配。不论是西方勒诺特尔式园林的植物造景，还是东方曲径通幽的植物配置，都强调在园林建筑与植物关系的处理上要“相融”。美国著名建筑师菲利浦·约翰逊的标志性建筑——玻璃屋（见图 4—1—7）也是一个典型例证。位于森林中的玻璃房子是典型的现代设计，将周围的树木、草地提到与房子本身的结构相等的地位，把环境与结构作为一个整体来处理，正如法国建筑师勒·柯布西耶提出的“建筑与环境相融”的观点。

图 4—1—7 玻璃屋

此外，应注重发挥植物季相变化特色，与园林建筑相结合，呈现四时之景，展示时序景观与空间变化（见图 4—1—8）。在传统园林中常常利用植物营造景点，又用建筑加以点缀，如江苏苏州拙政园中的海棠春坞、枇杷园、荷风四面亭（见图 4—1—9），留园中的荷花厅、古木交柯、闻木樨香轩（见图 4—1—10），狮子林中的向梅阁等。在风景区也不例外，如浙江杭州西湖的苏堤春晓（见图 4—1—11）、曲院风荷、柳浪闻莺、平湖秋月等。从景观构成的角度看，植物有效地丰富了园林建筑的艺术构图，以植物柔软、弯曲的线条去打破建筑平直、呆板的线条，以绿化的色彩调和建筑物的色调气氛。

图 4—1—8　江苏苏州太湖西山驾浮阁

图 4—1—9　江苏苏州拙政园荷风四面亭

图 4—1—10　江苏苏州留园闻木樨香轩

图 4—1—11　浙江杭州西湖苏堤春晓

二、园林建筑立意

1. 立意的重要作用

所谓立意就是设计者根据功能需要、艺术要求、环境条件等因素，经过综合考虑所产生出来的总的设计意图。园林建筑较其他一般建筑设计而言，更加需要匠心独具。意者立意，匠者技巧，立意和技巧相辅相成，缺一不可。立意和技巧均佳的园林建筑作品才能算“上乘”，倘若立意平淡，技巧再好也只能归之中乘。因此，立意的好坏对园林建筑的整体设计的成败具有至关重要的作用，它是在设计过程中采用各种构图手法的根据。

“意在笔先”是古人从书法、绘画艺术创作中总结出来的一句至理名言，它对园林建筑设计创作也完全适用。在园林建筑设计中若要有新意而不落俗套，建筑格局不宜千篇一律，更不能标准化。我国古代园林中的亭子不可胜数，却很难找出格局和式样完全相同的例子。造园家必须因地制宜地选择建筑式样，然后巧妙地布置水石、树丛、桥、廊等以构成各具特色的空间（见图 4—1—12 至图 4—1—15）。如今，很多人在建造园林的时候，把一些园林建筑小品，诸如把漏窗、花墙等加以模式化而随处滥用，显然是不妥当的。一切艺术都贵在创新，任何简单的模仿都会削弱它的感染力。设计者需要在学习传统和经验的同时将继承和发展有机统一。近些年流行于地方景观的“新中式”园林就是立足传统空间转承之妙，又尊重了现代工艺、材质及生活习惯之下的产物。

图 4—1—12 新中式景墙

图 4—1—13 花架

图 4—1—14 欧式亭

图 4—1—15 现代亭

2. 立意的影响因素

园林建筑立意需要考虑两个最基本的因素，即建筑功能和自然条件，否则园林建筑立意就会是无本之木、无源之水。园林建筑设计的立意以建筑功能为基础，并综合考虑自然环境因素，贯彻“景到随机”“得景随形”等原则。譬如，封建社会强调王权和神权是统一的，反映到皇家建筑中，法国的凡尔赛宫，中轴线长约 3 000 m，而宫殿位于放射性道路的焦点之上，由此而延伸数千米的中轴线都是为了表现出“唯我独尊、皇权浩荡”的思想。其中轴线东西方向上的勒托和阿波罗雕塑，也是象征一种周而复始、永恒统治的主题。

在中国，帝王园林“普天之下莫非王土”的气势是江南私家园林所无法比拟的。以北京颐和园、北海为例，前者以佛香阁建筑群为全园的构图中心，后者以白塔为控制全园的制高点。从这两组建筑群的艺术构思，可以看到古代匠师如何结合这些园林建筑怡情养性、烧香礼佛等种种功能，通过因地制宜改造地形环境（挖湖堆山），来塑造各具特色的建筑空间的巧妙手法（见图 4—1—16、图 4—1—17）。

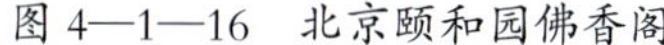
图 4—1—16　北京颐和园佛香阁

图 4—1—17　北京北海公园白塔

3. 立意能力的培养

立意是设计师文化素养的直接体现。“外师造化，中得心源”的名言被历代书画家奉为圣典，造园也一样。所谓造化指的是客观的世界，所谓心源指的是艺术家的主观世界，好的设计者必须善于观察和总结。画家石涛用“搜尽奇峰打草稿”来画一幅画，造园家也需要在日积月累的同时在自己的脑海中建立一个资料库，设计时一听到园林建筑的相关设计要求，能立即在脑海中自动搜索出与设计主题相关的人文、历史、自然资料。成功的设计师都有一本笔记本，随身记录所见的成功设计、造型有趣的生活用品、一句启发灵感的话等，他们标新立异的设计灵感就是从这个笔记本中涌现出来的。在日常生活中养成这种随时进行立意创作的好习惯，将使设计者在以后的设计生涯中受益无穷。

三、园林建筑选址

1. 选址的作用

选址对园林建筑十分重要。园林建筑选址首先必须满足建筑功能需求，地形、土质、朝向、交通等都是要考虑的因素，还要使建筑与环境相协调，人工与自然融为一体。园林建筑如选址不当，不但不利于艺术意境的创造，而且会因降低观赏价值而削弱景观的效果。园林建筑若选址恰当，则会大增其效。正所谓“危楼跨水，高阁依云”，置亭阁于山间，筑楼台于溪畔，才能使山光水色更富有生气和魅力。

2. 选址的原则

选址是造园的首要工作，中国传统园林的选址多受风水思想的影响和指导。明代造园理论巨著《园冶》中首先就提出关于园林选址的理论——相地。书中认为，不论是单体建筑还是整个园林的选址，都必须因地制宜，依地势的高低布置园林各要素。只有尊重和利用天然环境，才能体现“自成天然之趣，不烦人事之工”的园林精髓。

园林建筑选址须以“功能实用”为基础，遵循“美”与“奇”两大原则。自然风景秀丽之地当然是首选，例如福建武夷山的“云窝”之景（见图4—1—18），山中湿气所化薄雾漂浮于洞外，云雾缭绕，美不胜收。隐逸于市井之中的私家园林，如江苏苏州留园、拙政园等是在无上佳自然山水之处硬挖湖堆山所建，园中建筑借人工湖、山之美，依旧风采卓然，不逊于自然风景中的建筑。在都市中造园，为了取得“门掩无哗”的效果，就免不了构筑高墙，因此，讲园林建筑是不能忘记院墙的。此外，园林建筑选址亦以创新、奇异为佳，首选有地形高差的山地，或有土石与水面相邻，体现硬与软对比的地形。如福建武夷山的仙弈亭，建于挺拔险峻的悬崖峭壁之间，云雾缥缈，有如仙境，仿佛无人可攀（见图4—1—19）。

图4—1—18 福建武夷山“云窝”之景

图4—1—19 福建武夷山仙弈亭

3. 选址的案例

考虑园林选址的环境特点，结合当代造园的城市背景，从山、水、城、林四种不同的建设环境，分析园林建筑选址的基本原则。

（1）山 在山中建园林建筑，常选址于山顶和山腰，因山顶可远眺风景，山腰可供游人上下山休息、饮食之用。中国名楼多建于山巅，气势磅礴（见图4—1—20、图4—1—21）。建筑群往往选址于可顺应地势起伏变化之处，借以营造高低错落、极富变化的态势。“天下名山僧占多”，中国的寺庙园林多处于名山胜水之间，建筑往往依山就势，高低错落，

图4—1—20 湖北武汉黄鹤楼

图4—1—21 山东烟台蓬莱阁

度的水渠，水渠分三层，整齐排列着各种动物石雕和喷泉。三层水渠在道路另一侧的整形绿篱的烘托下，重复的韵律感和节奏感更为鲜明。在我国，造园前辈也感慨“前有芳塘，后须筑台榭以实之；外有曲径，内当垒奇石以邃之”（清初陈淏子《花镜》），强调疏密布局、节奏分明的重要。

3. 边界选址，景观升华

根据边界信息量最大的原理，不同质的两部分在其边界上信息量最大。园林建筑布局时，选择于陆地与水面、山顶与天空、有林地与无林地、平地与坡地等富有魅力的精彩的交界部位布置园林建筑，能使独具魅力的边界线景观进一步升华，成为人们流连忘返的佳境。如上海辰山植物园矿坑园入口处，叠石依山而上，水面上的倒影愈发衬托出叠石的形式美（见图 4—1—29）。

图 4—1—29　上海辰山植物园矿坑园入口

4. 平面曲折，高低错落

不论是中国的还是西方的园林，都讲究引人入胜、步移景异。中国的园林建筑多采用平面曲折、高低错落的布局手法，围绕山水骨架进行布局，随地形的转折起伏摆放，取得与山水骨架相呼应的艺术效果，以完美地实现平面上曲曲折折，竖向上随地形的起伏而高低错落。如河北承德避暑山庄外八庙——普陀宗乘之庙建筑群依山就势而建，高低错落，极具形式美感（见图 4—1—30）。有些观念认为西方造园过于讲究规则式的造型，谈不上曲折和错落。这是绝对错误的。西方的规则式布局风格仅仅是造园历史长河中的一段，不代表全部西方园林；规则也绝非一览无遗、毫无悬念。即使是选择在千里沃野的平原地域建造园林，也通过建筑形制的多样化，配以巧妙的建筑小品（如廊柱、雕塑、花架、花坛、凉亭、喷泉等）和植物景观，不断丰富建筑空间。从古罗马时期的哈德良山庄到 17 世纪的凡尔赛宫，从英国的霍华德花园到美国的中央公园，西方造园家无不在追求变化和错落。

图 4—1—30　河北承德避暑山庄外八庙——普陀宗乘之庙建筑群

任务实施

本方案采用传统古典园林建筑风格元素，融合现代设计手法，在当代文化背景下演绎

中国传统风格和文化。

整个绿地以水贯穿布局，围绕水景设亭、架、桥等游憩建筑，水池周边的园路、台阶和亲水平台增强了游人的亲水感，林荫道、大草坪更使深处都市的居民得以亲近自然。

一、绘制方案总平面图

组团绿地设计方案总平面图如图 4—1—31 所示。

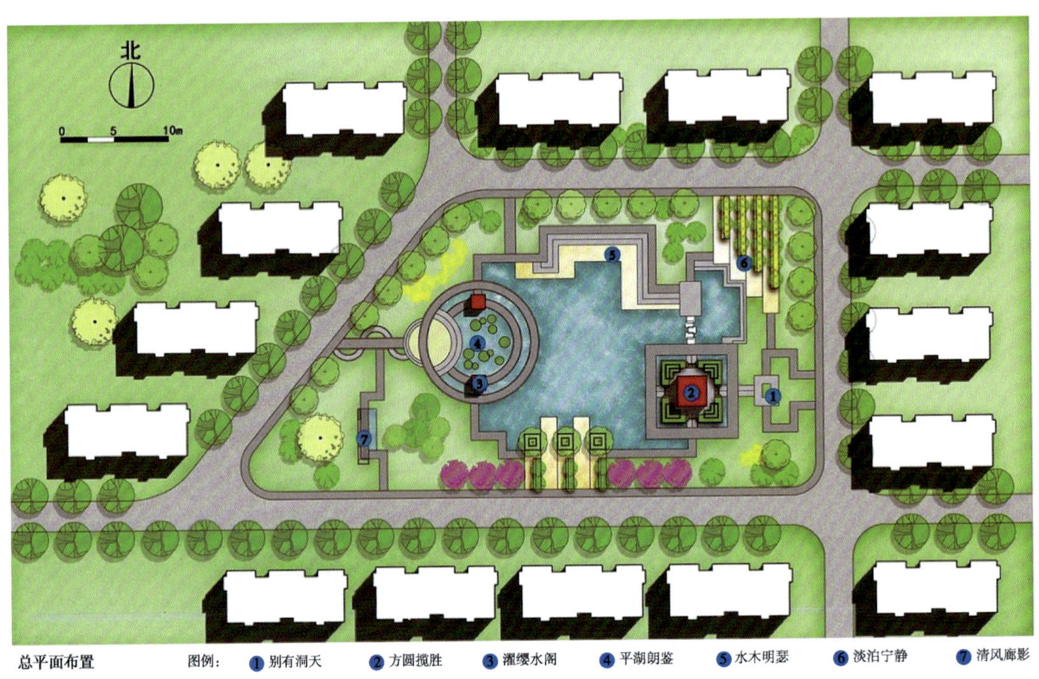

图 4—1—31　组团绿地设计方案总平面图

二、绘制鸟瞰效果图

组团绿地设计方案鸟瞰图如图 4—1—32 所示。

图 4—1—32　组团绿地设计方案鸟瞰图

序号	项目与技术要求	配分	检测标准	实训记录	得分
1	设计思路	25	设计思路是否清晰，表述是否明确		
2	布局的合理性	25	布局是否合理、有创造性		
3	建筑的功能	25	功能是否完善，是否符合居住群体的使用		
4	图纸表达	25	图纸表达是否美观、规范		

思考与练习

1. 园林建筑环境要素的营造主要包括哪几个方面？如何营造？
2. 谈谈你对园林建筑立意的看法。
3. 如何进行园林建筑的选址？
4. 园林建筑布局的原则主要有哪些？

课题二
园林建筑的空间与形式

园林建筑所提供的空间要能满足使用者在动中观景的需要，要求景色富于变化，做到步移景异，即在有限的空间中给人变幻莫测的感觉。因此，推敲园林建筑空间的组合形式与处理手法，处理好园林建筑尺度与比例、色彩与质感的关系，较之其他类型的建筑显得格外突出。

任务　掌握园林建筑的空间组合与形式处理

任务目标

◇能够根据园林空间环境和功能、性质的要求，搭配风格、尺度适宜的建筑形式

◇具备园林建筑整体设计能力

任务提出

为课题一中的任务，选择适宜的建筑形式及尺度，并绘制方案效果图。

任务分析

园林建筑的设计，首先需要对基址条件、建筑功能、建筑布局了然于胸；然后需要仔细分析空间与空间之间过渡的合理性和巧妙性，将多种设计方案组合，包括建筑形式、建筑体量、建筑色彩、建筑材质等；最终选择最优化的配置方案。

相关知识

一、园林建筑的空间组合形式与处理手法

1. 园林建筑的空间组合形式

（1）独立建筑物　独立建筑物是指园林建筑中常见亭、榭或其他单体式平面布局的建筑物。它们在园林中并非主体建筑，但是能起到“万绿丛中一点红”的点景作用。独立建筑物平面布局比其他形式的建筑物简单，但由于“少而精”，故对其造型要求极高。滥用独立建筑物，只会“画蛇添足”（见图 4—2—1）。

图 4—2—1　独立建筑物的点景作用

（2）建筑群　多个建筑组织在一起形成建筑群，其在布局与设计上应考虑到建筑单体本身以及建筑与建筑之间的各种关系。

1）主从分明。园林建筑空间组织十分重视主从关系的处理，即主从分明，避免平均处理。

对称——对称式园林建筑通过增大、增高建筑体量及采用特殊形状体量的办法突出中央部分，使其成为整个建筑群的绝对主体和中心，两翼的部分则处于其控制之下，从属于主体，如北京颐和园佛香阁建筑群（见图 4—2—2）。

不对称——不对称的建筑组合也必须主从分明。它与对称组合的区别在于：对称形式的建筑组合中，主体、重点和中心都位于中轴线上；而不对称的建筑组合中，组成整体的体，通过对称达到统一。如北京北海公园五龙亭也是典型的通过对称达到统一的建筑群（见图 4—2—7）。

图 4—2—6 印度泰姬陵中直线与曲线的对比

图 4—2—7 北京北海公园五龙亭

通过轴线的引导、转折达到统一——由于功能或者地形条件的限制，很多情况下，园林建筑群并不适合完全采用对称布局。这时可运用轴线引导或转折的方法，从主轴线引出副轴线，使一部分较为主要的建筑沿主轴线排列，次要建筑沿副轴线排列。如江苏苏州网师园中部分建筑对称，其他建筑围绕水体布置排列建筑时应特别注意轴线交叉或转折部位的处理，这些关节点不仅容易暴露矛盾，同时也是气氛或空间序列转换的标志（见图 4—2—8）。

通过向心达到统一——建筑物环绕某个中心布置，借建筑物的体形形成一个空间，建筑群会由此显现出秩序感和互相吸引的关系，呈现出有机统一的整体。我国古代园林建筑普遍使用由建筑物围合形成庭园空间这一设计手法（见图 4—2—9）。庭园可大可小，围合庭园的建筑物数量、面积、层数均可伸缩，布局上可以是单一庭园，也可以由几个大小不等的庭园相互衬托、穿插、渗透形成统一的空间。这种空间组合，有众多建筑可满足各

种功能需求，并在视觉上体现出内聚的倾向。这类传统建筑群多由厅、堂、轩、馆、亭、榭、楼、阁等单体建筑组成，用廊、院墙相连接围合而成。在庭园内，或为池沼，或为假山，或为草坪，或为花卉树丛，或者兼而有之，配合成景。

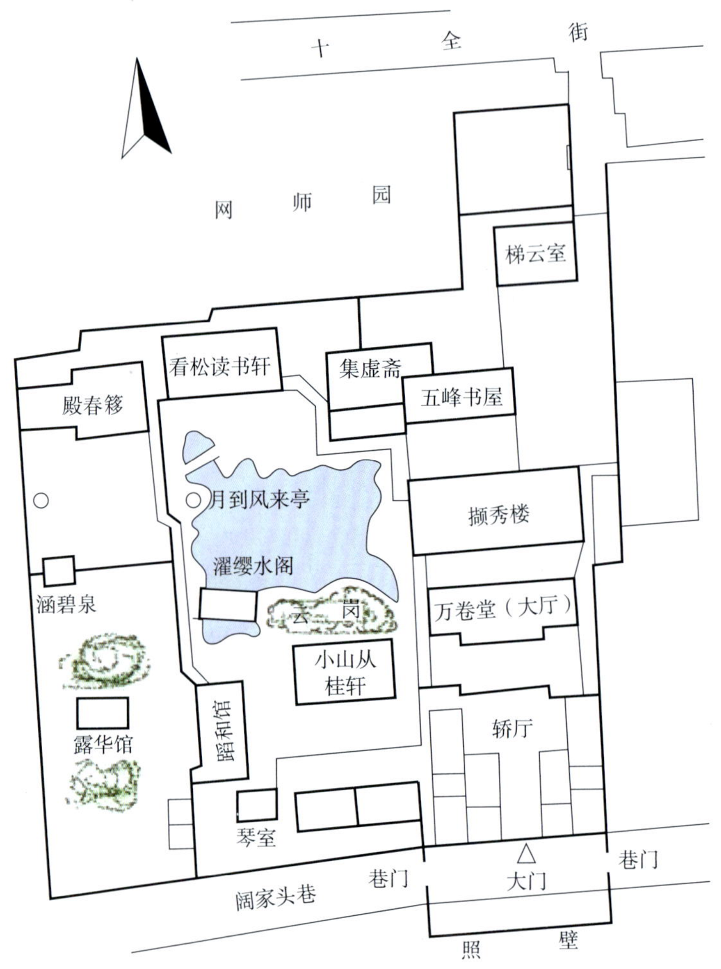

图 4—2—8 江苏苏州网师园布局图

图 4—2—9 我国古代园林建筑围合的内聚性空间